湛庐CHEERS

与最聪明的人共同进化

HERE COMES EVERYBODY

TINY HABITS

福格行为模型

[美] B.J. 福格（BJ Fogg, PhD）著　　徐毅 译

天津出版传媒集团
天津科学技术出版社

上架指导：行为设计 / 商业思维

天津市版权登记号：图字 02–2021–139 号

图书在版编目(CIP)数据

福格行为模型 / (美) B.J. 福格著 ; 徐毅译 . — 天津 : 天津科学技术出版社 , 2021.10 (2023.2重印)
书名原文 : Tiny Habits
ISBN 978–7–5576–9667–2

Ⅰ . ①福… Ⅱ . ① B… ②徐… Ⅲ . ①习惯性–能力培养–研究 Ⅳ . ① B842.6

中国版本图书馆 CIP 数据核字 (2021) 第 177216 号

福格行为模型
FUGE XINGWEI MOXING
责任编辑：房　芳
责任印制：兰　毅

出　　版：天津出版传媒集团
天津科学技术出版社

地　　址：天津市西康路 35 号
邮　　编：300051
电　　话：(022) 23332397 (编辑部)
网　　址：www.tjkjcbs.com.cn
发　　行：新华书店经销
印　　刷：唐山富达印务有限公司

开本 710 × 965　1/16　印张 22.5　插页 1　字数 353 000
2023年2月第1版第2次印刷
定价：109.90元

你需要的不是抱怨，而是微习惯

梁宁
产品战略专家、《产品思维 30 讲》主理人

我有一个朋友，她自己可能没有意识到，她每次找我聊天的主题都是抱怨。抱怨自己现在的领导和工作氛围，抱怨自己想写作但总是太懒，然后回忆一下昔日荣光，曾经中流砥柱被所有人倚重。

我自己也曾被卡在自我指责的黑洞中好久。读心理学，在“自我设限”的那一课，我在本子上列了一下自己深以为耻、不愿意提起的事情，大概有 30 件。那一瞬，我明白自己为什么充满了疲惫感，其实是被失败和自我指责吓破了胆。

人为什么会抱怨，或者自我指责？因为没有达到自身期望，又无力改变现状。

所以，我向你推荐福格教授的这本《福格行为模型》。

福格教授是“行为设计学”鼻祖，斯坦福大学行为设计实验室创始人，深入研究人类行为超过 20 年，提出了著名的福格行为模型：B=MAP（如图 P–1 所示）。

B = M A P

行为　发生于　动机 & 能力 & 提示

同时出现的时候

图 P–1　福格行为模型

想想我们经常抱怨的内容是什么？“我又胖了”“我又没有学英语”“我还是没有开始写作”“我总是熬夜”……你会发现，我们的关注点都是愿望。愿望从来不会改变现实，行动才会。

这是一本非常详细的“如何化抱怨为行动”的操作手册。它介绍了 7 个具体步骤。在这里，我先剧透一下前三步：明确愿望、探索行为选项、为自己匹配具体行为。

第一步，明确愿望。愿望很容易就能识别，我们经常抱怨的，其实就是愿望。第二步和第三步，探索行为选项和为自己匹配具体行为，是连续的发散和收敛的过程。

我们容易把情绪点锁在“达不到期望”的那个点上，但是现在，请先把这个“点”画在纸张的中央，并且不要沉浸于此，而要侧重于思考有哪些行动可以通向它，越多越好。这是发散。

收敛，则以实现愿望的效果强弱，以及自己容易做到还是难以做到为思考框架。把发散想出的所有行为置入图 P-2 中合适的位置，最终就能找到最适合自己的行为，找到自己能开始行动的那个小台阶。

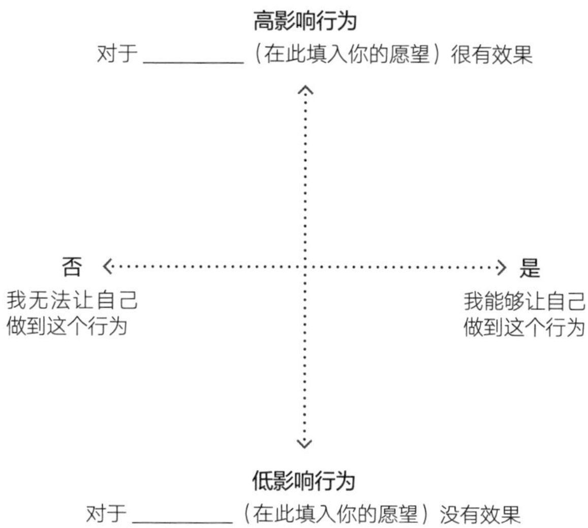

图 P-2　焦点地图

我之所以向你推荐这本书，是因为运用这个思考框架，你可以尝试做“自己的温柔母亲”，治愈自己，让自己改变。

我们都曾享受过母亲的温柔。那个我们婴幼儿时，教我们走路的年轻女子，她绝不会在我们还不会翻身的时候，要求我们爬，也绝不会在我们刚刚可以爬的时候，要求我们跑起来。她会耐心地观察，看到我们那一点点能力变化，立刻夸奖我们，拥抱、给糖吃……再给一个适当的新挑战，继续耐心地陪伴。

那个一次次找我抱怨的女孩，那个长期自我指责的我自己，虽然早已成年，甚至一度拥有光鲜强大的外表，但在面对自己的无力时，内心何尝不是一个号哭的婴孩，希望得到有经验的母亲温柔的对待，得到她给予的恰当训练和陪伴，看她为我们那一丁点的进步鼓掌……只不过，我们已经长大了，也许只能自己当“自己的温柔母亲”。做得到、做不到，意愿高、意愿低，如此细微且没有道理可讲，只有我们自己才了解。

用《福格行为模型》的思考框架，其实可以把闺蜜的吐槽大会、领导对团队的大肆指责、家长对孩子的不满唠叨，转化为服务性的具体帮助。我听过无数家长对孩子咆哮：“你能不能认真一点！”好几次，我都把孩子拉到一边，问他：“你妈妈说让你认真，你知道具体是要你做什么吗？”几乎所有孩子都摇头表示不知道。这是一个弱者对强者的本能式顺从，而作为弱者的孩子，在家长的情绪宣泄中并没有得到帮助，他不知道如何改变。

有了这本书的框架，家长能不能和孩子一起找出具体的行动清单，然后再筛选出适合孩子特质的行动呢？这种服务性的具体帮助是什么？看到别人陷入困境时，不指责、提供恰当的帮助、不勉强对方做那些力所不能及的事情。这就是温柔的爱。

这本书中另外一个我非常欣赏的提议是“珍珠习惯”。

我们了解，珍珠的形成是因为蚌受到异物（砂粒、寄生虫）侵入的刺激，然后分泌珍珠质，一层一层地把刺激物包裹起来，即成珍珠。如果诗意地来说，每一颗美丽的珍珠，其实都是蚌包裹好的痛苦与刺激。

人生在世，大大小小的烦恼和刺激，没人能躲开，关键就在于你会如何对待它们。福格教授的“珍珠习惯”提议非常智慧。以他自己的一个小实践为例，福格教授睡眠不好，经常被半夜启动的空调吵醒。与其每次被吵醒后都烦躁地抱怨，不如设计出一个习惯——每次被吵醒后，就冥想放松。于是，他收获了一个明确的冥想放松时间段。最后，他甚至觉得被吵醒然后冥想、放松，还挺幸福。

对于那些确定会发生的刺激，建立一个习惯来“包裹”它，久而久之，也许你会得到一串生活的珍珠。

天下难事必作于易

孙云晓
中国青少年研究中心研究员、
家庭教育首席专家、中国家庭教育学会副会长

“天下难事必作于易，天下大事必作于细”，这两句名言是老子 2 000 多年前写在《道德经》中的。《福格行为模型》这本奇书给予我最深刻的印象，就是它把复杂的习惯原理变成了简单的操作指南，并验证了老子“天下难事必作于易”的生活智慧。

在今日中国，父母们最重视的家庭教育方法之一就是习惯的培养，国家出台的教育类法律法规也几乎全部积极倡导培养良好习惯。然而，培养习惯似乎是一个极其复杂的难题，它让无数父母和教师不知所措，好梦难圆。我在中国青少年研究中心工作期间，曾用 10 年的时间承担教育部的全国教育科学规划课题，专门做少年儿童行为习惯与人格关系等方面的研究，并总结出习惯培养的 6 个步骤：激发动机、明确规范、榜样教育、持久训练、及时评估和环境育人。我和同事们的研究成果及科普作品受到许多学校和家庭的欢迎，但平心而论，我们提供的方法较为宏大，依然没有突破如何具体操作的难关。这正是《福格行为模型》一书吸引我的原因。

福格博士是斯坦福大学行为设计实验室的创始人，他从 2009 年开始专注研究如何运用行为设计的方式来培养习惯，并于 2011 年提出了“微习惯策略”。迄今为止，他的研究成果已帮助超过 12 万人实现了看似不可能的改变。微习惯策略的灵丹妙药是什么呢？在这本书中，福格博士将他的理论与实践和盘托出，给予读者切实有用的具体帮助。无论你是想健身，还是希望经营好家庭生活，抑或是想知道如何实现目标，都可能从书中得到有益的启示。

如果简要概括一下福格博士的习惯养成方法，我们或许可以发现 5 大要点。

第一，要自信，不要自责。如果你做出过努力，却没有养成预期的好习惯，那请不必自责。这不是因为你本身有什么缺点，而是因为在行为设计上或者你所使用的方法有问题，只要设计合理和方法得当，养成你所期待的好习惯就有很大的可能性。那具体需要怎么做呢？一是停止自我批评，二是把你的愿望拆解成微行为，三是将每一次错误当成是一种新发现，并利用它们不断改进。

第二，从小改变着手，“简单”才能促进改变。微习惯策略对培养新习惯极为有效，你可以选择自己想要做出的行为，把它拆解成微习惯并融入生活，然后把它“养大”。例如，福格倡导的毛伊习惯，即每天早晨起床后做的第一件事——喊一句类似“今天又是美好的一天”的话。这个行为只用 3 秒即可做到，如果养成习惯，就能促使你开始积极美好的生活。小即是大，微小的行为可能带来巨大的改变。

第三，通过行为设计来养成好习惯。人要成为自己的真正主人，就要带着好奇心，保持一定的距离来观察自己的行为，就像科学家观察培养皿内的情况一样，或者把习惯当成食谱一样看待。我们要鼓起勇气将生活当成自己的专属“改变实验室”，我们可以在这里为那个“我们想成为的自己”做出任何尝试，体验到一切皆有可能的神奇。

第四，在行为设计中要把握行为改变的三要素，即动机、能力和提示，而行为发生于三要素同时出现的时候。动机是做出行为的欲望，能力是去做某个行为的执行能力，而提示则是提醒你做出行为的信号。动机越强，就越有可能做出行为；行为越容易做到，就越有可能成为习惯；没有提示，任何行为都不会发生。因此，在改变行为的时候，需要检查确认三要素是否齐备。

第五，及时庆祝是感受成功并将这种感受融入新习惯的最佳技巧，也是提升某种行为再次发生的概率的一种积极体验。可以说，庆祝是习惯的“肥料”，每一次庆祝都有助于让习惯牢牢扎根，而坚持庆祝的累积效果会滋养整座“习惯花园”。庆祝的原则是“及时又简单”，要尽可能选择自己感觉最自然的方式来庆祝。而庆祝的原理就是，“成功的动能”会让成功带来成功。

我之所以推荐这本书，既因为它是多年来行为科学研究的崭新成果，更是因为它通俗易懂、简单易用，有助于更多人养成自己期待的良好习惯。毫无疑问，这本书对于广大青少年的习惯培养具有更重要的价值，而且首先会让父母和教师开卷有益。

行为设计的意义

孔令欣
著名产品经理、优秀的连续创业者
B.J. 福格教授的学生

B.J. 福格教授的最新力作《福格行为模型》即将在中国出版，我很高兴能受邀作序。这本书去年在美国出版时就大受欢迎，占据《纽约时报》畅销书榜单三周之久。

福格教授（我更多时候亲切地称呼他“BJ”）是全球著名的行为设计专家，也是我在斯坦福大学上学时的导师。他讲课风格平实、深入浅出，在我的印象里他是一个阳光又帅气的智者。我在学生时代跟 BJ 的第一次合作是对亚马逊网站的行为学改造。那时候，用户对亚马逊的认识还停留在网上卖书，而对网站上其他产品的感知度很低。因此，亚马逊希望通过对网站的行为学改造来提高用户对其他产品的感知程度。BJ 及其团队通过对用户数据的分析，设计了有趣的“寻宝游戏”，引导用户在有限时间内通过寻宝或弹出宝藏的方式获取折扣券，并结合用户的游戏反馈、浏览历史和同类人群的购书偏好等信息对用户进行大数据画像，实现精准推荐。这次经历让我大为震撼，也使我意识到行为学可以帮助企业更好地满足客户需求，并且可施展空间巨大。

我自小跟随父母到美国生活，身处中美两种环境和教育中，我身上融合了中美两种文化和思维。我感受到了差异，但感受更强烈的是共通性。BJ 跟我分享的做事和思考的来源为我解决日后工作生活中的问题铺垫了理论基础，让我能在未来创业、工作过程中更清晰地找到发展和服务的价值，当然也影响了我在工作生活中的诸多思考方式。

毕业后，我最早在硅谷创业，回国后专注于互联网行业和金融科技服务，2018 年受左晖邀请担任贝壳金服 CEO。过往的工作中，BJ 的方法和思想一直在潜移默化中影响我、帮助我，为我的进步铺垫了重要的基础，让我能在为大家提供令人愉悦的产品和服务时，更系统化地找准增长点。BJ 使我加深了对人类行为的理解：其实，我们无论是从事游戏行业、技术开发还是金融服务，本质上都是为客户提供标准化、流程化的高质量服务，都是以赋予客户愉悦且满意的交互体验为目的，这背后指导我们的都是一些行为学和心理学原理。

BJ 的方法论是我的“工具箱”中很重要的“一把尺”，我用它来拆解和衡量很多问题，进而寻找根本的解决方法，并最终形成了强大的习惯与能力。我时常会用 BJ 的方法来分析自己的思路，找到深层的行为动因，进而一点一滴地去改变。我明白了“再大的困难也要从小事做起”这个道理，这就像是要读完一本很厚的书，翻开书只读一页，就已经朝着成功迈进了一步，值得庆祝。如果急躁地要求自己在某个时间段内读完，那也许没几个人能坚持下来。一路走来，我逐渐掌握了化繁为简的工作方法，十年如一日的坚持，最终迭代为促使我不断前进的能力，而且我在事业和家庭中都能运用自如。

这几年，我在职场上遇到过很多优秀的同事，也招聘过不少初入职场的年轻人。他们聪明、勤奋，受过良好教育，敢打敢拼，怀揣远大抱负且对未来充满期待。我希望能将自己的点滴经验分享给他们，帮助他们少走弯路，实现梦想。我也发现，那些曾经困扰我的现实问题也同样摆在这些同事和伙伴面前，在优秀的年轻人中，困惑和迷茫的现象尤为普遍。然而目前，我们缺少一套系统的理论和解决方案，因此我希望能够尽力分享我在这方面的经验，帮助他们让生活变得更轻松快乐。

这本书的出版非常及时。BJ 在《福格行为模型》中讲述的理论是一个非常简单但完整的行为设计理论体系。他告诉我们，无论我们处于多么困难的处境中，都能通过构建一些小行为来让自己变得更好。这些看起来“简单”的秘诀凝练了 BJ 多年的研究心得，融合了行为学和心理学中很多分散的理论，最终呈现给大家一个系统化的框架，它很适合那些期待自己的行为能有所改善的人。这本书用很多生活中的例子，告诉大家改变的过程其实可以十分轻松愉悦，并不需要太多负担。我相信，这些曾经给我带来积极改变的经验和方法也能在更多的积极上进之人身上派上用场。

此外，BJ 还提到了良好习惯的养成。他认为，养成一个好习惯并不难，过程可以是轻松且愉悦的，这一点我很认同。无论做什么事，往往都需要先找到动机。但是，当我们在已经拥有动机的情况下时，要把想法付诸实践就需要一个激励点，而这时的关键是要找到激励的来源，即必须在对的行为上找到对的点来激励自己。要想找到对的点，就必须把复杂的事情拆解成一件一件的小事，然后逐一完成它们以养成习惯。小事做起来非常轻松愉悦，并不是很累，所以才更容易长久坚持、养成习惯。在这个过程中，我们会发现自己很轻松就完成了一个宏大的、原来认为完成不了的事情。

通往成功的路从来就不会是坦途。无论你处于怎样的生活状态或者现在面对多少困难，抑或是拥有多么美好的生活，只要你希望生活有所改变，只要你使用了这本书中的方法，你就会发现改变的过程越来越愉悦和轻松，它将影响你的自我价值。祝愿每一位读者都能从这本书中收获更多工作生活的道理和方法，整理心境，从点滴小事做起，成就精彩人生！

测一测

你了解行为设计吗

扫码获取全部测试题及答案，看一看你是否真的了解行为设计

1. 福格博士被誉为“行为设计学”的鼻祖和“硅谷亿万富翁制造机”。下面哪一位创始人曾是他的学生？（ ）

A. 谷歌的联合创始人拉里·佩奇

B. “照片墙”Instagram 的联合创始人迈克·克里格

C. 优步的联合创始人特拉维斯·卡兰尼克

2. 在福格行为模型的公式 B=MAP 中，决定行为发生的三要素分别是（ ）

A. 金钱、能力和时间

B. 动机、能力和提示

C. 强度、频率和提示

D. 金钱、能力和频率

扫码鉴别正版图书获取您的专属福利

3. 如果你想养成一个“把橱柜台面擦干净”的新习惯，最好把这个新习惯插入下面哪个旧习惯的后面，更有利于新习惯的养成？（ ）

A. 洗完碗之后

B. 洗完澡之后

C. 关掉电视之后

目 录

中文版序

行为设计改变一切

你拿到的这本书，是第一本，也是唯一一本中文简体字版的真正关于行为设计的图书。也许在某一天，会有其他关于行为设计的图书出现，但我相信在未来的许多年，这都是行为设计领域最有帮助、最全面、最正确的一本书。

行为设计学的创立

我是斯坦福大学的行为科学家，在过去的 20 年里，我亲手创立了行为设计学。在此之前，虽然有很多可以用来改变行为的理论、模型和方法，但缺少一个全面的系统帮助人们理解行为是如何运作的。

20 世纪 90 年代，我还是斯坦福大学的博士生，痴迷于研究社会心理学中关于人类行为、态度、观点变化、说服等主题的学术文献。研究得越多，我就越担心不同的理论和模型无法相互融合。在读博之前，我对物理、科学和数学有一定的研究，我在这几门学科之间看到了一个融会贯通的整体，看到了硬科学的美，但在斯坦福大学学习社会科学时，我没有看到那个整体，没有看到事物之间的融合。我很沮丧，于是去问我的指导教授："这些不同的理论和模型如何融合在一起？"他是研究内在动机的专家，他说："这些理论和模型之间没有联系，不要试图把它们融合在一起，选择你觉得有用的就好。"

离开他的办公室时，我更沮丧了。我曾期待社会科学能够融合成一个模型，作为人类行为的基础，而现在只能慢慢放弃这个梦想。但大约 10 年后，我发现我的教授错了。

2007 年，我发现了一个适用于描述人类所有行为的模型，并将它命名为"福格行为模型"。有了这个模型，我就能做我的指导教授认为不可能的事：围绕人类行为的运作方式建立一组模型，并找到一套设计行为的方法。我开启了一个全新的领域。2010 年，我和斯坦福大学的同事将这个全新的领域命名为"行为设计"。十多年后，我在《福格行为模型》这本书中第一次完整地分享了行为设计的各种模型与方法。

我在斯坦福大学传授行为设计学已有十多年了，我教过许多业内人士如何用行为设计的模型和方法来获得成功。但在这本书出现之前，我还没有通过写书的方式介绍过行为设计及其方法，以及福格行为模型。我很高兴，这本书能够出版中文简体字版。

简单才能改变行为

简单是我教给学生最重要的东西，简单才能改变行为。我在商业领域工作时，会观察什么行得通、什么行不通。我看到了一个共同的模式，苹果和谷歌是这样的，所有成功的人都是这样的——他们创造了一个非常简单的产品。

直到今天，简单仍然是我工作的主题。有些人认为我想出了一套说服策略来影响人们或让他们沉迷于科技。并不是这样的，我教给学生的，就是简单。我的学生用我教给他们的“简单”理念和创新方法，创造出了大量的产品和服务，比如 Instagram 和 Clubhouse，还有很多人们没有听说过的价值数亿美元的商业产品。

在 Instagram 的联合创始人迈克·克里格（Mike Krieger）参加的那期课程中，我提出的设计挑战是：“在几年内，这些我们称之为移动电话的设备将能拍照并将这些照片发送给其他人。构思这项技术的积极用途，设计一个新的系统或点子，使得照片分享功能让人们更加快乐。”学生们有两周的时间来设计解决方案，并互相分享想法。

学生们三人一组开始行动。两周后，他们进行了演讲分享，克里格的想法非常棒，得到了全班最高分。几年后，他创办了一家公司，但由于运营状况不佳，于是转而创建了 Instagram。早期的 Instagram 是一款功能极其简单的 App，用户拍摄照片，用滤镜美化后再上传分享。现在它已经完全不同了，我很担心它对我们生活的影响。

从 B=MAT 到 B=MAP，福格行为模型最新迭代

这本书的中文简体字版出版商告诉我，有一些读者已经知道福格行为模型就是 B=MAT，即当“动机、能力和触发”同时发生作用时，行为就会发生。这本书中的行为模型基本是一样的，只是把“触发”这个词变成了一个新词“提示”。为什么要做这样的改变呢？

我第一次选择“触发”这个词是在 2006 年或 2007 年。当时我说的是“热触发器”，这个词指的是你现在就能做的行动号召。但是后来，原本是中性词的“触发器”，在英语中渐渐地变成了一个贬义词。例如，今天如果一部电影中有暴力情节，那人们就会说它触发了警告。换句话说，有一些不好的事情发生时，它可能会触发你的负面反应。此外，“触发”这个词还有另一个问题，那就是人们总是觉得“触发”的意思是动机。但事实并非如此，触发器可以是任何东西，而动机本来就是模型的一部分。

经过几年的思考之后，我最终决定将“触发”改为“提示”。如果你在其他书中看到福格行为模型仍然是 B=MAT，那可能是因为他们没能跟上我的更新速度。最新的福格行为模型是 B=MAP。当人们有能力、有动机的时候，只要得到提示，行为就会发生。

理解福格行为模型，一切行为都可以设计

事实上，福格行为模型是一种适用于任何行为的通用模型。你可以想象这样一幅图：一个大圆圈里有一个小圆圈，大圆圈代表所有行为，小圆圈代表习惯。从这幅图中，我们能够看到习惯是一种行为，是行为的一个子集。福格行为模型适用于习惯，也适用于所有行为和所有文化、所有年龄层，它是一个通用模型。数千年来，人们一直在努力寻找“什么是行为”的答案。在没有找到这个谜题的答案时，你可能会感到困惑，认为这是一道难解的谜题。

在这本书中，我很高兴能与你分享这个谜题的答案，那就是福格行为模型。一旦了解了福格行为模型，你就会发现它非常简单，而且它就是那个很明显的答案。你可能听说过福格行为模型，因为有很多书引用了我的部分研究成果，比如《上瘾》《增长黑客》《掌控习惯》，但在这本书中，你将首次全面系统地了解行为设计与福格行为模型。

我很高兴我的研究给其他作者带来了灵感，也很高兴我的工作成果惠及了数百万人。但当我看到书中包含一些不准确的信息时，又会感到痛苦。例如，2013 年，詹姆斯 · 克利尔（James Clear）偶然发现了我的微习惯免费课程。他给我写了一封电子邮件，兴奋地问了我一些问题。随后，他撰写了很多有趣的文章，并出版了《掌控习惯》这本书。书中引用了我的很多研究成果，但没有提到情绪在养成习惯中的重要作用。坦率地说，只引用了我的部分研究成果的书并不是完全正确的。例如，它们强调了重复的重要性，指出坚持一个行为 66 天就能形成一个习惯，这是不正确的。并没有研究结果显示重复能够创造习惯，这两者不是因果关系，而是相关关系。

长久以来，许多关于习惯的神话和谎言，以及一些关于如何养成习惯和如何改变生活的项目都在误导人们。被误导的人们因为长期无法改变而变得气馁，甚至失去了希望。他们非常努力地遵照指引行事，却不知道指引本身就存在缺陷。所以，我决定用最直接、最实际的方式分享我的研究成果。《福格行为模型》是一本很有深度的书，因为我希望为大家展示行为设计的丰富内容。不只是习惯，所有行为都是可以设计的。不仅是生活中的行为可以设计，而且职场行为和组织中的行为都是可以设计的。

我在斯坦福大学从事研究工作的前 10 年，一直专注于能够影响行为的健康产品和解决方案的设计。我的听众大多是专业人士。我的学生在世界各地创造出了很多能够产生巨大积极影响的产品。例如，美国两个领先的减肥项目基本都是基于福格行为模型和行为设计的。不过在个人生活中，我一直在与压力、睡眠不足、亚健康做斗争。于是，我求助于自己的行为模型，我发现如果让一个习惯超级容易做，那么养成这个习惯就不需要太多的动力。

人们通常认为培养习惯应该一步到位，养成最好的那个习惯，并坚持下去，但我知道这行不通。所以，我决定养成一个非常微小的习惯，比如涂一滴防晒霜、上完厕所后做一两个俯卧撑、刷完牙后用牙线清洁一颗牙齿。我发现这些习惯在我的生活中是非常可靠的。在练习和修改这个方法的过程中，我可以很快、很容易地养成习惯。我在斯坦福大学教过一门这方面的课程——“健康习惯课”，我让学生们在各自的生活中养成健康习惯——非常微小的健康习惯，这个方法对他们来说很有效，而这次的成功也激励我继续下去。

那个学年一结束，我就在 Facebook 上宣布我找到了一种培养习惯的新方法——微习惯。那是 2010 年，我想招 6 个学生，结果有 60 个人报名。所以我很快创建了一个为期 5 天的培训项目，我通过电子邮件指导大家，并在课程结束的那个星期评估了指导效果，还调整了指导流程。于是，下一个星期，报名人数达到了 100 多人。我在每个星期天都会研究最新拿到的数据，调整指导流程，优化这个项目。到今天，我仍然一直坚持这样做。这个为期 5 天的项目可以帮助人们更加理解这本书，不过这本书比 5 天培训项目要充实得多，因为在这本书中，你会了解到行为是一个系统，并收获一套系统的解决方案。

掌握微习惯策略，所有人都可以改变

我希望你能仔细阅读这本书，最好是养成每天阅读本书的习惯，读完一遍再读一遍。因为这本书真的很有深度。我将近 20 年的研究成果汇集在这一本书中，所以它的篇幅有点长，其实我也可以分成三四本来写的。但当我有机会写一本书，分享给世界各地的读者时，我不想有丝毫保留。

在我收到的那些最让我感到开心的邮件中，有一部分来自那些用微习惯策略帮助孩子实现目标的父母，他们告诉我，在帮助孩子们取得好的学习成绩、养成良好的阅读习惯、变得更加自信等方面，这套方法的效果非常显著。你也可以用在这本书中学到的东西来帮助孩子变得更加优秀。也许你会发现，孩子们非常喜欢“庆祝”的环节，能够从中感受到积极的情绪，更迅速地养成习惯。这就是微习惯的精髓——让你通过感觉良好而不是感觉糟糕来实现改变。

微习惯策略能让人更容易感受到积极情绪，对我来说这一点非常重要。我是在新冠肺炎疫情期间撰写的这篇序言，对于世界各地的每个人来说，这都是一段非常艰难的时期，人们充满了焦虑、沮丧和不确定。所以我决定开设一门新课程，帮助大家培养能带来积极情绪的习惯。请记住，只有在感觉良好而不是感觉糟糕时，你才能达到最好的改变效果。当你在生活中应用微习惯策略时，你会看到成功。现在，请你按照我在书中给出的指引，让这个习惯变得微小，并找到一个好的锚点时刻，即时庆祝，你会发现你正在迅速而轻松地养成习惯。

我希望人们能看到他们成功养成习惯的可能性，这些习惯可以改变他们的生活，让他们重获希望。特别是在疫情肆虐的今天，给人们带来希望也许是我能送出的最有价值的礼物。所以，在阅读这本书时，请将你学到的内容付诸实践，请看看自己的进步，拥抱成功，对自己说一句“我做得很好”，张开双臂，拥抱生活中的希望。然后，你可以和其他人分享你的收获。

1986 年，我和家人第一次到中国旅行时，偶然遇到了一群学生，并和他们在学校里踢了一场球。现在，那些孩子早已长大，可能有了自己的孩子。他们中有人也许正在读这本书，他可能不记得我去过他们学校，但他可能还记得那几个高大的外国人。今天能够用另外一种方式“回到”中国，与他们分享福格行为模型，我感到既谦卑又感激，还很高兴。我希望与他们分享我知道的所有能够让他们更快乐、更健康、更成功的发现。

前 言

行为设计的价值

小即是大。即使是小事，也有可能带来巨大的改变。

在过去 20 多年里，我发现人们几乎都有某种想要做出的改变：让饮食更健康、减肥、加强锻炼、减轻压力、改善睡眠……我们想成为更称职的父母和更善解人意的伴侣，我们想变得更能干、更有创造力。然而据媒体报道，肥胖、失眠和压力等状态的普遍性已经达到令人吃惊的程度，这和我在斯坦福大学实验室的研究中观察到的情况一样，这说明在人们“想做”和实际“去做”之间存在一道鸿沟。“想做”与“去做”之间的脱节曾被归咎于很多事物，但很多人都认为是自己的问题。“都是你的错！你应该加强锻炼，但你却没有这样做。你太丢人了！”这样的思想观念已经在他们的内心中根深蒂固。对此，我想告诉你：这不是你的错。做出积极的改变也没有你想象得那么困难。

长久以来，各种谬论、误解和善意但不科学的建议几乎无处不在，在这种环境中，改变很有可能会失败。如果你曾尝试过做出某种改变却未见成效，你可能就会认为是改变太困难，或是你自己缺乏动机而无法成功。这两种想法都不对。问题在于你所采用的方法本身，而不在于你。举例来说，如果你组装抽屉时，说明书有错误、部件缺失，那你可能会感到沮丧，却多半不会因此而责怪自己，对不对？你会选择责怪制造商。然而，当我们尝试改变却失败了时，我们却不会责怪“制造商”，而总是会责怪自己。

当我们取得的结果不如预期时，内心的自我批评就会跳出来开始表演。很多人都认为，如果没能提高效率、减轻体重或定期锻炼，那一定是自己的问题。如果我们能更努力一些，可能就不会失败了。如果我们能严格地遵循计划或者能够说到做到，就能取得成功了。我们只需要努力做得更好就行了，没错吧？不，不是这样的。问题并不在于我们自身，而在于我们为做出改变所采取的方法。这是一个设计问题，而不是个人缺点问题。

如果你掌握了正确的方法，那么养成好的习惯、做出积极的改变可以很容易。除了正确的方法，你还需要一个基于人类心理学运作方式的系统，一个让改变更容易的流程，一个不依赖猜测或错误原则的工具。

那些关于习惯养成和改变的流行观念，促使我们设定了不切实际的预期。我们知道习惯很重要，要多培养好习惯，少养成坏习惯。然而，我们现在仍然在为做出改变而伤透脑筋，并且因为没能成功做出改变而责怪自己。我所有的研究和实践经验都表明，这种心态是错误的。要想设计出成功的习惯并改变自身行为，你需要做到 3 件事：

- 停止自我批评；
- 把你的愿望拆解成微行为；
- 将每一次错误当成是一种新发现，并利用它们不断改进。

这可能不符合直觉，我知道，并非每个人都能自然而然地做到这3件事，因为自我批评这件事本身就是一种习惯。对有些人来说，自我批评已经成为一种惯性思维，就好像驾着雪橇顺势滑下雪山一样。不过，如果遵循微习惯的流程，你将走上一条不同的路径。雪花很快就能覆盖那些自我怀疑的破旧道路，新路径将很快成为默认路径。这一切都会发生得很迅速，因为微习惯策略会让你在感觉良好的状态下做出改变，而成效最佳的改变恰恰源于感觉良好，而非感觉糟糕。这个过程不依赖意志力，也不需要你用奖励来激励自己，更不会要求你必须在多少天内做到哪些事。那些老方法都不符合习惯的运作方式，所以它们都不是促成改变的有效方法，而且它们往往会让我们感觉很糟糕。

本书将帮助你摆脱改变所带来的焦虑，更重要的是，无论现在的你和理想的你之间有多大的差距，它都能帮助你以一种轻松愉快的方式跨越这个差距。《福格行为模型》将指引你打破旧方法，拥有一个全新的改变系统。

这套系统是我多年研究的成果，其间我不断改进，并亲自指导4万多人进行了实践验证。我可以负责任地说，微习惯策略对培养新习惯极其有效。它用经过实践验证的原则替代了错误观念，用具体流程替代了笼统建议。Instagram联合创始人曾是我的学生，他学会了用户行为设计并创造出一个全新App，你也能用同样的方法来帮助自己以及别人实现人生的突破性改变。最棒的是，你能乐在其中。只要摒弃那些主观判断因素，改变行为就成了科学实验。拥有探索和发现的意识是成功的前提，而不只是意外的收获。

行为设计，改变的正确方式

欢迎来到行为设计的世界！这是一套综合系统，通过它，我可以厘清人类行为，并设计出简单的方法来改变人生。我在行为设计领域的早期成果，成功帮助许多创新者创造了无数产品，满足了数百万用户在健身、省钱、高效驾驶等方面的需求。当这些方法在设计商务解决方案方面取得了巨大成功后，我转而专注于研究个人领域：我们怎样才能改变自身行为？于是，我更加关注个人想做出的那些改变。我对镜自照，看到了自身很多的可改进之处。我决定去做每个狂热科学家都会做的事：拿自己做试验。

我从一些我想融入生活的行为入手，其间做了不少看起来很傻但很成功的事情，比如每次上完厕所后做两个俯卧撑；还做了一些看起来很合理但没能坚持下来的事情，比如每顿午餐吃一个橙子。每当遇到问题时，我都会回到我的理论模型，对发生过的事情做一番分析。渐渐地，我发现了一些规律，我开始跟着直觉走，调整方向，并不断重复实践。

即使我本来就是一名行为科学家，我也必须去学习如何养成某种生活习惯。这并不是自然而然就能学会的，而是一个需要刻意练习的过程。通过练习，我将弱点变成了优势。6 个月后，我的生活发生了很大的改变。我的体重大约减了 9 千克，身体更健康也更强壮了，我的工作效率也比以往任何时候都要高。我不再吃那些对健身没有帮助的食物，早餐开始吃鸡蛋和菠菜，下午的加餐是花椰菜配芥末。我的每一天都是从一连串令人振奋的习惯开始的，我还精心设计（并不断修正）了生活状态和环境，以改善睡眠质量。过程虽然磕磕绊绊，但我发现，我做出改变的能力和动力都在日渐增强。我累计养成了数十个新习惯，虽然它们大都是小习惯，但积少成多，促成了很大的改变。坚持这些小习惯感觉并不难，以这种积少成多的方式来促成改变，感觉很自然、很有趣。

这些结果让我很欣喜，于是我从 2011 年开始向别人教授我的方法。我的研究表明，这种方法也适合其他人，并且成功改变了他们的生活。令我感到既惊讶又激动的是，这一开始只是行为设计领域的一次异想天开的自我探索，没想到却促成了一个名为“微习惯”的有效策略——一套最高效、最便捷的个人提升工具。

在继续下面的内容之前，我想先澄清一个事实：仅有信息是无法保证有效改变行为的。人们经常犯这种错误，即使是用心良苦的专家也不例外。他们的想法是：如果我们能为人们提供正确的信息，就能改变人们的态度，进而改变人们的行为。我将这种观点称为“信息－行动谬误”(Information-Action Fallacy)。很多产品和计划以及那些用心良苦的专家都试图以教育的方式去改变人们。那些专家会在专业研讨会上发表这样的言论：“只要人们能认清事实，他们就会做出改变。”

如果你回想一下自己的经历，就会发现仅凭信息无法使你的生活发生改变。当然了，这不是你的错。我从2009年开始就在研究习惯养成策略，在此过程中，我发现能带来持久改变的只有3件事：经历顿悟、改变环境、从细微之处着手改变自身习惯。促使自己（或他人）真正产生顿悟是很困难甚至是不可能的，所以我们应该排除这个选项。但也有好消息，其他两项有很强的可行性，只要遵循正确的计划，就能做出持久改变，而“微习惯”就是让环境和小步骤（baby steps）发挥最大力量的新策略。

创建积极习惯是起点，而创建微小的积极习惯则是培养更大习惯的途径。只要了解了微习惯的运作原理和运作方式，就能顺利做出巨大改变。你可以终止一些不良习惯，列出一些愿望清单，比如跑马拉松。你可能会遇到各种各样的场景，我将引导你学会应对它们。微习惯策略的基本做法就是：选择你想要做到的行为，把它拆解成微习惯并融入生活，然后促进它的成长。如果你想做出持久的改变，那么最好从小改变着手。

从小改变着手的5个原因

原因1，可以利用碎片时间

时间似乎永远都不够用，人们总是想要更多时间。为了赶时间，我们常常会在车里狼吞虎咽，或是边在沙滩上陪孩子玩边开电话会议，这些都是因为我们觉得时间不够用。这种压力导致了一种匮乏心态——时间永远都不够用，没有多余的时间让我们用来培养新的积极习惯，于是我们拒绝改变。每天运动 30 分钟？每晚做一顿健康营养的晚餐？每天写心情日记？别想了。谁……有……这个……时间！

你大可以在改变的过程中不断自我批评，但你也可以活得更轻松——从小改变着手。运用微习惯策略，专注于那些 30 秒内即可完成的小动作，就能迅速培养新习惯，而它们将自发地扩大规模。从小改变着手意味着，无须担心时间不够用，就能做出大改变。运用微习惯策略时，我建议从 3 个非常小的行为开始，不过哪怕只有一个也可以。压力越大，时间越不够用，这套方法就越适合你。无论你多想培养某个健康习惯，如果一开始太贪心，那也会很难成功，因为这样新习惯难以持续。对大多数人来说，微习惯可能都是最佳选择，甚至是唯一的选择。

原因 2，可以立刻开始改变

从小改变着手对你和你的生活来说都是最务实的。而且，这样能让你立刻开始。无论你是正身处人生中的绝望旋涡，还是除了压力过大之外，其他方面都算幸运，这个方法都能够适合你。每个人都有自己需要面对的人生处境、不理想的思维模式和阻碍进步的消极心理。我们可以对此自怨自艾，但只要利用微习惯策略，我们也可以打破现状。

在本书中，我不会列出具体习惯，我只是分享了一套微习惯策略，它可以帮助你培养任何你想要的习惯。请你自己选择你的习惯。不过，在这里我想先破例一次，请你开始一个新习惯，每天早晨起床后要做的第一件事就是练习它。这个新习惯很简单，只需大约 3 秒就能完成。我称之为“毛伊习惯”（Maui Habit）。请你每天早晨一起床就立刻说出这句话：“今天又是美好的一天！”并在说出这句话的同时，尽量去感受乐观和积极的心态。

MY RECIPE

我的毛伊习惯配方

在我……	我会……	为了让大脑牢记这个习惯，我要立即：
醒来后双脚踩到地板上时，	说出“今天又是美好的一天”这句话。	

用微习惯策略开启美好一天的简单配方

多年来，我已经帮助过成千上万的人将毛伊习惯融入生活，成效卓著，我自己也获益匪浅。通过毛伊习惯，你几乎可以毫不费力地立即迈向更好的未来。

你也可以对毛伊习惯稍做调整。有些人说的话会不同，如“今天会是很棒的一天”。如果你觉得其他话语的效果更好，或其他动作的效果更好，可以根据自己的需要来调整。有些人改变了说出这句话的时间；有些人改变了地点，比如在早上照镜子时说出这句话。照镜子这种方式对我来说是没有效果的，因为我起床后会尽量避免先照镜子。但如果你每天早晨起床后会立即去照镜子，那你可以选择这种方式。不过，我建议你先从配方卡片上的常规方式开始行动，后续再根据自己的需要做调整。

我每天早上做毛伊习惯训练时，都会在说完“今天又是美好的一天”这句话后停顿两三秒，这是因为我还没有完全清醒，我需要时间来消化它。如果你在进行毛伊习惯的训练时，觉得“今天不会是美好的一天”，我建议你仍然要把“今天又是美好的一天”这句话说出来。我有时会对新的一天感到疲累、不知所措或忧心忡忡，但我也没有中断过说出那句话。那一刻，我会坐在床上努力地去感受乐观的心态。但如果我实在是觉得这种暗示有些虚伪，我就会调整内容和语调，比如："不管怎样，今天又是美好的一天。"

我发现这对提振心情非常有帮助，即使在我心情最糟糕的时候也是如此。当我对新的一天充满焦虑时，即便声音中带着迟疑，这句话似乎也为我推开了一扇门，虽然只是露出了一条缝隙，但为让我拥有美好的一天带来了可能性。事实上，在多数情况下，它确实让我拥有了美好的一天。

请把毛伊习惯想象成每天早上 3 秒钟即可完成的简单练习。它能让你了解到开始改变是非常容易的，而且能帮助你学会行为改变最重要的技能——感受成功。

原因 3，不需要担心会失败

我有一个朋友的小孩名叫薇拉，她才 18 个月大，刚开始学习走路。有一天，薇拉在我家的车道上追赶我的狗狗米莉，她接连摔了六七跤。对那些蹒跚学步的孩子来说，攀爬路沿、避开下水道栅栏是很困难的，但他们总是坚持不懈，即使摔倒了也会爬起来继续"挑战"。薇拉也会时不时号哭几声，但她并没有真的受到伤害，为什么不继续前进呢？如果换成是我，一定会摔得七零八落。我身高约 1.83 米，摔倒会更疼。

这个理念也可以用于培养其他新行为或新习惯。如果你从未做过瑜伽，那么有很多地方可以选作起点，但它们都有不同程度的失败风险。你可以选择从初级的拜日式开始，或是在附近健身房办一张月卡，或是乘飞机去印度进行一星期的瑜伽静修。每种选择所投入的时间、金钱和期望都有很大不同。极少有人会为了学习瑜伽而直接飞赴印度。为什么呢？我们的蜥蜴脑天生就能够判断完成某件事的困难程度，所以，如果一开始野心太大，就会觉得难以做到。如果我连毛伊岛海湾公园的小浪都无法驾驭，又怎么敢去挑战毛伊岛另一侧的巨浪呢？我很可能会受伤，进而失去信心，甚至连小浪也不敢再挑战了。我何必这样逼自己呢？这听起来一点儿也不好玩，我还是待在海湾公园吧。

采用微习惯策略，一点儿也不需要担心失败。小习惯也可以默默进行，在没人注意到的同时开始改变。没有人注意，就不会感到压力过大。这些行为非常微小，执行过程也很灵活，没有什么情绪风险。在微习惯策略中，没有真正的失败，虽然过程可能会有点儿坎坷，但只要你重新振作，就不会失败——因为，这只是新习惯正在形成的过程。

原因 4，一样能吃掉“大鲸鱼”

过去 20 年来，我发现可以促使一个人做出重大改变的唯一一个始终稳定且可持续的方法，就是从小改变着手。我以前的一个学生埃米曾是一位全职妈妈，她想创办一家教育媒体公司。自己做老板、做自己想做的事，这让她觉得很兴奋。但她需要考虑的事情实在太多了，比如招聘员工、寻找办公场地、了解税法等。而且，她习惯先处理自己喜欢的工作，比如设计公司商标，但是在重要的事情上却拖拖拉拉。这样的习惯使她没有足够的时间来制订商业计划，而且她因为害怕创业失败而逐渐失去了勇气。埃米想让自己的生意起步，她一直想先处理一些大问题，但如此说了好几个月，她还是没有开始行动。

“要么做到最好，要么干脆不做”这种普遍存在的观念，导致埃米踌躇不前。我们生活在一种欲望驱动型的文化中，崇尚即时满足，很难做到甚至接受循序渐进，但这恰恰是培养有意义的长期改变所需的品质。如果不能立刻取得期望的结果，人们就会感到灰心丧气。这很正常，但很有可能会导致失败。

当埃米接触到微习惯策略时，她发现，吃掉“大鲸鱼”的最佳方法就是效仿绘本大师谢尔·希尔弗斯坦（Shel Silverstein）诗中的那个小女孩梅琳达·梅（Melinda Mae）采取的做法——一次咬一小口。于是，埃米决定抛开“要么做到最好，要么干脆不做”的想法，开始从小事做起。她每天早上把女儿送到幼儿园后，都会把车停在路边，在便利贴上写下一条待办事项，只写一条，而且是回家后可以立刻完成的，比如发一封销售电邮、安排一个项目会议、起草一份就医指南等。专心写下一项任务这个简单的举动带来了连锁反应，推进了她一整天的工作，并最终促使她的公司成功开业。开车回家时，看着方向盘上贴着的便利贴，那种成功感也一路伴随。回到家把车停好后，她拿起那张粉色的便利贴便立刻进入房间，想迅速取得成功。

一个小举动或一次一小口，一开始可能显得微不足道，但却可以让你获得充足的动力去迎接更大的挑战，加速取得进展。没多久，你就已经“吃掉了整条鲸鱼”。

原因 5，不需要依赖动机或意志力也能做到

你一定听到过很多关于行为改变的言论，它们可能会误导你，所以，要小心。那些被广泛引用的学术理论，往往并不能改变人们的现实生活。如你所知，人们普遍认为行动需要依靠动机和意志力，总是在寻找可以增强并维持它们的方法。但问题是，动机和意志力天生善变，一点儿都不可靠。

举个例子，来自芝加哥的朱妮是我认识的最有改变动机的人，她嗜糖成瘾，这已经严重威胁到她的健康、家庭和工作。朱妮是广播电台晨间节目主持人，她的工作日程十分繁忙，并且需要在不同的地点来回奔波。午餐时间，她常常不吃饭，只喝一杯星巴克的焦糖玛奇朵就足够了。这是因为工作节奏过快，她觉得自己需要补充糖分才能打起精神。朱妮认为刺激性食物能让自己打起精神，而冰激凌就是最好的选择，确切地说是泡泡糖和曲奇口味的冰激凌。朱妮每天下班回家都会感到疲惫不堪，直接瘫倒在沙发上沉沉睡去。即使当时两个孩子在玩电子游戏，她也顾不上管。

在我认识朱妮之前几年，她的妈妈就因为糖尿病去世了。这给她敲响了警

钟，足以让她产生强烈的改变动机。可是，她却开始尝试用更多的冰激凌来治愈失去母亲的这份伤痛。那年夏天，朱妮的体重增加了大约 8 千克。没过多久，她的两个姐妹也都被诊断出患有糖尿病。后来，她患有糖尿病的外婆也去世了。这种疾病正在一个个地带走她的家人。多年来，朱妮总是轻描淡写地说自己只是爱吃甜食，没有上瘾，现在她终于意识到事态严重，她已经失控了。

朱妮的改变动机直线上升。她想快速戒掉这个坏习惯，于是尝试了几次戒断法，但这只能在短时间内发挥效用。然后，她就会感觉很难受，甚至自暴自弃，再次狂吃甜食，任由体重不断增加。

朱妮一直以为自己无法克服糖瘾是因为意志力不足，她无法拒绝诱惑。这让朱妮感到沮丧并且心生疑惑，因为她一直认为自己的意志特别坚定，要知道，正是因为如此，她才能够成功打造出一档主流广播节目。人们普遍认为改变习惯是意志力问题，但事实并非如此。朱妮因为工作需要而加入了我的行为设计训练营，她开始认真审视自己的生活，并意识到难以戒掉糖瘾并不是由于她缺乏意志力，而是缺少行为设计的问题。做出改变的动机时强时弱不是她的错，更不代表她的品行有问题。

朱妮了解到行为设计的一个关键准则：简单才能促成改变。于是，她开始集中精力培养一些小习惯，这些习惯涉及的行为都极其微小，但影响却很大，能帮助她成功戒除糖瘾。朱妮重新设计了生活环境，把那些高糖分零食全都换成了自己爱吃的低糖分零食，而不是芹菜干和胡萝卜之类她不喜欢的健康替代品。她养成了一些运动和饮食习惯，这些习惯能够有效减少她对甜食的渴望。朱妮还发现，失去至亲的痛苦让她想去依赖甜食，于是她又创建了更多微习惯来帮助自己以积极方式消化那些情感。每次产生难过的感觉时，朱妮都会将它当作一个信号，提示自己去写写日记或找朋友聊聊天，而不是去甜食店。或许最重要的是，朱妮能够以坦诚开放和善待自己的心态去对待每一个新习惯。虽然她偶尔也会失控，但她不再认为那是性格问题，而认为这是可以用来改变未来的行为设计洞察。

让改变保持微小并降低自己的期望值，才能应对动机和意志力问题。微小的行为很容易做到，无须依赖不可靠的动机就能完成。

播下微习惯的种子

在使用微习惯策略时，无论多么小的成功，都可以庆祝一番。这样做能让我们充分利用大脑的神经化学反应，将有意识的动作快速转化为无意识的习惯。感受成功有助于固化新习惯，还能激励我们做更多事情。我每星期都会在微习惯研究数据中观察到这些成果。不仅如此，使用微习惯策略，你还可以学会如何在生活中获得更好的感觉。鼓励自己而非打击自己，拥有这种能力才能让改变的种子深深地扎根。

琳达就是在身处我称之为飓风级人生风暴中时，种下了第一颗微习惯的种子。大约 10 年前，琳达在成为微习惯教练之前，遭遇了一系列沉痛的打击。就在短短几年的时间里，她的儿子死于药物过量，女儿被诊断出患有躁郁症，家族生意也陷入困境。就在承受巨大痛苦的那段时期里，琳达发现她的丈夫出现了阿尔茨海默病的早期症状。于是，她不得不接管家族生意。接着她又发现由于丈夫患病，他的判断力下降，做出了几次错误决策，再加上行业不景气，公司最终不得不申请破产。就这样，他们失去了所有的积蓄，失去了房子，失去了琳达最喜欢的马场。这样的灾难令人难以承受，但琳达却无暇感到绝望，她还要养孩子，还要拯救生意。她悲痛欲绝，却无暇感伤，因此很快就陷入了抑郁。

要怎样才能走出眼前的困境？刚开始使用微习惯策略时，琳达告诉我，她每天早上醒来都会躺在床上祈祷获得力量。她想振作起来，想起身下床，想陪在孩子身旁，但她连下床站起来都很困难。在开始执行微习惯策略后，她只想专心做好一件事：每天早晨的挑战。她想在希望而不是绝望中，开始新的一天。在尝试过好几个习惯之后，她终于找到了正确的答案，那就是她声称“拯救了我的人生”的毛伊习惯。这微小的调整、这关键的行为成为琳达做出人生改变的转折点。琳达每天早晨醒来，双脚落地，就会大声地说出那句话：“今天又是美好的一天！”

一切很快开始变得和以往不同，非常不同。

对琳达来说，微习惯是唯一的选择。她需要从小事开始做出改变，需要获得一些良好的感受。新习惯让她有了成功的感觉，让她变得做事更高效、能够保持健康，也让她为了孩子变得更坚强。更重要的是，这些新习惯成为她播撒在生活裂缝中的微小种子。它们不断地茁壮成长。即便新的裂缝出现，琳达也能意识到，自己完全有能力去感受成功。她成功了。成功的证据之花在她身边肆意绽放，她只需持续灌溉就好了。

6 年过去，琳达已经辅导成千上万人使用微习惯策略。她喜欢自己的工作。她的生活仍然很艰难，但每天早上醒来，她已经不再有任何彷徨。她知道微习惯能改变一切，所以每天早上醒来，双脚踩在地板上后，她会立刻说出这句话：“今天又是美好的一天！”

打开行为奥秘的钥匙

把“小步骤”方法尽可能推广给更多人，并不是我在某一天突然决定的，我是先发现了人类行为真正的运作方式。我花了 10 年时间来研究人类行为，决心要找到打开行为奥秘的钥匙，并且终于在 2007 年找到了。答案很简单。起初，我很难相信以前居然没人找到过，但现在我知道，有些奥秘如果不知道答案，就会很难解答；可一旦知道了答案，解决方案就显而易见了。你可以用我发现的答案来解读行为——所有行为。

THE ANATOMY OF TINY HABITS

ABC 三步骤

1. 锚点时刻

提醒你去执行新的微行为的关键时点。例如，某个日常习惯（刷牙）或某件必然发生的事情（电话铃声响起）。

2. 新的微行为

锚点出现后立刻去执行的微行为。这是新习惯的简化版，比如用牙线清洁一颗牙齿或做两个俯卧撑。

3. 即时庆祝

完成新的微行为后要立刻庆祝。任何能带来积极情绪的事情都可以，比如说出“我很棒”之类的话。

Anchor 锚点

Behavior 行为

Celebration 庆祝

换个地方放牙刷，每天早饭前把碗从洗碗机里拿出来，晚上到花园里浇花，早上泡咖啡时做两次深蹲，星期三倒垃圾，抽烟、不抽烟，用手表看时间、用手机看时间，凌晨 3 点玩社交 App，下班回家亲吻另一半，整理床铺、不整理床铺，吃巧克力、不吃巧克力，读这本书、不读这本书……你努力多年想要养成的习惯，你努力多年想要戒掉的习惯。以上行为中有些是好习惯，有些不是。我发现，这些行为都由相同的要素组成。它们是人类行为的基本要素，其相互关系驱动我们的每一个行为和反应。

在本书中，我将分享福格行为模型，帮助你更清晰地思考行为。我还将说明如何用我的方法指引你来设计习惯，并在附录中总结了书中提到的所有模型、策略和准则。我的模型和策略是有行为科学研究成果和相关领域证据支撑的。在每章结尾，我将为你提供重新设计习惯所需的所有练习。

只要知道了如何调整人类行为的组成要素，就可以着手开始应对生活中的任何挑战。这意味着，你不会再有停滞不前的感觉，意味着你可以成为你想要成为的那种人。如果你觉得这听起来很棒，甚至很疯狂，还有点难以置信，那么请不必担忧。我将一路陪伴，与你分享我帮助数万人改变人生的经验。

那么，我们要从哪里开始呢？就从打开行为奥秘的那把钥匙——福格行为模型开始吧。

TINY EXERCISES

掌握福格行为模型

学习微习惯策略的最佳方式就是立刻开始行动。就像我之前所讲过的那样，立刻从毛伊习惯开始。除此之外，再加入下面的练习。所有这些练习都不要追求完美，要采取微习惯实践者（执行微习惯的人）的心态：全身心投入，边做边学。在做练习的过程中，不要过于紧张或焦虑，要会变通，并学会乐在其中！

练习 1：养成使用牙线的习惯

你已经知道如何用牙线清洁牙齿，所有的牙齿。但如果你跟大多数人一样尚未养成习惯，那它还不能在你的生活中自动进行。这个练习可以帮助你提升习惯的自动化程度，暂时先不考虑规模大小。

❶ 找到你喜欢的牙线。你可能需要多尝试几种不同的牙线才能找到最合适的。

❷ 把牙线放在洗漱台上，最好是放在牙刷旁边。

❸ 放下牙刷后，拿起牙线盒，取出一支牙线。

❹ 清洁一颗牙齿。

❺ 对镜子里的自己微笑，为自己创建了一个新习惯而感到高兴。

注意：之后如果你想多清洁几颗牙齿，只要超过一颗，就要把这当作加分项，因为你付出了额外的努力。

MY RECIPE

微习惯配方

在我……	我会……	为了让大脑牢记这个习惯，我要立即：
刷完牙之后，	用牙线清洁一颗牙齿。	

练习 2：养成每天吃黑巧克力的习惯

少量黑巧克力对健康有益，尝试养成每天吃点儿黑巧克力的习惯。

1. 买一些你认为健康的黑巧克力。
2. 每天早上泡完咖啡或吃完维生素之后，吃一小块黑巧克力。行为顺序可能是这样的：早上吃完最后一颗维生素后，吃一点儿健康的黑巧克力。
3. 好好品尝巧克力的美味，为生活中增加了一个健康习惯而感到高兴。

注意：这并不是一个需要由小及大的习惯，你可以把它看成是一个小盆景——虽然微小，但赏心悦目。

MY RECIPE

微习惯配方

在我……	我会……	为了让大脑牢记这个习惯，我要立即：
早上吃下最后一颗维生素之后，	吃一点儿健康的黑巧克力。	☺

练习 3：提醒自己，成效最佳的改变源自感觉良好

如果让我从本书中挑选一个我希望你欣然接受的观念，那一定是：人们在感觉良好而不是感觉难过的状态下进行改变，效果最佳。为此，我为你设计了这个练习。

❶ “我在感觉良好的状态下进行改变，效果最佳。”将这句话写在一张小纸片上。

❷ 将纸片贴在浴室的镜子上，或其他你经常能看见的地方。

❸ 经常念这句话。

❹ 留意这句话对你和你身边人的生活产生的影响。

TINY HABITS

01

福格行为模型，影响行为的要素只有 3 个

HABITS

行为的发生，

需要动机、能力和提示

3 大要素同时发挥作用。

福格行为模型展现了行为的 3 个通用要素，以及它们之间的关系（如图 1–1 所示）。这个模型所依据的原理，向我们展示了这些要素共同发生作用、驱使我们采取行动（从使用牙线清洁牙齿到跑马拉松）的过程。了解了福格行为模型，你就能分析具体行为的产生原因，而不会再把自己的行为归咎于错误的原因（比如性格缺陷或不够自律）。你也可以用这个模型设计出一套能促使自己或他人改变行为的方案。

图 1–1　福格行为模型

当动机（motivation）、能力（ability）和提示（prompt）同时出现的时候，行为就会发生。动机是做出行为的欲望，能力是去做某个行为的执行能力，而提示则是提醒你做出行为的信号。

我来举例说明一下。2010 年，有一次我在健身房健身，边踩椭圆机边听珍妮·杰克逊的歌时做了一件事，这对一个每分钟心跳超过 120 次的人来说是一个奇怪的行为：我向红十字会捐了一笔钱。我之所以会这么做，是因为我收到了一条募捐短信。把我在那一瞬间做出的行为拆解开来，大概是下面这样的：

- 行为——通过红十字会的短信，向海地大地震的灾民捐了一笔钱。
- 动机——我想帮助这场灾难的受害者。
- 能力——通过短信来捐款很简单。
- 提示——我收到了红十字会的短信提示。

在这个案例中，3 大要素同时出现，于是我做出了行为：捐款。但如果其中任何一个要素没有出现，那我就极有可能不会做出这个行为。

我捐款的动机很强烈，这是因为各大媒体对地震灾情的报道铺天盖地，令人痛心。那能力呢？如果红十字会换一种方式联系我，比如打电话邀请我捐款，并让我提供信用卡信息呢？我当时正在椭圆机上运动，钱包放在车里，所以很难去执行这个行为。提示呢？如果捐款者压根儿不用手机怎么办？如果红十字会以邮件形式发送募捐信息，结果却被我当作垃圾邮件，连看都没看怎么办？那么，我就不会收到募捐提示。没有提示，就没有行为。还好，红十字会助推了我一把。我早就想捐款了，而红十字会让捐款变得更简单。无论组织者是有意还是无意，他们都完美地设计出了鼓励捐款行为的 MAP 要素。捐款的并非只有我一个人。红十字会的短信募捐活动非常成功，仅在刚开始的 24 小时内就募集了 300 多万美元，一星期后更是超过了 2 100 万美元。红十字会，做得好！

总而言之，我在这本书中将重点讲述我的模型和方法（如图 1–2 所示），以帮助你迎接改变的挑战。

3 要素齐备，行为才能发生

我在早期向别人讲述福格行为模型时，提到它具有普适性，人们往往会有些怀疑。他们觉得，仅有 4 个字母的模型不可能解释得清楚不同文化中的不同行为。毕竟，行为有“好的”，也有“不好的”，怎么能都适用呢？很多人无法理解自己的网购行为和健身行为有关联。人们认为，健身是一种挑战，因为健身方式有一定的复杂性。他们还认为，如果是那种很容易就能做出改变的行为，比如以前习惯把外套放在栏杆上，现在变成把外套挂到衣橱里，那么它和健身相比必然存在着一些根本性的差别。

模型 如何清晰地思考行为	**方法** 如何设计行为
福格行为模型 B = MAP	**微习惯**

图 1-2 行为设计

事实上，这两者之间并没有什么差别。行为就像是不同款式的自行车，虽然外观不同，核心机制却是一样的，都是由车轮、刹车系统和脚踏板构成的。但即便行为的组成要素是一样的，也不代表它们给人的感受、表现形式和行动都是一样的。此外，令人愉快的行为和有挑战性的行为给人的感受截然不同，有时候就像是独轮车和自行车的区别。人们一开始根本无法看出两类行为之间有什么关联，但对于想要改变行为的人来说，这个概念至关重要。

我几乎每个月会举办为期两天的行为设计训练营，旨在帮助商务人士学会创建有效的解决方案，涵盖健康、财务安全、环境可持续性等方面。参训学员们绝大多数都会把课堂所学应用到个人生活中。因此，我经常会用个人案例，让学员们做一个练习。我会让大家说出一个毫不费力就能养成的好习惯，以及一个令他们苦恼且想要摆脱的坏习惯。学员们讲过很多很棒的个人习惯故事，但有一次活动时，凯蒂女士的故事指出了两种行为表象有别的关键。

凯蒂是一个很有才干的高管，管理着数十名员工和1 000万美元的预算，她的工作效率和她的好习惯息息相关。凯蒂每天下班前都会整理办公桌，这是她的固定习惯。结束当天工作并关闭电脑后，她会把文件摆放整齐，并把便利贴规整为“待办”、“已完成”和“处理中”3类。整理好办公桌，把椅子也推进去之后，凯蒂才会离开办公室。次日上班看到办公桌时，凯蒂都会有种精力充沛的感觉。这一切都在提醒她自己已经做好准备开启新的一天。我问她这个习惯是不是她有意培养的，她说不是，她只是在某一天突然就开始这样做了。

关于整理办公桌的这个习惯，凯蒂并没有想太多。她甚至在养成这个习惯很久之后，才发觉自己拥有一个好习惯。可是，当我问她有没有想改掉的习惯时，她很激动。“在床上刷手机！我讨厌这个习惯，但就是停不下来。有时候我躺在床上刷Facebook会刷到忘记去运动。”凯蒂告诉我这都是因为她用手机来设置闹铃。每当闹铃响起时，她就会拿起手机开始浏览。我问她把闹铃设在了几点。凌晨4点半！

年初的时候，凯蒂决定每天都去运动。有时候她确实去运动了，但大多数时候她都没去。这并不是因为她放弃了，而是因为她虽然起床很早，但时间都被数字旋涡吸走了。手机上那些红色的未读标识需要她去点开。点击一下就会打开一个视频，然后又带出一串评论，接着又是另一个视频，再然后5点半的闹铃就响了。

新的一天开始，她又没能说到做到，自责感和内疚感油然而生。凯蒂并不喜欢陷入这种模式，但她相信，不管从哪方面来看自己都能够掌控生活，或许偶尔的松懈只是她的“精神力”刚好耗尽了吧。

清理办公桌和狂刷手机，我们把凯蒂的这两个习惯结合起来分析一下。两种行为，让凯蒂产生了两种截然不同的感受。一种行为让凯蒂感觉良好，也让她如愿以偿，变得更加高效。整理这个行为已经变成一种自动自发的习惯，她根本无须多想就能做到。相比之下，刷手机的习惯虽然令她当时很尽兴，但事后却会让她感到自责。在床上刷手机让她很抓狂，但她还是控制不住自己。

这两种行为带给凯蒂的感受截然不同，但它们的组成要素却是一样的。所有行为都受 3 大要素的驱动。我希望凯蒂知道，她的“精神力”或意志力并没有耗尽，其实是她爱刷手机的这个习惯形成了一道障碍，而她的运动行为在设计上也有问题，所以才没能养成运动的习惯。

请记住，行为的发生，需要动机、能力和提示这 3 大要素同时发生作用。这个模型具有深远的意义。每个人在不同情况下都有不同的动机、能力和提示。动机或能力可能会因为文化或年龄不同而在具体细节上有所不同，但没有关系。世界虽然无限复杂，但我们仍然可以观察其中的现象，再通过剖析来形成通用的基本原则。

我将 B=MAP 公式以一种更加直观的方式呈现了出来（如图 1–3 所示），它展示了动机和能力之间的关系。

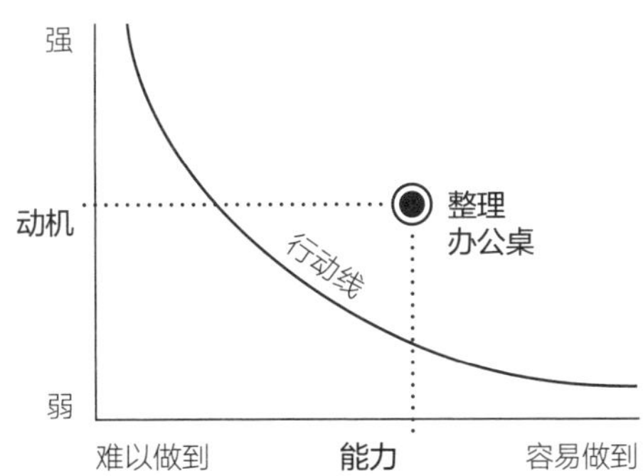

图 1–3 福格行为模型 – 整理办公桌

我们先来看看图中那个大圆点，它代表凯蒂整理办公桌的习惯。圆点的位置代表她收到提示采取行动时，她的动机和能力所处的位置。从图中可以看出，她的动机处于中间位置，而能力则更偏向“容易做到”。

现在，我们再来看看那条弧形的行动线。它的形状看起来像是一个微笑，它是一个好伙伴。如果我的墓碑上只能刻一个东西，那一定是这条快乐的小曲线。如果行为提示位于行动线上方，那么行为就会发生。假如你有很强的动机却没有能力（如体重 54 千克却想推举 200 多千克的重量），行为就会跌落到行动线下方，就算你得到提示，也只会感到沮丧。如果你有很强的能力但毫无动机，那么即使你得到提示，也不会采取行动，只会徒增烦恼。行为位于行动线上方还是下方，同时取决于推动行为的动机和让行为容易做到的能力。这里有一个关键点：能成为习惯的行为一定会落在行动线上方。

让我们为凯蒂的刷手机行为画一幅图（如图 1–4 所示）。

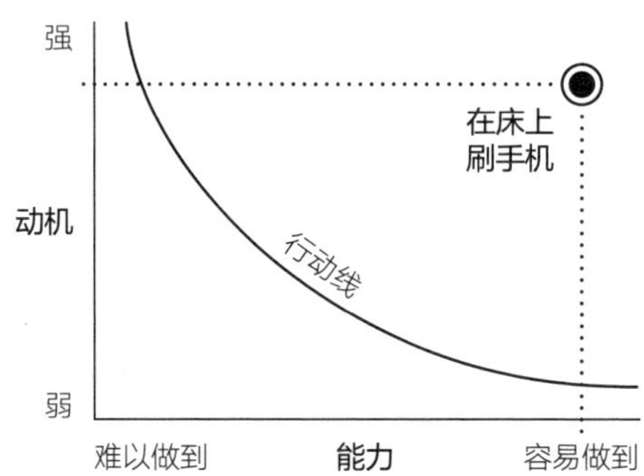

图 1–4 福格行为模型 – 在床上刷手机

请看那个圆点的位置。这代表凯蒂的动机极强、能力极高，很容易做到这一行为。最重要的是，凯蒂得到的提示非常固定可靠，她的手机闹铃每天凌晨 4 点半必定响起。模型解释了为什么凯蒂这样成功又能干的人也难以摆脱刷手机的习惯。你可以从图中看出这个习惯如此牢固的原因。除非有所改变，否则她很可能会延续刷手机的习惯，而不是去运动。

我们必须帮助凯蒂做两件事：重新设计刷手机的行为习惯，然后重新设计运动的行为习惯。不过请记住，没有一个万能的解决方案来应对所有行为挑战，我们需要调整 MAP 这 3 大要素，并找出不同情况下的最佳组合。我们需要提高刷手机的难度或是改变她刷手机的动机，然后再去设计她的运动习惯。通过 MAP 的强弱度来分析行为时，可以参考下面 4 个原则。

1. 动机越强，行为就越有可能做到

理解这个原则的运作原理，就能设计出绝大多数你想要的行为。图 1–5 上的弧形行动线已经直观地展示出了这个原则，不过，让我再用简单的文字加以说明。

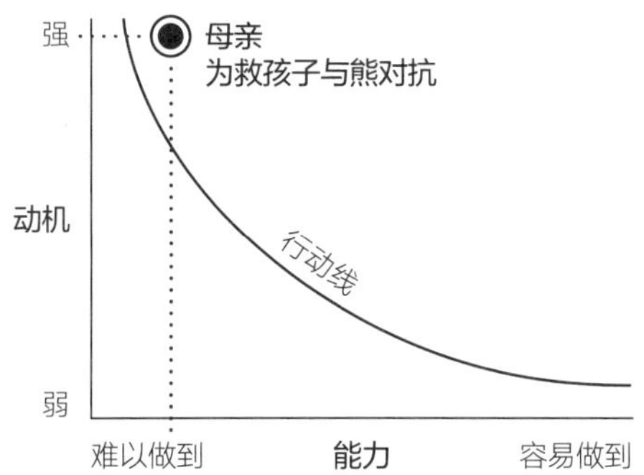

图 1–5 福格行为模型 – 母亲为救孩子与熊对抗

在动机很强时，人们无须依靠提示就能采取行动，还能做出更困难的行为。比如，母亲为救孩子与熊对抗，某个普通人把别人拖离地铁轨道从而阻止了一场悲剧。当肾上腺素飙升、利害攸关时，再困难的事也能做到。而动机水平一般时，人们只会去做那些容易做的行为，比如整理办公桌。

2. 行为越容易，就越有可能成为习惯

如果你正在阅读一本书，而有人想看看这本书的封面，你会让他看吗？可能会吧。毕竟只是稍动手腕、中断一下阅读，也没什么大不了的，这很容易完成。但如果有人想让你大声地朗读整本书给他们听，那你很有可能会拒绝（如图 1–6

所示）。你需要有极强的动机才会去实施这个行为。或许提要求的人有视觉障碍，也或许他会给你 1 000 美元的报酬，这也许有用吧。重点是：你需要有足够强大的动机才会去做困难的事情。

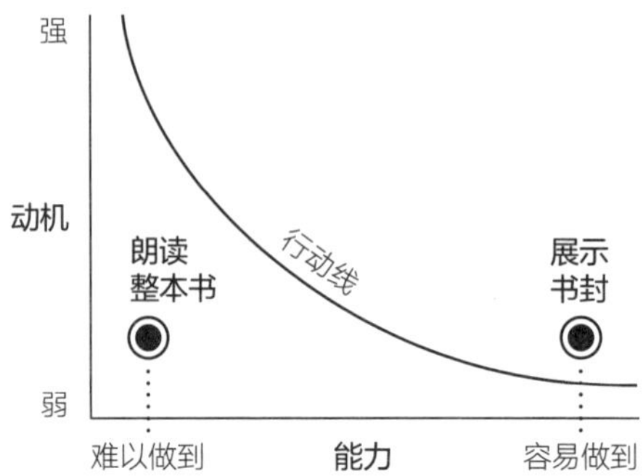

图 1-6 福格行为模型 – 展示书封或朗读整本书

行为越容易，就越有可能变成习惯。这个洞见或许可以开始改变你的人生（它已经改变了我的人生）。不管是我们认为的“好习惯”还是“坏习惯”，这一洞见都适用。没区别，行为的运作原理都是一样的。

请回顾一下凯蒂的刷手机习惯。闹铃响起，手机已经拿在她的手上了。此时，刷手机对她来说很容易做到。

3. 动机和能力要像队友一样密切配合

既有动机又有能力，才能让行为落到行动线上方，而这两大要素可以像队友那样密切配合。如果其中一方较弱，那另一方就需要很强才能促进行动，让行为落到行动线上方。换句话说：你拥有其中一方的程度会影响你对另一方的需求。了解了动机和能力之间的关系，就能用新方法来分析和设计行为。如果你只拥有行为要素的其中一项，并且强度不足，那么你就需要拥有其他的行为要素，让它们彼此互补。

以凯蒂为例，她整理办公桌的动机很强，同时这也很容易做到，她只需要不到 3 分钟就可以完成，而不会因此耽误接孩子放学。她完成这个行为的能力偏向容易区，而且做得越多，过程就会越流畅。通常来说，一种行为你做得越多，完成它就会越容易。

福格行为模型描述的是特定时刻的特定行为。不过我也用这个模型来展示一段时间内行为发生变化的过程：行为 1→行为 2→行为 3。这是该模型的一种扩展用法，十分实用。但在此我只想强调一点，对于大多数的行为来说，如果不断重复，就会更容易做到（如图 1–7 所示）。

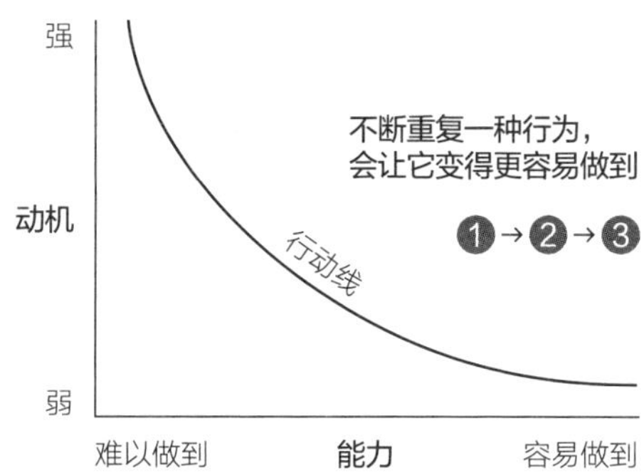

图 1–7 福格行为模型 – 重复行为

即便有些时候凯蒂的动机会减弱，但因为整理任务的难度很低，所以不会给凯蒂造成很大压力，她就更容易开始做这个工作。关键在于，如果一开始她选择打扫整间办公室，这个行为可能就会很难变成一种习惯，因为每当她感到时间紧促时，就会跳过这个行为。

4. 没有提示，任何行为都不会发生

如果没有得到提示，那么无论你的动机和能力有多么强烈都没用。要么得到行动的提示，要么得到不行动的提示（如图 1–8 所示）。总之，没有提示，就没

有行为。道理就是这样，简单又强大。

动机和能力是持续的行为变量。你做出任何行为的背后，都会有某种程度的动机和能力做支撑。电话铃声响起时，你接听电话的动机和能力是原本就有的。提示就像是一道闪电，稍纵即逝。如果你没有听到电话铃声，当然也就不会去接听它。你可以消除提示，进而中断你不想要的行为。消除提示是阻止行为发生的最佳的第一步，但并不是每次都那么容易。

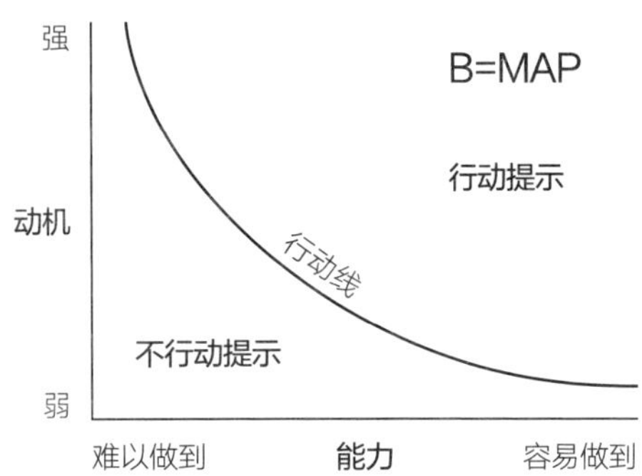

图 1–8 福格行为模型 – 提示

一年多以前，我到得克萨斯州的奥斯汀市参加西南偏南音乐节。入住酒店房间后，我把包扔在了床上，接着就开始观察整个房间。橱柜上有一个东西吸引了我的注意。“哦，天哪！”我忍不住大叫出声。那里摆着满满一篮子美食：薯片、玉米片、超大棒棒糖、燕麦能量棒、花生。我正在努力控制自己只吃健康食品，但这些零食实在很诱人。我心里很清楚，等我结束漫长一天回到房间时，这个美食篮绝对是个大麻烦。它会成为提示：快吃我！我知道，只要篮子还在，我迟早会忍不住大吃一顿。玉米片将第一个被吃掉，然后是花生。于是，我问自己如何才能阻止这种行为发生。削弱动机？不可能，我超爱吃咸味零食。加大难度？或许可以。我可以要求前台抬高零食售价，或者干脆把它们从房间里撤走。但这样有些小题大做。于是，我选择了消除提示。我把这个满载诱惑的篮子放到了电视柜最底层，然后关上了柜门。我知道篮子还在房间里，但这些威胁已经不会再冲我大声喊叫“快吃掉我”了。第二天早上，我就会忘记这些咸味零食。很高兴地告诉大家，我在奥斯汀待了 3 天，一直没有打开过那个柜子。

我通过消除提示成功阻止了吃零食的行为。如果这样做不奏效，那我还可以再试试调整其他行为要素，但从提示入手进行行为设计确实是最容易的。

现在，你已经知道福格行为模型适用于多种不同类型的行为。在后续章节中，我将继续为你展示这个模型的更多用法。我在斯坦福大学上课和为行业创新者做培训时，都会教他们如何用不超过两分钟的时间来介绍福格行为模型。我会先做示范，在白板上画图说明它的每个部分。两分钟演示结束后，再罗列出最有效的步骤，包括一些特定短语。最后，我会让每个人都到白板前或在一张纸上，边绘制福格行为模型边向别人讲解每一个步骤。学会快速又清晰地讲解行为模型，是行为设计中最有用的技巧之一。

很遗憾，我无法当面教授你这项技巧，因此我在本章末尾设计了一个微练习。如果需要更多指引，你可以到网上去找到这个练习，还可以观看其他人讲授模型的视频。花几分钟时间学习如何解释福格行为模型，是非常值得的。学会之后，你可以将这个模型应用到各种各样的情况中，包括终止某个行为或诊断某个行为中存在的障碍。我接下来将进一步说明这一点。

继续以凯蒂为例。她怎样才能戒掉刷手机的习惯呢？凯蒂刷手机的动机很强，这个行为又很容易做到，这使得她的行为习惯远高于行动线。她可以改变什么呢？动机？这不太可能。每当有人为凯蒂的动态点赞时，都会让她感觉很开心，并深深地沉迷其中难以自拔。凯蒂想随时了解朋友们的动态，和朋友们保持密切联系，Facebook 恰恰满足了这个需求。动机因此一直维持高水平。

那么能力呢？在这个方面，我们发现促成改变的机会很大。凯蒂可以删除 Facebook 账号，那样她就没办法刷动态了。但这样做可能太极端了，她总会在有些时候想去看一看的。好在还有很多办法可以增强凯蒂在床上刷手机的难度。除了删除 Facebook，她还可以把手机放到隔壁房间的柜子上，或者把手机放到女儿的房门外，这样一来她就会不得不跳下床、冲过去关掉闹铃，以免吵醒女儿，也或者，她可以把手机留在车里。但凯蒂刷手机的动机实在太过强烈，因此她也是在尝试过多种不同方式之后，才最终找到了一个双管齐下的办法：到了晚上就把手机放到厨房，在卧室里放一个老式闹钟。在她和手机之间增加的这段空间距离使得刷手机的行为更难实施，而放置老式闹钟则一并消除了手机的提示。

如果无法改变某个行为要素（如动机），那你可以改变其他要素（能力或提示）。那么，凯蒂的运动习惯呢？事实证明，她无须做任何调整。消除刷手机带来的干扰之后，凯蒂便按照原先的计划开始运动了。

只要调整到位，你几乎可以设计任何行为，大多数你不想要的行为也都可以停止。凯蒂非常容易且成功地做到了这一点，但首先她必须知晓是什么驱使她养成了在床上刷手机的习惯。

参加行为设计训练营几个月后，凯蒂告诉我，她很高兴自己终于养成了坚持运动的良好生活习惯。在吃早餐或排队的时候，她偶尔还是会忘我地玩手机，但已经不像过去那样沉迷。大多数时候，她都能掌控自己早上的时间。她觉得自己比以前更强壮了，更重要的是，她正在逐渐认识到，生活的任何方面都可以通过行为设计来加以改善。

理解行为，就能影响行为

要想高效地改变自身行为或其他任何人的行为，关键就在于学会使用福格行为模型。只要对行为的运作模式有了清晰的认识，你就能解读自己和他人的行为了，这是一项很强大的技能。你可以开始培养好习惯、戒掉坏习惯，进而理解他人不甚如意的行为。

几年前，我有一次乘坐飞机遇到一个精力旺盛的小孩，他就坐在我后面。他的小脚不停地踢我的座椅靠背。我知道他多半会从起飞一直踢到降落，毕竟他还是个孩子。趁飞机还没起飞，我问自己能不能做点儿什么来制止或减少他的这种行为。

我使用了福格行为模型来分析他的行为。首先，考虑提示。我能清除它吗？不能。我无法控制这个小孩内心的想法、无聊或能导致他踢我座椅的任何因素。其次，考虑能力。我可以让他的踢腿行为变得困难吗？不能。所以，最后我只剩下一个选择：动机。有没有一种冷静又有趣的方式可以让这个小男孩少踢我的座椅呢？我决定使用互惠法则。别人送礼物给你时，你自然而然会想到要以某种方式予以回报。这种动力有助于人与人之间友好相处。这是我们可以优雅地影响他人动机的一种方式。我决定试一试。

我的电脑包里有一个黄色的笑脸按钮。我从包里掏出了按钮，拿给这名小乘客和他的父母看。“嗨，”我说，“我想把这个笑脸按钮送给你。我希望它能帮助你记住在今天的飞行过程中不要踢我的座椅。”小孩说道：“好的！”他的父母则对我报以真诚的微笑。这次飞行很顺利，没有人再踢我的座椅，我还结交了几位朋友。各自领完行李后，我们挥手道别。

在家庭中应用福格行为模型时，可以请家人来帮助你。在长期的家庭生活中，家务问题往往会让人们产生争执。我和我的伴侣丹尼对做家务的看法就很不一样，我觉得“差不多就好”，而丹尼认为“需要给房间彻底消毒”。于是，清洁浴室变成了一个大麻烦。丹尼无法忍受家里有霉菌，但我们的浴室排水系统不好，你肯定也猜到了，这样很容易产生霉菌，所以他一直都要求我用完浴室后要清理干净。但大多数时候我都没有照做。事实上，我极少这样做。

有一天，丹尼要我和他一起去浴室看看，接下来他所做的一切展示出了行为设计的真谛。“我们都希望浴室保持干净”，他说。我同意。他看出我有一些打扫浴室的动机。于是，他接下来问的问题跟能力相关。他问我：“清理浴室有什么困难吗？”我说我不明白他的要求具体是什么意思，是要我用浴巾还是用拖把清洁地面？应该清洁墙面吗？丹尼这时顿悟了，他没有说清楚他到底想要什么，抽象行为对我来说实在太难做到了。而他接下来的做法既聪明又简单。他向我演示了一遍具体要做的事。他带我走进浴室，然后说道：“好吧，你关闭淋浴器后（提示），把浴巾从架子上拿下来，把它放到地上，像这样踩着拖几下，接着再把浴巾扔到脏衣篮里就好了。”丹尼展示的动作很简单，这让我觉得自己像个傻瓜，这么简单的事情都没做到。这一切只需 10 秒。看他展示完具体要做的事情之后，我对任务难度的感知发生了变化，突然就觉得这件事很容易做到。

自从丹尼演示过后，我每天都会清理浴室。为什么呢？首先，我本来就想让浴室保持整洁，也希望让他开心。所以我已经有了一些动机，但却觉得这很难做到。在他演示之后，我才发现清理浴室很容易，这个行为立刻就到了行动线上方的位置。长话短说，现在的情况是：我知道自己不擅长做家务，所以我会说“演示给我看你希望我做什么”。他演示完，我的能力也就增强了。

以上是关于在他人身上如何应用福格行为模型的一些示例。等我们的改变工具箱里有了更多工具之后，我会用整整一章来详述。

解决行为问题的 3 个步骤

想实施某个行为或想要别人实施某个行为，但可能无法成功的情况，我们经常会遇到。对此，我有个好消息告诉你：行为设计为我们提供了一组可用于解决此类常见问题的具体步骤。举例来说，你希望员工都能准时参加团队例会，但总有人会迟到几分钟。很多管理者会被这种行为触怒，进而摆脸色给迟到者看，甚至罚款。他们这都是在尝试利用动机让行为准时发生。但这些做法都是错的。你不能直接就从动机入手去解决行为问题。

你可以遵循如下步骤，按顺序逐个尝试。如果第一步没效果，那就到下一步，依此类推。

1. 检查有没有行为提示。
2. 检查有没有行为能力。
3. 检查有没有行为动机。

无论是为自己还是为他人解决行为问题，从提示入手都是最容易的。此人是否已经得到了行为提示？你可以问问那些迟到的员工：你们有没有一个准时参加会议的提示？如果没有，就为他们设置提示。这样或许就能解决迟到问题。

但如果这样做没有效果，那就进入下一步：检查人们有没有行为能力。问问那些迟到的员工，是什么让他们难以准时抵达会议室。（现在只需问这个问题就够了，在第 3 章，我将介绍一种更全面的方法。）你或许会发现，员工之所以会迟到，是因为他们的上一个会议才刚刚结束，实在无法准时参加另一个会议。这样，你就找到答案了，这是一个能力问题，而不是动机问题。不过我们先假设大家既有提示也有能力，把迟到当成一个动机问题看待。如果是这样，我们就得想办法先激发大家守时的动机。（有很多办法可以做到这一点，好坏都有。）

大多数人都以为要想实施某种行为，就必须先解决动机问题，但实际上它是最后一步要解决的问题。不管是在工作还是生活中，这个问题解决步骤都可以为你省去不少麻烦。比如，假设你想让女儿放学回家时帮你买几张海报纸，作为交换条件，她可以开你的车去学校。你觉得这挺公平的，但是那天她放学回家并没有帮你买。你有些不高兴，并且向她解释你有多需要海报纸。（把车给她开和向她解释你的需求，都是动机策略。）你的女儿说："对不起，我明天去买。"然而，她第二天还是没有帮你买回来。这一次，你生气了，告诉她你不会再让她开你的车，还批评她不靠谱。（这也是一种动机策略。）这种情况可不太妙。

现在，让我们重新假设你已经知道了解决问题的方法。第一天，当你女儿没有把海报纸带回家时，你并没有发火。你进入了问题解决模式："你有没有想过用什么办法提醒自己去买海报纸？""没有。我只是觉得自己能记得，结果却忘记了。"于是你问她："你觉得明天用什么来提醒你比较好？"这样你就可以来设计第二天的提示。她说她会在手机上记一条待办事项。你猜结果如何？第二天，她高高兴兴地把海报纸交给了你。

当你把这种问题解决方法用于自身行为时，会发现这能让你不再自责。比如，你打算早上冥想，结果却没做，与其责怪自己缺少意志力或动力，不如逐一确认以下几个问题：有没有什么可以提示你？是什么让这件事变得难以做到？在多数情况下，有些行为难以做到的根本原因不是缺乏动机。只要找到一个好的提示，或是让行为更容易做到，就能解决行为问题。

用福格行为模型观察世界

我希望你能多使用用福格行为模型来观察世界。这样做有两个原因：其一，这样做很有趣；其二，它能帮助你根据动机、能力和提示 3 个要素去剖析行为，从而识别自身或他人的行为驱动因素。本章末尾的微练习，可以帮助你掌握福格行为模型的用法。

很多人都曾使用行为模型来逐步解决行为问题，他们说这个方法帮助他们了解了人类行为的机制。通过福格行为模型，你将能解构为改变所采取的措施，并且了解自己是在促进还是在抑制它们。你将能更加了解为什么你会做出一些让自己后悔的行为。

我们都做过自己不喜欢的事情：吃爆米花当晚餐、对孩子大喊大叫或追网剧成瘾。但我们不必为了让自己心里好受一点儿就对这些行为视而不见或因此感到沮丧，而且我们真的不必自责。

关于这一点，珍妮弗的例子让我印象深刻。她是一位才华横溢的艺术家、一位称职的母亲。在报名微习惯网课、开始学习福格行为模型之前，她正因为自己无法坚持运动而沮丧不已。珍妮弗过去一直有健身的习惯，上大学时她就是跑步迷，在有孩子之前，她还和朋友一起跑过半程马拉松。但是现在，洗碗、洗衣服就是珍妮弗平时最耗费体力的活动了。她真的很想去运动，但身材已经发福走样。她知道，自己必须缓慢而稳定地开始运动。

珍妮弗开始尝试时不时地在书房里做 15 分钟瑜伽，偶尔还会跑步到街尾。这都是她力所能及的，但她却无法做到坚持有规律地锻炼。锻炼日变成了“好”日子，而不锻炼的日子则变成了“再来一杯酒”的日子。后来她对我说这让她觉得自己很失败。过去很容易的事情如今却变成了每日的挣扎。她以前能跑 8 000 米，这个成绩让她很有成就感，但她现在大多数时候连跑到院门口的信箱那里都做不到。她总觉得是自己的问题。为什么她就是做不到呢？

珍妮弗的情况很常见，她感受到了一种阻力。每天，她都会告诉自己应该去做力量训练或跑步，但她总会找到理由放弃，不是为孩子网购商品，就是为工作搜集资料，一天下来，她只觉得自己很失败。她心知肚明，自己就是在找借口，即使是对自己有益的事情，她也不想去做。她沮丧吗？自暴自弃吗？意志薄弱吗？这到底是怎么回事？

珍妮弗上完微习惯网课后不久，我发了一封邮件给她，她回复我说已经解决了运动习惯的难题。首先，她从动机、能力和提示三方面审视了自己的现状。其次，她将行为分解成了一个一个微小的步骤，并集中精力审视动机。动机几乎没有。大多数时候，她只是不想自己一个人在办公室里做瑜伽。珍妮弗放弃了单人瑜伽的想法，决定换个更适合的方式。她把自己感兴趣的运动逐个列出，结果真的有所收获。她喜欢的那些运动有一个共同点，它们都是群体性的。珍妮弗越想越觉得一个人单练很无趣。独自锻炼变得像是一种义务，而她也缺乏足够的动机让自己迈过行动线。最终，珍妮弗放弃了独自锻炼的想法，加入了多人运动，她参加了每星期一次的动感单车课、每星期一次的瑜伽课，还加入了妈妈跑步群。不知不觉间，她已经恢复了坚持运动的习惯。

对珍妮弗来说，这是一个巨大的胜利，但最令她感到兴奋的并不是解决了行为问题，而是真正地改变了她的生活的那件事：她打破了自我批评的魔咒。在了解行为的运作机制前，她为自己不能像以前那样坚持锻炼而感到烦恼。“以前能做到的事情，现在却搞不定，你到底怎么了？”这种感觉不断地重复。每天晚上，她都只能借酒消愁。她绞尽脑汁，想要为此寻找答案。也许是自己正在变老，也许是需要服用抗抑郁药，也许应该找个私教。她被这些想法折磨得身心俱疲，最后只能靠忙于做饭和收拾玩具等家务活的方式来麻痹自己。直到学会用行为模型分析自身行为后，她才意识到问题不在于她自身，而在于采取行为的方式。把这些行为一步一步地拆解开之后，她发现了其设计的缺陷所在。她有独自锻炼的能力，但动机不足。更糟糕的是，她还缺少一个可以提醒她去做瑜伽的可靠提示。

无论是对珍妮弗还是其他人来说，都很幸运，福格行为模型并没有什么“懒惰”轴或“软弱”轴。这不同于她自怨自艾的认知。它是一个模型，而不是对性格好坏的投票。一旦珍妮弗意识到她不等于她的行为，一切就都不一样了。她开始把习惯当成食谱一样看待。即便结果不如意，也无须自暴自弃，只要改变配比、调整配料再试试就好。

从现在起，你要带着好奇心、保持一定距离去观察你的行为，就像科学家观察培养皿内的情况那样。你可能读过不少有关改变的书籍，但我的思路和它们的都不一样。我不会一味地强调意志力，也不会强迫你建立某种习惯，让你感到挫败。我希望你将生活当作自己的专属“改变实验室”，你可以在这里为那个你想成为的自己做任何尝试。这是一个既能让你感到安全，又能让你感到一切皆有可能的地方。

接下来的 4 章，我们将学习行为设计的步骤，并用它来展开试验。我们要将重点放在微习惯策略上，因为它是创建积极习惯的基础，而且囊括了以后设计其他行为所需的所有关键原则。你将能使用这个步骤达成不同的成果、完成重大的单次行为，或消除不想要的行为。万事开头难，建立一整套积极习惯的第一步，是要先决定具体想培养哪些习惯。

不过，在此之前，你得先分析清楚多年来一直困扰你的原因是什么。既然你正在看这本书，那就说明你很有可能有想改变却未能改变的事情。那么，是什么阻碍了你做出改变呢？

是动机猴子（Motivation Monkey）。动机猴子诓骗我们设下不合理的目标。有时候它确实也能帮助我们发挥出高水平，但在我们最需要它的时候，却往往不起作用。

TINY EXERCISES

实践福格行为模型

练习 1 比较容易，练习 2 的难度相对较大，但请不要略过。我向你保证，你投入的时间和精力必定会有回报。

练习 1：探索终止习惯的方法

福格行为模型适用于所有类型的行为改变。在此练习中，你将探索终止习惯的简便方法。

1. 写下 3 个你想要停止的习惯。尽量写得具体一些。比如，要写“终止午餐时买汽水”，而不是“终止喝汽水”。
2. 对每一个习惯，想出 3 种可以消除（或避免）提示的方法。如果什么都想不出来也没关系，继续下一步即可。
3. 对每一个习惯，思考可以增加难度（能力）的方法。
4. 对每一个习惯，思考可以削弱动机的方法。
5. 对每一个习惯，从步骤 2 到步骤 4 里选出你的最佳解决方案。

加分项 把解决方案付诸实践。

练习 2：向别人讲授福格行为模型，以教代学

有一种绝佳的学习方式，那就是去教别人。

❶ 本书附录中的福格行为模型教学脚本可以帮助你教学。

❷ 一边阅读脚本，一边绘制福格行为模型。多练习几次，直到你无须阅读脚本也能解释它为止。

❸ 找一个人来听你教学。

❹ 用你绘制的模型图来解释行为模型（边讲边画更好）。

❺ 用 2 分钟讲解，然后向你的学生询问：“有什么让你感到意外的吗？”这是我最喜欢的教学提问了，因为它可以开启对话，改善所有人的学习体验。

TINY

02

要素 1，动机，找到实现愿望的黄金行为

HABITS

HABITS

愿望是改变人生的
绝佳起点，
但无论你想进行
何种改变，
为自己匹配“对”的行为
都是改善生活的关键。

桑德拉和阿德里安刚刚买下他们的第一套房。这套房唯一的缺点就是后院，那里真是一团糟，一面石墙摇摇欲坠，杂草丛生，车库后面的肥料乱堆一气。但第一次去看房时，桑德拉和阿德里安却一点儿都不在乎。他们正兴高采烈地做梦呢。他们看到的全是好的可能性：一个蔬菜园、一个花坛，两棵橡树之间挂着一张吊床，柠檬树上有一只漂亮的鸟正在驻足眺望。

收房那天，他们兴奋得不得了。他们罗列出许多要做的事，然后就开始整修。他们从室内开始动工，包括打磨、上油漆，以及打扫房间的每一个角落。几星期之后，他们几乎已经完成了整修清单上的所有事情，就只剩下后院了。他俩站在后阳台上检查情况。这一次，他们的感觉很不一样。他们对家装改造的热情好像突然跌到了谷底。两人面面相觑，不知所措。他们该从哪里入手？桑德拉以前确实有过修整草坪的经验，但她的景观美化水平却不怎么样；而阿德里安从小就一直生活在公寓里，他懂得更少。他们没有任何园艺工具。在新罕布什尔州种柠檬树能养得活吗？他们知道自己想要什么，一个可以和朋友共度欢乐时光、可以看着孩子们玩耍的漂亮后院。但如今这感觉更像是一场黄粱美梦，还有一大堆逃不掉的苦力活要做。

也许很多人会在此时转身回到房间，告诉自己以后再说，或者他们会全力以赴，忙到精疲力竭，但仍有很多事情没做完，最后干脆放弃。不管是哪种情况，实现梦想的脚步都受到了阻碍，取而代之的是内疚、失望或失败的情绪。这到底是怎么回事？桑德拉和阿德里安这个后院美梦的问题在于，他们把所有鸡蛋都放在了动机这一个篮子里。

明明拥有动机却还是无法改变的 5 个原因

在涉及家装改造的事情上，动机通常都不可靠。而且，在涉及自我提升类事务，比如节食、健身、创意项目、报税、创业、找工作、策划会议时，也是一样。动机猴子的陷阱到处都是，还都很隐蔽。无论你是在处理大型项目还是试图改变习惯，它都能引你掉入陷阱。

大多数人认为动机是行为改变的真正驱动力，但事实并非如此。我们常常会用诸如"回报"和"激励"之类的字眼，因为大多数人都觉得，只要"在马儿眼前挂上胡萝卜"，任何习惯都能培养。这种想法可以理解，但它是错误的。

动机的确是行为的驱动要素之一，但问题在于，动机往往是易变的，而本章将深入探讨它所带来的挑战。动机就像是一位酒肉朋友，你可以和它一起玩乐，却不能指望它会去机场接你。你必须了解动机的角色和限制，然后挑选出那些不太依赖这位善变的"朋友"的行为。为了做到这一点，我们需要先一一破解动机猴子的游戏陷阱，然后再学会绕过这些陷阱，完成我们真正想做的事情。不用悬挂胡萝卜，也不用感到自责。

1. 动机很复杂

让我们从最基础的动机开始。动机是什么？动机是完成某个特定行为（晚上吃菠菜）或某类行为（每晚吃蔬菜和其他健康食品）的欲望。有些心理学家主张要区分外在动机和内在动机。我绝对无意冒犯这些心理学家，但我发现这是一种很微弱的区分，在现实世界中实际用处不大。在我的研究中，我专注于 3 个动机

来源：你自己（你想要的），你希望通过采取行动可以得到的利益或受到的惩罚（胡萝卜加大棒），以及你的周遭环境（例如，所有朋友都在做这件事）。为了帮助你更直观地理解这一点，我创造了一个名为“PAC 小人”的人物形象（如图 2–1 所示）。你会发现它总是会突然冒出来。事实证明，人物（person）、行动（action）和情境（context）是理解人类行为的基础。

图 2–1　PAC 小人

从图中可以看出，动机可以源自这 3 个因素中的任何一个。首先，动机可以源自一个人的内在：你想要做这个行为。例如，很多人都想让自己变得更有吸引力，这是人类与生俱来的动机。其次，动机还可以源自和行为相关的利益或惩罚，比如税收。大多数人每天醒来的第一件事不是去缴税，但不缴税会受到处罚，这让我们有了缴税的动机。最后，动机还可以源自情境（我们当前所处的环境）。假设你正在参加慈善拍卖活动，这是一件很有价值的事情，很多人都在喝酒，而且拍卖师炒热了气氛，所有这一切就是情境（是经过精心设计的），是促使你拍下竞拍品的动机。

一种行为的动机可能不止一个来源。我将这些不同的动机视为推动你接近或远离某个行为的力量。或许是想要被群体接受的渴望，或许是对身体疼痛的恐惧。动机也许会驱使你去做某件事，或者驱使你不做某件事。无论是哪种情况，动机总是存在的，它会推动你的行为或者高于或者低于行动线，而这取决于它们在任何特定时刻的强弱程度。

动机很复杂，有时候它们看起来就像是在进行一场心理拔河比赛。比如，桑德拉和阿德里安可能就有相互冲突的动机（如图 2–2 所示）。他们想要休息片刻，尽情感受刚刚改造完的新家，但他们同样也想尽快解决后院问题。这些相互冲突的动机将推动他们采取不同的行为。

图 2–2 相互冲突的动机

我们同样也会有相互冲突的动机，这是一个行为的相反的驱动力。相互冲突的动机可能会变成精神痛苦的源头之一，“我想控制饮食，彻底戒除甜食，但我也真的很想吃那块巧克力蛋糕”。在周围环境的影响下，这种冲突可能会像跷跷板一样忽上忽下。如图 2–3 所示，我们用福格行为模型来分析一下。

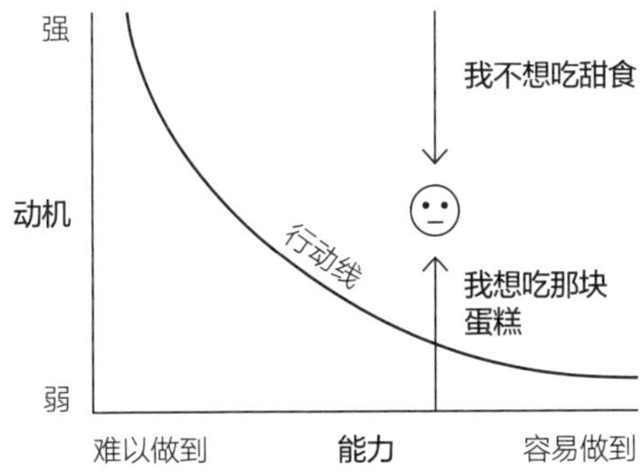

图 2-3 福格行为模型－相互冲突的动机

更棘手的问题在于，我们经常会忽视动机。这是事实。我们或许并不完全了解想吃某种食物的欲望来自哪里，比如，每天吃爆米花是因为我真的很喜欢吃，还是因为我很怀念以前一家人聚在一起边吃爆米花边看电影的那种温情？善变的、不明显的、相互冲突的动机，是一个很难掌控的行为要素。如果付出了努力却未能让自己或他人做出持久改变，我们就会感到挫败。

2. 动机冲上顶峰后会迅速回落

强烈的动机非常适合去做一次就能完成的真正困难的事情，此时行为的位置高居行动线上方（如图 2-4 所示），比如，在危急时刻救孩子、辞职、扔掉家里的所有垃圾食品、踩点冲到机场搭飞机、首次参加匿名戒酒会、给编辑写信、一天内履行 10 项新年计划……

然而，高水平动机是很难维持的。桑德拉和阿德里安不会每天都买房子。拿到钥匙的第一天，他们就有了很强的家装改造动机，并且认为自己有能力去做一些困难的事情。他们当时的确有能力，而动机也在一定时间内推动了他们的行为，让他们得以完成费时费力的室内整修。但他们在罗列整修清单时，没有考虑到自己在第二天或下星期甚至下个月时的感受。过了某个时点，他们的动机就会减弱。

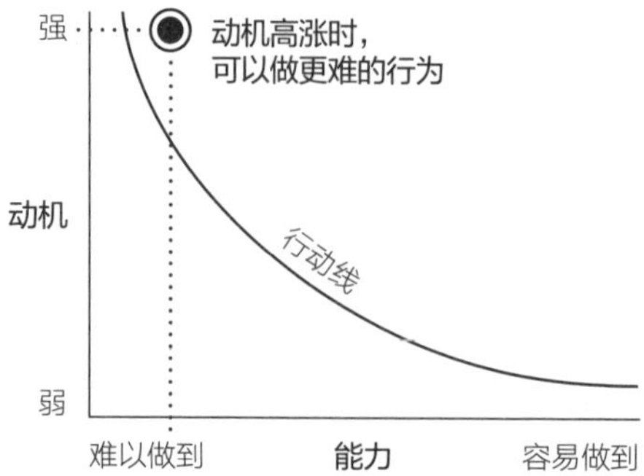

图 2–4 福格行为模型 – 动机高涨时可以做更难的行为

在行为设计领域，我们将动机短期激增的现象称为动机波浪。你以前一定有过这样的经历：你的动机冲到顶峰，随后急转直下。或许你会责备自己没能坚持下来，但这不怪你，这就是动机在生活中的运作方式。

每年都有上亿人参加在线课程，但绝大多数人会半途而废。很多研究表明，最终结业人数只有不到 10%。学生们一开始大都兴致勃勃、专心致志，但之后他们的动机就会慢慢减弱。即使学费不能退还，也不能让他们产生足够的动机来完成课程。这样的事情到处都有。如果你买过肩部按摩器，那么也许你已经不记得上次使用它是在什么时候了。或者，你还记得上次使用蔬菜榨汁机是在什么时候吗？也许你把它买回家后只用过一两次吧。在上述这些情况以及其他一些情况中，你陷入了人类思维的常见误区，你高估了未来的动机。即便是自控力极强的人也同样如此。你并不是愚蠢、轻浮或容易上当受骗，你只是一个普通人。

那么，我们既然知道自己会过于乐观，为什么还是会被动机波浪打败呢？当你接收到提示，去做某个看起来不错或者很有必要的事情时，就会产生某种感觉。无论这种感觉是渴望、兴奋还是恐惧，都不重要——无论这些动机因素是什么，你的大脑都很快会把它们合理化。转瞬之间，你觉得一切都合情合理了，即便你可能要花很多钱、投入很多时间、消耗很多体力，甚至颠覆日常生活。我们从情感出发，然后找到行动的理由。如果是在史前草原时代，这是一件好事。因为正是动机性情绪的进化，让人类成功存活至今。毕竟，当一只狮子突然出现时，你最好自动产生恐惧感，进而迅速逃跑。如果我们天生就是理性的，那我们更像是《星际迷航》里的主角之一，斯波克先生。你觉得他会买回一台榨汁机，然后放在地下室积灰吗？不，斯波克才不会被动机波浪冲走。他会留意波浪的起落，在浪花下畅游。他知道，一旦发现清洗榨汁机很麻烦后，自己对新鲜果汁的热情就会减弱。

3. 动机波动十分频繁

你还需要知道，动机的波动十分频繁，它甚至每分钟都在波动。你可能已经知道了自己的一些可预测的动机波动。你上一次购买圣诞帽是在 12 月 26 日吗？这个行为的福格行为模型如图 2-5 所示。

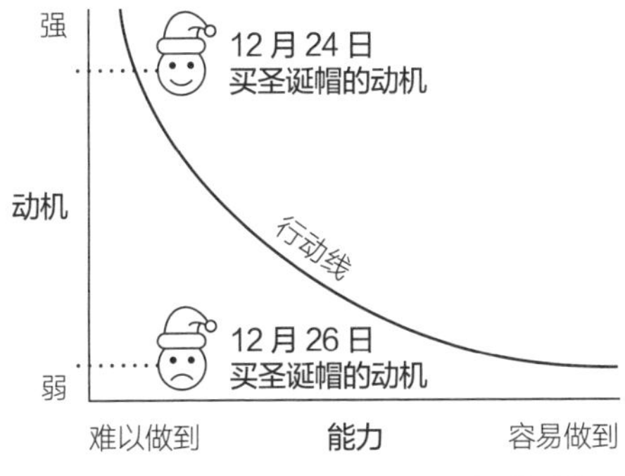

图 2-5 福格行为模型 – 买圣诞帽的动机

零售商们明白这个道理，他们会在圣诞假期后的一星期内低价出售圣诞帽，因为此时人们的购买动机不高，而且不愿意为此花太多钱。有一些微小的可预测的变化，那就是在一天之中意志力一直在减弱。在一天当中，时间越晚，做出复杂决定就会越困难。到了星期五晚上，自我提升的动机甚至会消失得一干二净。这些变化是你无法完全掌控动机的部分原因。

健康与保健行业的人们尤为关注这些波动。几年前，我曾为慧俪轻体（Weight Wachers）公司的产品团队上过行为设计课。通过这个课程的学习，他们简化了公司的全球项目，让成员们聚焦在改变的最佳方式上。时任 CEO 戴维·柯克霍弗（David Kirchhoff）阐明了公司业务的季节性特点。该公司发现，在一年当中某些特定时间段，用户在线注册与关键词搜索行为出现了可预测的增长。1 月的注册用户数远超平均水平，因为这个时候许多人需要制订年度计划。慧俪轻体同样注意到劳动节过后用户数激增，因为经历了一整个夏天的热狗和冰激凌之后，人们希望恢复以前的体重。该公司同样也注意到了动机波浪给人们带来的麻烦。减肥高峰在 11 月初戛然而止，因为人们在感恩节和圣诞节那几天根本无法拒绝苹果派的诱惑。11 月和 12 月的减肥计划就像是风平浪静的大海，没有任何动机波浪，所以依靠动机并不是什么好主意。

动机并非只有可预测的波动，还有很多波动是不可预测的。假设你的女儿想去参加爱莉安娜·格兰德（Ariana Grande）的音乐会，为了获得允许而央求了你整整一星期，最后却在音乐会前一天说不想去了。你可能想不到原因竟是她最好的朋友本来和她约好一起去的，却突然临时取消行程，这种行为极大地打击了她的动机。

动机的变化也可能会发生得很迅速。比如，12 点 15 分的时候，你特别想吃午餐，于是美餐了一顿。到 13 点 30 分的时候，有人告诉你会议室有比萨吃，你却不那么积极，因为你才刚吃饱没多久。不过，动机在一些特殊情况下是可以持久的。比如，一位总是很想和孙辈共度美好时光的祖母，或者是想在朋友们面前持续留下好印象的少年。我把这些持久的动机称为愿望，接下来我将展开介绍。

4. 将动机用于追逐抽象概念无法产生结果

每个人都希望自己能保持健康、对孩子有更多耐心、从工作中获得成就感。想要实现愿望的欲望是持久的，它至少不会很快发生变化。这似乎是件好事，对不对？没错，是这样的。**愿望是改变人生的绝佳起点。**

人们都渴望能过上更健康、压力更小、更充实的生活，但问题是人们往往认为，只要凭借强烈的动机朝着目标前进，就能带来持久的改变。因此，人们选择关注愿望和动机，但这个组合并不能产生结果。这种误导性的思想是普遍存在的。许多医生的办公室里都会贴一些健康宣传海报，上面画着各种五颜六色的蔬菜，标题很可能是：吃掉彩虹！你第一眼看到它时可能会觉得“我需要吃更健康的食物”，但你并不确定接下来具体要做些什么。吃多少绿色的食物、多少红色的食物？那幅海报的意思是多吃沙拉和苹果，对吧？总不能是在说薄荷冰激凌和红甘草糖吧？你要“吃掉彩虹”的动机已经被激发出来，但你可能并不知道怎么做。你或许会感到沮丧，甚至苛责自己。

拥有梦想和愿望都是好事，宣传健康意识也是好事。但把时间和精力用在激励自己或他人追逐不明确的概念上，则是错误的举动。

5. 仅凭动机无法实现长期改变

人们普遍认为，能否改变行为从而取得进步，主要取决于个人的能动性和选择。他们还认为，只要找到正确的动机，就能顺利完成自己应该做的事（这通常是一个抽象概念）。这是一种错误的思维模式，它将责任直接归咎于你自身或你的能力，或你无法激励自己这一点。我想改变这一切。我希望人们能够明白，如果只关注动机，就会忽视另外两个行为要素：能力和提示。假设，只要你能立刻将血糖降到正常水平，就会有人给你 100 万美元。这 100 万美元很有激励作用吧？但你可以立刻做到吗？也许不能。只有动机是不够的。你无法仅凭高水平动机就收获成果或实现愿望。

在福格行为模型的 3 个要素中，动机是最不可预测和最不可靠的。如果你以前只关注动机，那么现在，我希望你能够理解，想获得持久的改变，仅靠动机是不够的，因为你多半无法维持它，也可能无法对它进行可靠的操作或设计。你要明白，这不是一种性格缺陷，而是人的本性。不要掉进动机猴子的陷阱，你必须想方设法绕开它们。

明确愿望与列出行为集群

明确愿望

STEPS IN BEHAVIOR DESIGN

行为设计的步骤

1 明确愿望

在了解如何智胜动机猴子之前，我想告诉你一件事：你应该有抱负、有梦想，或者有一个愿望清单。描述你想做的事情，越具体越好。只有知道自己想去哪里，才有可能真正地到达。这个道理也很适合你。桑德拉和阿德里安非常想改造后院，并且充满信心，这很好。如果你怀着创业、为提前退休而存钱或是减肥的愿望来读这本书，这也很好。

人类天生就是梦想家，我们总是怀揣着几个宏伟计划，但也仅此而已，部分原因是善变的动机阻碍了行动的脚步。那么，我们如何不依赖动机来实现愿望？在回答这个问题之前，我们要厘清愿望（aspiration）、成果（outcome）和行为（behavior）三者之间的区别。在行为训练营和工作坊中，我会先问大家想要养成什么新的生活习惯。大家的回答大都是：

- 我想减少看电视的时间。
- 我想提高睡眠质量！
- 我想减掉 12% 的体脂。
- 我想对儿子有更多耐心。
- 我想提高效率。

我会说："太好了，我可以告诉你如何将这些愿望变成现实。但你要明白，它们并不是行为，而是你的愿望或你想取得的成果。"愿望是抽象的欲望，比如"想让孩子在学校取得成功"；而成果更容易衡量，比如"第二学期取得'优'的成绩"。愿望和成果都可以作为行动的起点，但它们都不是行为。

有个简单的办法可以将行为与愿望和成果区分开来，行为是你现在或在某个特定时刻可以去做的事情。比如，关掉手机、吃一根胡萝卜、打开一本书读几页。这些是你随时都可以采取的行动。相比之下，你无法随时实现一个愿望或取得一个成果。比如，你无法突然改善睡眠质量，无法在今天的晚餐后就减掉几斤脂肪。只有坚持执行正确的具体行为，久而久之，你才能够实现愿望、取得成果。

我发现，人们不会自发地从行为角度来思考自己要做的事，几乎每个人都有这种错误倾向。人们在讨论愿望或成果时，会使用"目标"一词。如果有人和你提到"目标"，那么你也许不太能确定他到底在说什么，因为这个词的语义不够明确。因此，行为设计的词汇表里没有"目标"一词。使用"愿望"或"成果"会更明确。

我参与过一家大型银行的一个储蓄项目。这个项目旨在鼓励客户在银行账户里存入 500 美元的应急资金。这家银行网站上的文章、专家意见和数据都清楚地表明，如果没有一笔应急资金，客户就有可能在遇到轮胎漏气，或马桶堵塞需要管道工之类的情况时无计可施。"那么，你想让客户做什么呢？"我向项目负责人问道。他回答道:“存500美元以备不时之需。”对这群受过高等教育、聪明又优秀的人来说，这种表述看似非常具体。但是，他们谈论的是成果，而不是行为。

我想明确地说明这一点，于是我用一种有趣的方式向项目团队发起了挑战:“请你们每个人拿出500美元，现在就把它存到账户里。”然后，他们笑了笑，说明白我的意思了。我们随后开了一个集体会议来分析用户行为，重点分析了“客户会为储蓄应急资金做哪些具体的行为”，下面是大家想到的一些:

- 致电有线电视公司，将服务套餐调到最低档;
- 每天晚上把钱包里所有零钱放入存钱罐;
- 把一些旧物品卖掉，并将所有收入都存入应急账户。

最终，我们想出了30多种不同的具体行为。有些行为明显优于其他行为，但所有这些行为都可以帮助银行客户采取具体的步骤来达到储蓄成果。银行领导者们意识到，动机并不是他们解开谜题的关键。他们需要做的是把客户和简单有效的具体行为匹配起来。他们了解到，公司网页应该少关注“为什么”，多关注“怎么做”。

医疗保健供应商们同样也需要将其关注点转移到行为上。如果以前医生叮嘱你要“吃得更好一点、多运动”，你或许也曾感到困惑，到底“吃得更好一点”是什么意思、你需要怎么做。

我成为专家和使用微习惯都是从关注行为开始的，这也是你的起点。

行为设计的第1步，就是明确愿望(或成果)。你想做什么?你的梦想是什么?你想取得什么成果?把愿望或成果写下来，无论你写了什么，都有可能会需要修改。如果你写的是“减肥”，那就问问自己“这真的是我想要的成果吗”。

也许是，但也有可能你只是想让衣服更合适一些、想控制糖尿病，或想去冲浪却觉得自己体重超标。

明确愿望有助于对真正想做的事进行有效的行为设计。也许你以为自己的愿望是“更加专注”，但如果你仔细思考，就会发现你真正的愿望是减轻生活压力，而这比“更加专注”容易得多。你可以每天散步、玩 10 分钟乐器，或是少看电视新闻。在这一步中，你要做的是修改你的愿望或想取得的成果，直到触及你真正想做的事情。不论是愿望还是预期成果，都可以作为行动的起点，不过我喜欢把愿望作为起点，因为它更灵活，而且没有具体的预期成果那么令人望而生畏。

列出行为集群，探索行为选项

STEPS IN BEHAVIOR DESIGN

行为设计的步骤

1. 明确愿望
2. 探索行为选项

行为设计的第 2 步，是探索行为选项。在这一步中，我们来具体探讨一些细节问题。选择一个愿望，然后列出一组有助于实现愿望的具体行为。不用做出任何决定或承诺，只探索你有哪些选择，列出的行为越多越好。你可以发挥自己的创造力，也可以向朋友们征集创意。我创建了一个可以帮助人们探索行为选项的方法，并称之为行为集群（Swarm of Behaviors，或称 B 群）。它的原理是这样的：在图中间的云朵里写下愿望，然后在它周围的文本框里填入具体的行为（如图 2-6 所示）。

图 2-6 行为集群 – 探索行为选项

假设我在指导好友马克用行为集群来探索行为选项，他很清楚自己的宏大愿望是什么，所以他在云朵中写下：减轻我的压力。然后，我会问他："如果你可以挥舞魔法棒，让自己做出能减轻压力的任何行为，你觉得它们会是什么呢？"马克写下的第一个行为是"每星期做一次按摩"。接着，我会问："很好，还有呢？"我们不会深入研究某个行为，而是会一直探索新的想法。于是，马克写下了各种行为，而我则不断地问："很好，还有呢？"

在指导人们进行这个过程时，我喜欢提醒他们此时有种神奇的力量，可以让他们做出任何行为，比如搬到毛伊岛、带宠物狗去上班、换一份涨薪三成的新工作等。第 2 步的关键是探索，而且要非常乐观。

我将上述方法称为"挥舞魔法棒"。即使我告诉他们可以使用魔法，有时候他们还是讲求实际（没有关系）。有些愿望涉及一次就能完成的行为，比如下载一个冥想 App；有些愿望则与培养新习惯有关，比如每次会后做 2 分钟伸展运动；还有些愿望是终止某些行为，比如晚上 7 点以后不再查看电子邮件。

为了找到尽可能多的行为选项，在挥舞魔法棒时，可以参考下面几种行为类型：

- 你想做哪些一次就能完成的行为？
- 你想养成哪些新习惯？
- 你想终止哪些习惯？

每想出一个行为，都要提醒自己“很好，还有呢”，然后再继续探索。最后，你会得到一个行为集群，包含各种奇怪的、正常的、惊人的行为。这就对了。

在探索行为选项的过程中，你会发现有很多方法可以实现愿望（如图 2–7 所示）。我们会在第 3 步选出最现实的选项，在此之前，你只需广泛探索，而要想做到这一点，你可以想象自己拥有神奇的力量。

图 2–7　行为集群 – 减轻压力

如果你还没开始行动，那现在是时候了。在云朵上写下你选出的愿望。然后，想象你有一根魔法棒，它可以帮助你做出任何行为。那么，你想要做什么呢？

行为集群工具中只有 10 个行为框，但请不要局限于此，想法越多、范围越大、越多样化，行为设计之后几步的执行效果越好。如果你无论如何都想不出什么新想法，那不妨寻求他人的帮助，比如你的伴侣、孩子，甚至是网友，看看他们对于能让你实现愿望的行为有没有什么建议。你可以这样提问："如果我想 ________，那你认为我应该做哪些事才能成功？"也许你听到的答案会很有用，但如果有些建议不切实际，也别担心，我会告诉你如何选出最佳行为，以及如何实现它们。现在，你只需要发挥创意，想出那些能让自己乐在其中且更成功的新行为。当魔法棒的魔力耗尽时，再去审视这些行为愿望，让它们更加具体。例如，如果你把"和狗狗一起玩耍"列为减轻压力的一个方式，那你可以把它改写得更加具体：每天晚上回到家后和狗狗玩丢球游戏。把行为愿望改得非常具体（或者说是"简单明了"）之后，就可以进入行为设计的第 3 步，为自己匹配具体行为，并且要务实。

行为匹配的 3 个误区

在进入行为设计的第 3 步之前，我们需要先了解一下设计改变的大环境。人们在选择执行哪项行为时，做决定的方式有很大的问题。人们决定如何从 A 点(起点)到 B 点(实现愿望或取得成果)的方式各异，但大多数人都会陷入下面几个误区。

误区 1：全凭猜测，毫无章法

假如你平时乘坐公交车上班。有一次堵车时，你看到一个人骑着自行车很快就穿过了拥堵的车流。你心想："这才是最棒的通勤方式。我也该这样做，而且我特别喜欢骑自行车！"可是，你上一次骑车还是在 12 岁的时候，而且现在的通勤距离是 24 千米。但（就在那一刻）你真的很想这么做，于是你到自行车店购买了一堆装备。第二天，你穿上所有装备出了门，却发现下雨了，而且很冷。

你没有买保暖和防雨的装备，所以你有些烦躁和沮丧，但也只能转而改乘公交车上班。骑车上班终究还是不太适合你。

这种做法的问题在于偶然性，这就像是在玩轮盘赌。你也许能买到合适的装备，也许不能；你的行为也许会太激进，也许不会；在你的生活中，它也许是可行的，也许不是。不过，有了行为设计，你就不用再靠猜测来做决定了。

误区 2：从网上找灵感

很多人会选择从网络演讲中寻找灵感，很多演讲者都有精彩的故事、做过了不起的事。假设你看到了一位冥想大师的演讲视频，他讲话时充满智慧和风度，而且看起来非常放松，情绪也很平和。这位大师说自己通过冥想练习，使血压和静息心率都维持在平稳的水平，为了证明这一点，他还展示了自己的脑部扫描图像。你心想："天哪，这太棒了，这就是冥想的力量。人们这样做已经有数千年之久了。"视频快结束时，这位冥想大师说，只需每天做 30 分钟的冥想，就能极大地改善生活。你已经被深深打动了。你觉得自己必须这样做，并决定要开始冥想。

当天，你真的按照大师的建议静坐了 30 分钟。要静下心来并不容易，但你一开始感觉还不错……直到感觉太无聊才结束冥想。第二天，你静坐了 15 分钟，那种不错的感觉只维持了一小会儿。之后几天，你有时无法静下心来，有时甚至没做冥想。你努力尝试，但屡屡失败，这种感觉很糟，于是你最后干脆完全放弃了。为什么你这样做没有用？因为你不是佛教僧侣，但主要还是因为这种行为对你来说可能太困难了，更何况你对冥想的期待一开始就有些不切实际。虽然那位大师是好心建议，但他做的是对他来说有用的事情，冥想或许能有效改善他的生活，但对你来说不一定同样奏效。

除此之外，还有一个原因，你在网络上关注的视频、文章和博主可能是可靠的信息来源，也可能不是。尽管用这种方式来选择行为比单纯靠猜测好一些，但它仍有风险，因为这只是你在激动的心情下做出的选择，它没有一个可靠的选择标准。

误区 3：照搬朋友的成功经验

朋友或家人的建议往往出自一片好心，但却不是找到最适合你的新习惯的最佳方式。高温瑜伽也许改变了你朋友的生活，但它真的也适合你吗？也许你身边总有几个朋友说每天 4 点半早起的习惯改变了他们的生活，并强烈建议你也该这么做。我并不否认早起改变生活这一点，但这种改变有好有坏。要小心，你并不清楚这个习惯是否真的能改善你的生活，尤其是你还有可能因此而睡眠不足。你可以效仿朋友的有效方式来做出改变，但如果效果不好，也别过于自责。

上述几种方式多半都有猜测和碰运气的成分，它们都不是设计改变生活的好方法。一个系统性标准能帮助你做出有效的选择，而行为设计的第 3 步能帮助你摆脱猜测。

STEPS IN BEHAVIOR DESIGN

行为设计的步骤

1. 明确愿望
2. 探索行为选项
3. 为自己匹配具体行为

通过挥舞魔法棒和行为集群找出大量行为选项之后，接下来要关注可行性。在这一步，你要为自己匹配具体行为，在这个系统性方法中完全不用靠猜测来做决定。这是一个非常重要的概念，我称之为：行为匹配（Behavior Matching）。它是行为设计的第3步，也是最重要的一步。无论你想进行何种改变，为自己匹配“对”的行为都是改善生活的关键。在行为设计领域，我们将那些与你最匹配的行为称为黄金行为（Golden Behavior）。黄金行为有3个标准：

- 这个行为能让你实现愿望（影响）；
- 你想做出这个行为（动机）；
- 你可以做到这个行为（能力）。

进行行为匹配有很多好方法，比如：向行为教练求助，他们能巧妙地帮助你匹配黄金行为；或者，求助于培训师、医生、营养师，或一眼就能了解你的需求的人。接受过减肥微习惯训练的教练，就能帮助你匹配减重效果最佳的微行为。如果你能找到这样的专家，那你很幸运。但如果找不到也没关系，我会教你另一个好用的方法：绘制焦点地图（Focus Mapping）。

利用之前列出的行为集群，不超过10分钟就能绘制出焦点地图，最后会有两三个行为凸显出来，它们就是你的黄金行为，是你要专心设计的对象。黄金行为可以是单次动作，比如取消电视订阅服务，也许就能让你少看电视；黄金行为也可以是需要不断重复的习惯，比如在厨房而不是在床边给手机充电。

焦点地图

绘制焦点地图是我最喜欢的行为设计方法。这个方法是我10年前在执行斯坦福大学的早期研究中所创建的，它不仅改变了我的人生，而且帮助众多企业领导者设计出许多新产品和新服务。多年来，我不断努力改进焦点地图，如今，我相信这是帮助你匹配黄金行为的最佳方法（如图2-8所示）。

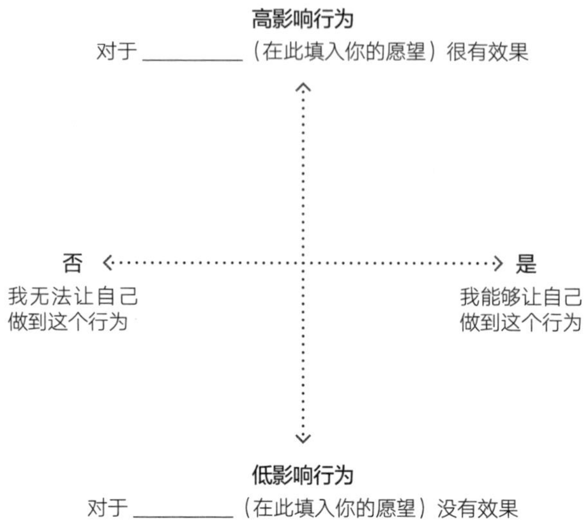

图 2-8 焦点地图

行为集群中的所有行为都要置入焦点地图。我们依然以马克为例，来看看他是如何应用这个方法的。马克把自己之前列出的每一个行为都制作成索引卡，然后一张一张地审视它们。

第一回合

在绘制焦点地图的第一回合，先不必考虑行为的可行性或现实性，只考虑行为的影响程度就好。也就是说，马克只需要考虑它们对减轻压力有多大的帮助。每查看一个行为，他都会问问自己：这个行为对于减轻压力的效果如何？马克挑选出的第一个行为是每天弹 10 分钟吉他。这很容易，马克喜欢弹吉他，就算只弹一小会儿，也能让他心情愉悦。这个行为对减轻压力很有帮助，于是马克把这张索引卡放到了靠近高影响行为顶端的位置。他挑选出的下一个行为是每天提早下班 15 分钟。这个主意看起来不错，但他后来仔细一想，发现这可能会带来反效果，尤其是在工作期限快要到的时候。所以，他把这张索引卡放到了低影响行为的底部。

按照上述方式，将每一个行为归入合适的位置。如果你不能确定一个行为的影响是高是低，那么先尽量把它放到合适的位置，后面可以随时调整。即使马克把提早下班归入高影响行为，也没有关系。最糟的情况，也不过是他几天后发现，匆忙地提早下班反而让自己压力更大了。马克知道自己的主要目的是试验，而弹吉他这个新习惯让他心情愉悦，所以他不至于因为提早下班不能减压而太过沮丧。

把所有潜在新行为按照影响程度放到合适的位置后，接下来进入第二回合，要换个角度来查看这些行为。

第二回合

第二回合要关注的重点是行为的可行性和现实性。所以，你要从那个充满魔力的世界回到现实。在这一回合，你不需要再考虑行为的影响程度，而是要根据行为的可行性横向移动它们。

马克重新检视了“提早下班”和“每天弹吉他”这两个索引卡，并问自己：我能让自己做到吗？这个问题的措辞很重要，它同时包含动机和能力两大行为要素。大多数人能轻松回答这个可行性问题。当马克问自己：“我能让自己做到每天弹吉他吗？”答案显然是能。然而，当他问自己：“我能让自己每天提早下班吗？”他有点儿愁眉苦脸、犹豫不决。这说明他很可能做不到。

大多数行为的可行性问题都很容易回答，但对有些行为来说，如果知道是什么让我们犹豫不决会很有帮助。我们可以这样问自己：“我想要做这件事吗？”换句话说就是：“我有做这件事的动机吗？”

你很难强迫自己去做不想做的事情，即使能强迫自己一两次，也不大可能养成习惯。如果我们为自己匹配的行为是我们本来就想做的，而不是我们认为自己应该做的，后面可能就没有必要过分强调动机方法或技巧了。我们把动机猴子踢出局了。

假设，你想养成每天吃冰激凌的习惯，这没什么问题对吧？在结束一天的辛苦工作后，你根本不需要激励，就有可能会抱着冰激凌大快朵颐。当你将这个行为置入焦点地图时，你可能会想“没错，我能让自己做到”，然后把卡片放到地图的最右边。在放置卡片时请不要忘记，此时没有人会评判你做得对不对。请想象一下，你这样做时会不会有点儿畏缩，还是会感到兴奋？这两种感受截然不同，但这里的关键在于“想要”和“应该”的区别。

行为设计强调了这样一个事实：持久改变的关键，在于为自己匹配真心想做的行为。举例来说，如果你想每天运动，那有很多做法可以选择。比如，在早餐时间边听碧昂斯的歌曲边跳 5 分钟舞，就是你想做的运动，那你可以养成每天跳舞的习惯。而去健身房运动可能不太适合你，忘了它吧。

我的行为设计方法与其他方法最大的不同，就在于我的方法能让你聚焦于你已经有动机去培养的习惯。在行为设计方法中，动机早已深深地嵌入新习惯，因此，你不用再千方百计地去强化它。而在其他方法中，你可能需要格外努力，才能坚持你觉得自己应该培养的习惯，而且往往效果不太好。

要想进行持久改变，匹配自己想做的行为至关重要，所以，这一步在我的行为设计中拥有特殊地位，而其中的关键是遵循：**福格原则 1，即帮助人们做他们已经想做的事**。

参加过我的行为设计培训的很多专业人士，都认为这一原则改变了他们的“游戏”规则。当你去做你早就想做的事情时，它也会改变你的“游戏”规则。我设计的焦点地图能够帮助你遵循这个原则，其中第二回合的可行性问题“我能让自己做到吗”不仅涉及动机，而且涉及能力。

假如你对每天吃一颗新鲜的水蜜桃有很强的动机，但如果你居住的地方冬天买不到水蜜桃，那这个行为就很难持续发生。你没有能力持续做到这个行为，于是你会把这张索引卡放到焦点地图的最左侧。

考虑每个行为的位置时，请想象你每天都在执行它。假设你的愿望是多吃水果，而你想象的行为是在燕麦粥里放几颗蓝莓一起吃。请现实一些，真实的你从起床到出门可能只有20分钟可用，所以每天吃蓝莓燕麦粥可能有点儿不切实际。改成在包里放颗苹果，怎么样？

绘制焦点地图的目的，是匹配你早就想做且能让你实现愿望的简单行为。从最简单、最有动机的事情开始做起，也许你就能自然而然地做出更大的改变——或许最终，你就能每天吃到蓝莓燕麦粥了。

通过行为设计匹配的新习惯，是我们在最忙碌、最没动力且状态最不好时，也能做到的行为。如果你觉得自己在最累的时候也能做到这个行为，那它可能和你非常匹配，甚至是一个黄金行为。

轻松找到你的黄金行为

我刚开始研究和试验行为匹配方法时，买了很多小卡片。经过多次练习，我学会了快速绘制行为集群。首先，我会把时间设定为5分钟，尝试写出25个行为（这比想象中的要简单）。其次，我会按照焦点地图的4个维度将这些行为分类，然后一一贴到图上。这就像是在拼图。我的行为设计过程往往会从选择某个抽象的行为开始，可能是某个愿望，也可能是某个成果。然后，再按照特定的步骤，找出可行的具体行为，只要20分钟就够了。

我现在也经常这样做，这个方法很高效。我很早以前就觉得焦点地图很有用。当时，我是斯坦福大学大型研讨会的负责人，压力大到经常失眠。我失去了一贯的乐观心态，而且特别担心自己会把这次会议搞砸。我觉得这一切都是因为睡眠不足，只要能多睡点觉，我就能重新振作，完成更多事情。抱着这样的愿望，我坐在厨房的柜台旁，拿出我最喜欢的黑色签字笔和一叠卡片，开始挥舞魔法棒，思考有助于改善睡眠的行为：

- 晚上 7 点以后，把手机设置为飞行模式；
- 提早 1 小时吃晚饭；
- 每晚打开我的白噪音机；
- 安装遮光窗帘；
- 购买更优质的床上用品；
- 晚上用 15 分钟做一个放松活动；
- 睡前列出所有让我焦虑的事情；
- 晚上把我的宠物米莉关到笼子里。

这些只是我想出来的所有行为的 1/4 左右，不过你应该了解我的意思了。有了这些潜在行为，接下来在第一回合，我开始按照影响度把它们放到焦点地图上。“晚上 7 点以后，把手机设置为飞行模式”、“每晚打开我的白噪音机”和“安装遮光窗帘”这些行为，应该能对改善睡眠有极大影响。于是，我把它们放在了靠近高影响行为的位置。“把我的宠物米莉关到笼子里”绝对有用，因为它年纪大了，晚上经常不睡觉。“提早 1 小时吃晚饭”意味着我可以早点上床，但我不确定自己能否早早入睡。于是，我把这个行为放到了纵轴的中间位置。“睡前列出所有让我焦虑的事情”似乎也有效果，但我不是很确定。

接下来进入第二回合。我问自己：“我能让自己做到这些行为吗？”“提早 1 小时吃晚饭”对我来说很难做到，所以我把它放到了横轴的最左侧；“安装遮光窗帘”是一个比较容易做到的单次行为，而且我可以雇人来做，所以我把它归入了横轴的最右侧；“每晚打开我的白噪音机”更容易；“把手机设置为飞行模式”

需要好几步（解锁手机、滑动屏幕等），所以我把这个行为改成了“把手机设为静音模式”，这样就更容易做到了。之后，我把这张索引卡放到了右边，紧挨着“把米莉关到笼子里”这张卡。

完成这些过程后，这些行为会分布在焦点地图的各个位置（如图 2-9 所示）。

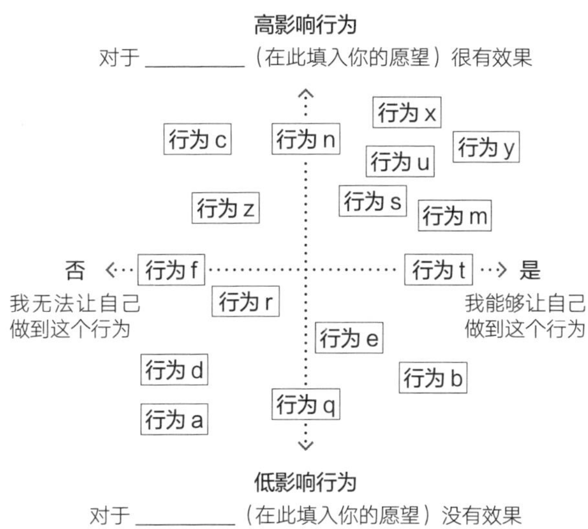

图 2-9　焦点地图 – 探索行为选项

绘制焦点地图的整个流程只有几分钟，我很快就找到了自己的黄金行为：一个单次行为（安装遮光窗帘）以及 3 个我可以转化为习惯的行为（晚上 7 点以后，将手机设置为静音模式、每晚打开我的白噪音机、晚上把米莉关到笼子里）。

焦点地图的最后一步是选出你要设计的行为。那么，要选择哪些、排除哪些呢？右上方的那些行为都是可以进行设计的，其他行为就抛之脑后吧。

看着右上方的那些黄金行为（如图 2-10 所示），我觉得很吃惊，这并不是因为整个过程完成得有多快，而是我感觉自己用对了方法。为了睡得更好，我已经苦思冥想了好几星期，但这个问题似乎无解。在现代社会，睡个好觉有时很困难。但我在明确了自己的愿望并考虑过可行性后，突然就找到了具体又容易做到的行为。它们可能不是什么富有创意或全新的点子，但它们是我会做出的行为。我知道我——现实中的我可以做到。这些黄金行为让我有一种顿悟："我肯定能做到，我以前怎么没想到呢？"我不是唯一一个对匹配过程有这种反应的人，每当我和我的学生、客户一起应用焦点地图方法时，都会有很多顿悟时刻。

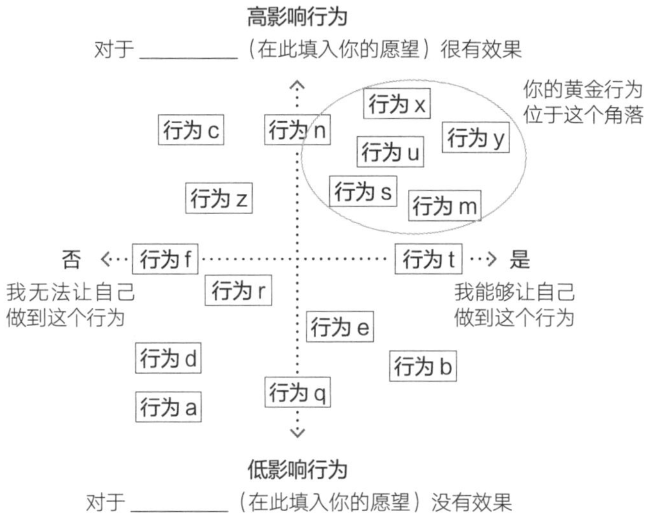

图 2-10 焦点地图－找到黄金行为

完成单次行为并养成新的习惯后，只用了一星期，我的睡眠质量就有了很大的改善。之前，我总是因为担心办不好会议而失眠，我甚至开始讨厌上床睡觉，这让我感觉像是在上战场。但我做出了改变，现在，我能睡得更好，而且恢复了以往乐观的心态，还完成了许多艰难的工作，会议最终非常成功。这得感谢我的焦点地图和行为设计。

我后来不再把米莉关在笼子里过夜了。一想到它被关起来的样子，我就会感到内疚。我不喜欢这种感觉，于是结束了这个习惯。这样做是正确的：只要新习惯没有达到预期效果，你可以随时修改。

大多数人将行为整理到焦点地图上后，都会找到黄金行为，并感到乐观、活力充沛。你想做的和能做到的行为最终将会集到一处，呈现出你最有可能去做的事情，这是培养习惯最肥沃的土壤。我在教授微习惯策略时，会让人们把新习惯想象成一颗颗小小的种子。只要把优质的种子种在合适的地方，无须细心呵护，它们也能开花结果。从你做得到且想要做的行为开始，就相当于种下了优质的种子。选择你能成功做到的行为，不仅能让你提升自信和掌控力，而且能增强你做出更大行为的动机。这一切都是从小事、坦诚和具体行为开始的。

愿望可以是抽象的，但实现愿望的行为不行。行为必须实际、具体，它们是让你攀岩而上的支点和立足点。通往顶峰的路径是独属于你自己的，你要根据峭壁的实际情况来选择合适的行为。为自己匹配合适的行为是行为设计过程中最关键的步骤，也是探索问题时要重新检视的要点所在。

STEPS IN BEHAVIOR DESIGN

行为设计的步骤

1. 明确愿望
2. 探索行为选项
3. 为自己匹配具体行为

我们来回顾一下前面的内容。首先，明确你的愿望或成果；其次，找到尽可能多的行为选项，并找出与自己相匹配的具体的黄金行为。这就是行为设计的具体过程，也是用微习惯策略找到最适合的习惯的方式。

行为设计在工作中也能发挥很好的作用，比如，你可以用它来设计员工健康计划、优秀人才招募计划，以及帮助员工培养能提高工作效率的习惯。对这些项目来说，我分享的这些方法非常实用、强大和可靠。这些方法的适用范围非常大，比如可以培养高效会议微习惯、职场妈妈微习惯、高效的团队协作微习惯等。

行为设计的下一步，是要尽可能地简化事务。简化的程度很可能会让你觉得不可思议。小步前进的做法非常普遍，但在几年前，我却发现在行为改变领域，尚无人深入探索过这种方式。于是，我对此展开了深入研究，并最终创造出了突破性的成果。在第 3 章，我会帮助你理解“微小”的真正含义，让你有意识、有目的地彻底从小事开始，实施黄金行为。

TINY EXERCISES

找到黄金行为

在练习 1 中我会为你设定一个愿望：改善睡眠质量。在练习 2 中，你可以自己设定愿望。

练习 1：行为匹配的快捷方式

1. 拿一张纸，在纸上画一朵云。
2. 在云朵中间写下你的愿望“改善睡眠质量”。
3. 找出 10 种以上能帮助你改善睡眠质量的行为。把这些行为写在云朵外面的行为框中，再画上箭头，从这些行为指向云朵。这样一来，行为集群就创建好了。
4. 找出四五个你认为能有效实现愿望的行为，在它们边上标记星星。
5. 圈出你能轻松完成的所有可执行行为（现实点儿）。
6. 找出同时标记星星和圆圈的行为，它们就是你的黄金行为。
7. 通过设计，让黄金行为融入生活。在这一步，你要全力以赴。我将在后面章节介绍一种系统性方法。

练习 2：通过焦点地图找到黄金行为

在练习 2 中，请你自己选择愿望，然后用焦点地图（而不是行为集群图中的星星和圆圈）找到与自己匹配的黄金行为。

❶ 拿一张纸，在纸上画一朵云。

❷ 在云朵中间写下你的愿望（如果一时想不出，那就写“减轻压力”吧）。

❸ 找出 10 种以上能帮助你实现愿望的行为。把这些行为写在云朵外面的行为框中，再画上箭头，从这些行为指向云朵。

❹ 把这 10 种行为分别写到不同的卡片或小纸条上，这是绘制焦点地图的第一步。

❺ 将这些行为卡分类，根据影响度摆放。此时不考虑可行性，先聚焦在这些行为可能造成的影响上（具体做法可以参考前文介绍的焦点地图）。

❻ 沿着可行性维度移动这些行为卡。要现实点儿：你真的能让自己去做这些行为吗？

❼ 查看右上方区域，那些是你的黄金行为（如果这里空空如也，那就再回到步骤 3，重新开始）。

❽ 通过设计，让黄金行为融入你的生活。我将在后面的章节介绍一种系统性方法。

TINY HABITS

03

要素 2，能力，让行为简单到随时顺便都能做

HABITS

人类的天性决定了

我们无法长期坚持

做令自己痛苦的事情，

但如果从容易做的事情开始，

就可以做到你想做的

几乎任何事。

雅虎和谷歌有什么区别？博客和 Twitter 有什么区别？为什么有的创新会逐渐归于沉寂，而有的创新却风靡世界？是因为人才？愿景？金钱？运气？这些原因都有，而且还有更多其他原因，但恐怕最重要的原因多数人都没有发现：简单。

2009 年，迈克·克里格和凯文·赛斯特伦（Kevin Systrom）准备开发一款新 App。他们首先对上年的一款失败产品（Burbn，地点分享 App）做了一次详尽的数据分析，不仅分析了哪里做得不对，而且分析了哪里做得对。他们从中发现了一颗价值数十亿美元的“种子”：照片分享功能。

Burbn 可以用来实时定位的打卡功能虽然不那么受欢迎，但它的照片分享功能却很受欢迎。于是，两位合伙人决定要开发一个新的 App，让人们愿意常常拍照。分享照片就是赛斯特伦和克里格发现的黄金行为，因为他们的潜在用户已经有这样做的想法了。与人分享照片是一件很有趣的事情，人人都喜欢收到正面评论。这对搭档发现的另一个黄金行为，是让人们使用滤镜来美化食物、风景或宠物的照片。这能让用户对自己分享的照片感到满意，并进一步鼓励他们多多分享照片。请注意，赛斯特伦和克里格选择的是人们已经想去做的事情，所以动机要素已经齐备。从福格行为模型的角度来看，这是一个很好的开始，这或许已经足以带来一些成功了，但他们接下来做的事情——让黄金行为变得更容易，让他们直接迈进了硅谷这座“万神殿”。

克里格刚刚从我在斯坦福大学的班级毕业，他已经了解人类行为的运作模式，也知道要想让人们做出某件事就得让它变得简单。但 Burbn 在这方面做得不太好，它有太多用户不需要或不知道如何使用的功能。意识到这一点后，克里格和赛斯特伦更想开发一款功能简单的照片分享 App 了，而最终，他们成功做到了。

Instagram 在 2010 年刚刚推出时，用户只需点击 3 次就能轻松上传照片。当时，它在 App 商店里的产品介绍是“易如反掌”，这个特征相比于其他竞争对手非常特立独行。事实上，克里格和赛斯特伦并不是第一个发现人们喜欢拍照且想要分享照片的。当时 Instagram 最大的竞争对手是 Flickr、Facebook 和 Hipstamatic，这 3 家公司的产品也能为用户提供很棒的产品体验，而且 Facebook 和 Flickr 在资金和设备方面还有很大的优势。而 Instagram 不过是几个普通人在咖啡店里创造出来的一个免费 App。人们只能用它来拍照，然后用滤镜美化，再分享到 App 上。这种简单的设计在当时并不常见。当时，那些竞争对手的产品功能完备，几乎能满足用户的所有需求，但没人破解照片分享功能的成功秘诀。Instagram 的初级版本上线不到 18 个月，Facebook 就以 10 亿美元的价格将它收入囊中。（当时，大众甚至还耻笑这家社交平台巨头的做法，它们认为 Facebook 出价过高，做了一笔不划算的买卖。然而如今，Instagram 的估值已超千亿美元。）

为什么 Instagram 只凭如此简单的设计就获得了巨大成功呢？为什么其他开发者不这样做呢？这种成功似乎显而易见，不是吗？其实不然。

大多数企业经营者都认为自己一定要做大事，否则，还不如什么也不做。他们认为改掉坏习惯、减轻压力或赚大钱，都必须用极端的手段，比如立刻终止坏习惯、卖掉房子搬去海边、赌上一切。有很多采取极端手段而且成功了的人，受到了大众的崇拜。如果你听说过某位奥运选手从 3 岁起就每天训练 12 小时，或者某个成功的商人变卖所有资产，搬去意大利寻找真正的快乐，那你应该能理解我的意思。采取大胆的行动并没有什么不对，人生和幸福偶尔也需要冒险。但一定要记得，那些故事中的巨大改变只是少数的例外，而非必然。这种戏剧化的结果源自大胆的行动，而不是能带来持续成功的循序渐进。我的意思是，大胆的行动未必有我们认为得那么有效。

小改变也许没那么吸引人，但它是一种可持续的成功。在人们想做出的大多数人生改变中，有时采取小行为也许会比大胆的行为更有效。对任何事都抱有不做大事就干脆放弃的想法，只会让你苛责自己、充满失望。动机猴子喜欢怂恿我们采取大行动，却在我们遇到困难时离弃我们。做大事的过程可能会很痛苦，因为我们有时不得不强迫自己超越身心的能力极限。也许我们能坚持一段时间，但人类的天性决定了我们无法长期坚持做令自己痛苦的事情。所以，可想而知，这不是成功培养习惯的好方法。

然而，很多人在改变时仍然抱有不做大事就干脆放弃的心态，因此，他们往往想不到如何从小事着手。设计简单行为并非人人具备的技能，即使他们能把事情拆解成一个一个的步骤，也往往会拆解得太大或太过复杂。因此，人们在动机减弱时，就会感到不知所措，不知道如何调整方向继续前进。

萨里卡在印度班加罗尔市一家《财富》500强公司任职项目经理，多年来她的动机时强时弱。在开始使用微习惯策略之前，萨里卡曾尝试养成自己做饭和运动的习惯，好保持身体健康。她患有躁郁症，她的情绪和精力时好时差。她服用过抗躁郁药物，但药物产生的副作用令她不堪其扰。医生建议她通过冥想、运动和心理疗法来进行辅助治疗，但这些都需要养成习惯才有用。习惯能帮助她及早发觉病症的严重程度，让她及时采取行动，以免对生活产生负面影响。

萨里卡无法辨别自己是否情绪异常，所以对她来说，通过日常习惯来衡量自身的感觉不失为一个好方法。萨里卡决定每天早晨起床后，先到走廊上给绿植浇水，这样一来，她就会知道完成这个动作是什么感觉。状态好的时候，她不用多加思考就能轻松做到。但如果她想刻意忽视卧室门口用作提示的喷壶时，她就会知道自己的状态可能不太好，并且应该多加关注自己在做其他习惯时的感受。

然而，萨里卡再怎么努力，都很难让自己坚持下去。在发现微习惯策略之前，萨里卡的生活非常没有规律，每天按时上班都很困难。早饭总是匆忙买来应付了事，而午饭不是叫外卖，就是干脆不吃。萨里卡总是等到厨房脏乱到不行，才会花大力气把里里外外打扫一遍。萨里卡喜欢冥想，但往往几星期都难得做一次。没有抗躁郁药物和这些生活习惯来帮助她稳定心态，她经常会感到失控。她在家里常发脾气，工作时也无精打采。当医生建议她培养生活习惯时，她感觉这简直比要她制造火箭飞往火星还难。

萨里卡陷入了动机暴涨暴跌的恶性循环。她生活中最大的难题就是康复运动。膝盖受伤几个月来，她偶尔才会听医生的话运动 30 分钟，但这对康复没什么用。她需要运动，但她连动都不想动。膝盖痛到不能忍受时，萨里卡的运动动机才会爆发，去做那些她一直拖延的事情。但由于太久没有运动，所以运动时她的膝盖比平时还要痛，这反过来导致她的动机暴跌，于是，她又是一连几天没有运动。萨里卡想培养的所有习惯几乎都在重复这种恶性循环。

萨里卡的经历很常见。无论是戒掉碳酸饮料、在天亮前起床、自己做晚饭、记账，还是每天进步一点点，很多人在培养这些习惯时都有可能陷入动机暴涨暴跌的循环，进而感到焦虑和沮丧。

每一个陷入动机怪圈的人，情绪都复杂多变。萨里卡也不例外，她有时会自我感觉不错，有时又会因为没能养成健康习惯而难受。萨里卡的信心几乎为零，她很担心自己无法做出持久的改变。

萨里卡最终找到了一个设计习惯的简单方法，这让她觉得培养习惯其实也没那么难。她开始用微习惯策略，从小事着手，一步一步稳扎稳打。她在客厅中央放置了一个坐垫，只要自己能坐在上面深呼吸 3 次就好，而不再强求每天冥想 20 分钟；她认为自己每天早晨到厨房打开燃气灶就好，而不再执着于每天做早餐；她开始尝试在自己最喜欢的蓝色瑜伽垫上做 30 秒拉伸运动，而不必强迫自己做 30 分钟的康复运动。萨里卡从这些小事中获得了改变的能力和信心，固定进行小行为，不断由小及大。萨里卡终于过上了梦寐以求的规律生活，健康状况也因此大有改善。现在，她每天自己做饭、打扫厨房、坚持运动、冥想和浇花。萨里卡告诉我，她感受到一种前所未有的活力。

萨里卡说，她最重要的收获不只是建立了健康的生活习惯，以及管理自己的病症的能力，还有这一切带来的自信心。现在她知道，只要从小事做起，一切改变皆有可能。萨里卡偶尔会因为身体状态不佳而暂时中断习惯，但她再也不会因此而深深自责。最近，萨里卡又扭伤了脚踝，不方便走路，但她家没有电梯，过去她只会抱怨为什么自己总是这么倒霉，但现在，她不再一味地怨天尤人、自怨自艾。她在慢慢学会接受现状，她认为只要脚伤痊愈，自己还是会继续履行这些习惯日程的。因为她知道，小行为很容易能重新开始。无须爬上险峻的高山，因为这里只有平坦的小山丘，登顶轻而易举。一切都开始与以往大不相同。萨里卡不仅有了更高的行动力，而且感觉渐入佳境。动机高涨时，她爬上那习惯的小山丘，发现自己还想去追寻和尝试其他能让生活更加美好的事。她可以更轻松、更容易地完成一些事情。每当想培养新习惯时，萨里卡都会很兴奋并充满期待，那种不知所措的感觉很少再出现。这种心态的转变影响了萨里卡的一生。

萨里卡和 Instagram 创始人之所以能克服改变的阻力、取得成功，是因为他们使用了一种相当可靠的方式：调整能力值，让事情变简单。虽然本书的重点是微习惯策略，但“让事情变简单”同样可以帮助你完成许多事。接下来，我们将探讨那些你一直没做的事，并提供更多工具来帮助你设计出自己想要的生活。这些新技能将帮助你达成长期的大目标。行为设计的力量，让你拥有了极大的改变潜力。无论你追求的是大改变还是小改变，从小事做起都是一个绝佳选择。

STEPS IN BEHAVIOR DESIGN

行为设计的步骤

1. 明确愿望
2. 探索行为选项
3. 为自己匹配具体行为
4. 从微习惯开始

“容易做”分析，在能力范围内找到行为

我们之所以想让行为变得容易做到（这通常意味着要从微习惯开始），是因为如此一来，动机猴子的不可预测性就不会阻碍未来的成功。为了让你完成某个行为，动机和能力必须同时发挥作用并且充足，才能让你的行为位于福格行为模型行动线上方。我们已经证实，动机是不可靠的，但能力很可靠。通过了解能力在福格行为模型中的位置，我们可以有效识别那些更有可能变成习惯的行为。假设，你想每天做 20 个俯卧撑，我们用福格行为模型来分析一下这个行为。

在一天当中，做 20 个俯卧撑的动机大多数时候会很弱；而行为能力水平也不高，处于横轴的几乎最左侧，因为这个行为对你来说很难做到。动机和能力都不高，所以这个行为位于行动线下方。正如图 3-1 所示，对大多数人来说，每天一口气做 20 个俯卧撑是很难的。因为他们做出这个行为的能力极低，只有当动机水平处于顶点时，才有可能做到，但动机高涨的情况并不常见。不过，如果只

是做 2 个靠墙俯卧撑呢？我们再用福格行为模型来分析一下这个行为，如图 3–2 所示。纵轴上的动机水平和做 20 个俯卧撑的差不多，但它们有一个很大的差别，那就是做 2 个靠墙俯卧撑的能力移到了横轴的最右侧。请注意，如果能让行为变得容易做到，那么即使动机很弱，也依然能推动行为至行动线上方。这是微习惯策略的优点之一：把行为拆解到极小，即使没有动机也能做到。2 个靠墙俯卧撑是很容易做到的，所以有很大的可能养成习惯。

设计新习惯，其实是在设计其持续性。其中的关键在于简单，就像我对学生所说的那样：简单改变行为。

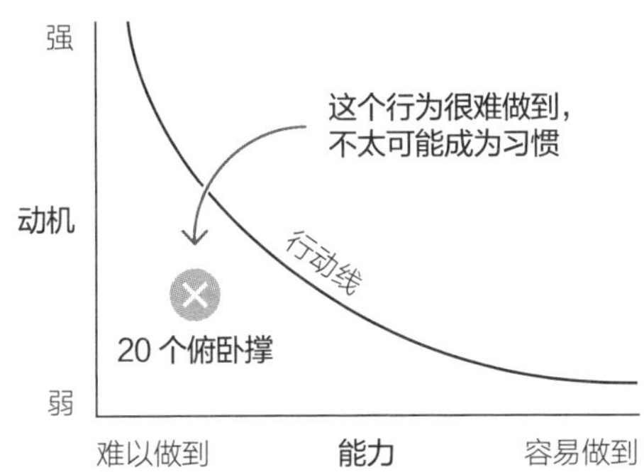

图 3–1 福格行为模型 – 每天做 20 个俯卧撑

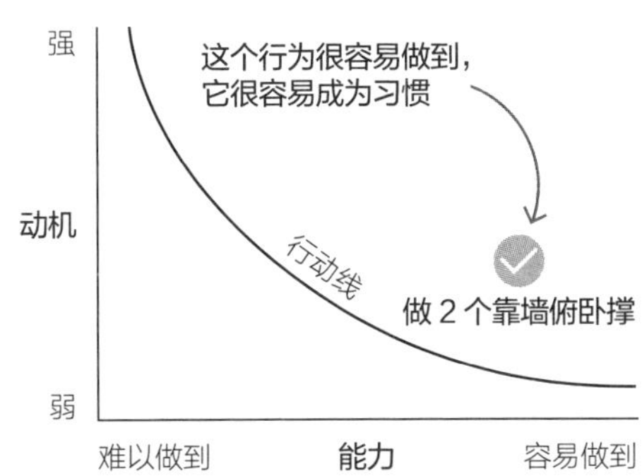

图 3–2 福格行为模型 – 做 2 个靠墙俯卧撑

从福格行为模型的角度来说，能力是维持习惯最可靠的要素，它是让我们处于有利位置的绝佳选择。如果一个行为困难，就要让它变得更容易做到。你会发现，无论动机如何改变，能力都会变得更强。这会让你养成非常牢固的习惯。如果能连续几星期每天做 2 个靠墙俯卧撑，这个行为就会变成如图 3–3 所示的样子。

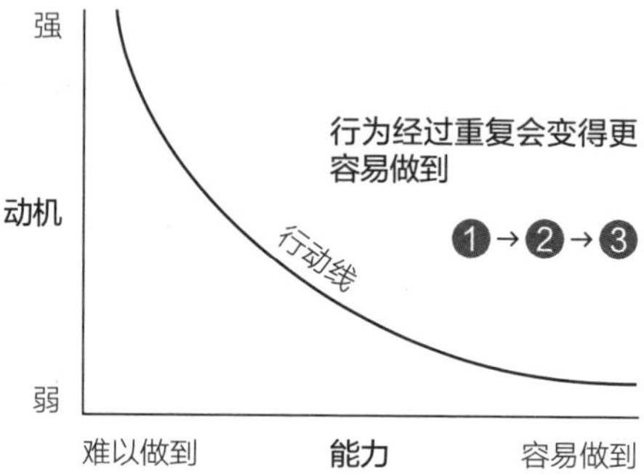

图 3–3 福格行为模型 – 重复，让执行更容易

每天坚持做 2 个靠墙俯卧撑，逐渐提高肌肉力量、身体灵活性和技巧，这个行为就会越来越容易做到，在福格行为模型的横轴上也会越来越靠右。有了成功的感觉，动机也会随之增强。不过，如果可以不管动机，仅针对能力来设计习惯，那你会惊讶地发现，习惯会迅速在生活中扎根。早在我还没有想好“微习惯”这个名称，一切方法或理论都还处于试验阶段时，我就已经认识到了这一点。当时，我已经通晓福格行为模型，也知道要想让行为长久地持续发生，最关键的要素就是能力。但这个方法我只在斯坦福大学的学术研究中应用过，我也曾用它帮助专业人士设计新产品和新服务。但我一直都没有想过要将它应用到自我提升领域，直到有一天……

我到牙医诊所看牙时，（再一次）被牙医善意地责备为什么没坚持用牙线洁牙。这很丢脸吧？作为一名行为科学家，我却无法做到这件小事。有时候，我很有动力去做这件事（比如刚看完牙医的那天），但其他多数时候总是兴致缺缺。

动机猴子总是压人一头。但我很确信，我只要专注于能力要素，就能养成每天用牙线洁牙的习惯。趁牙医助理去叫牙医来帮我做最后检查的间隙，我心想：怎样才能让清洁牙齿这件事变得更容易做到呢？我想到了一个答案，但我不敢告诉牙医，她会被吓坏的。我决定每天只用牙线清洁一颗牙齿。我是认真的。每天早上刷完牙后，都要用牙线清洁一颗牙齿。

MY RECIPE

微习惯配方

在我……	我会……	为了让大脑牢记这个习惯，我要立即：
刷完牙之后，	用牙线清洁一颗牙齿。	☺

虽然这看起来很傻，但确实很有用。为了让事情保持简单，刚开始的那几天我只用牙线清洁一颗牙齿。但我制定了一条规则：多清洁几颗会有额外奖励。两个多星期后，我就能隔一天用牙线清洁一次牙齿，而且是所有牙齿。这个习惯我到现在都一直在坚持。

明确了行动计划后，定期使用牙线变得很容易就能做到。但这背后隐含着一种巧妙的复杂性。我的解决方案是让“每天用牙线洁牙”这个行为变得更容易做到，但我必须先弄明白一个关键问题：是什么让它难以做到？所以，你从一开始就应该先问自己这个问题：是什么让这个行为难以做到？

根据我多年的研究和经验，答案可能涉及以下5个方面，我称之为能力因素：

- 你是否有足够的时间？
- 你是否有足够的资金？
- 你是否有足够的体力？
- 这个行为是否需要许多创意或脑力？
- 这个行为符合你现在的日程吗？还是需要做出调整？

这 5 个因素组成了一条能力链（如图 3–4 所示），能力链的强度等于其中最薄弱一环。

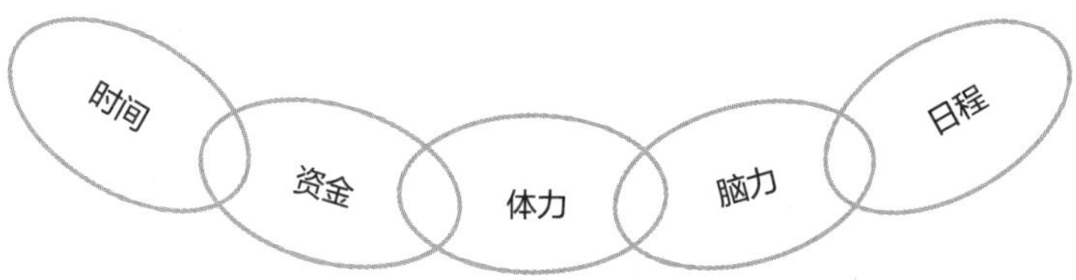

图 3–4 能力链

对于“是什么让这个行为难以做到”，我称之为探索型问题。它可以帮助我们识别最有可能阻碍行动的因素。“难以做到”有时并不意味着这个行为本身很难，而是有一些阻碍因素让你难以行动起来。一起来看看下面这个示例，你可能就会明白我的意思。

在多数人看来，一个时长 7 分钟的健身习惯是很容易养成的，但真的是这样吗？我们用能力链来解析一下它。时间或许是最牢固的环节，多数人都能轻松地抽出 7 分钟时间来健身，这至少比每天用 30 分钟来健身要容易得多。资金？这个行为在家里就可以进行，不需要花钱。体力？关键问题就在这里。对有些人来说，7 分钟的运动量不算什么。不过，许多健身 App 都会在训练过程中敦促你加大运动量，如果是这样，那完成运动的难度也会随之增大。所以，如果你遵循健身 App 的提示来运动，那体力很可能就是最薄弱的环节。单单这一个因素，就足以阻碍你养成时长 7 分钟的健身习惯。

我们再回过头来看看我使用牙线的微习惯：

- 用牙线清洁牙齿只需要几秒钟（时间）；
- 只用花很少的钱（资金）；
- 我已经有了清晰的行动计划（脑力）；
- 它巧妙地融入了我的生活（日程）。

这些能力因素在能力链中都非常牢固，不过，体力因素的分析结果让我大吃一惊。从体力角度来看，用牙线清洁牙齿对我来说很费力。这听起来不太可能，毕竟这又不是要我去挖一条沟或把汽车抬起来。但我很难把这个行为培养成习惯，因为我的牙齿排列得非常紧密，这意味着我要用力才能把牙线塞到牙缝里，然后还得同样用力把它拔出来，这让我感觉牙齿都要被拔掉了。更糟糕的是，牙线还很有可能会因为我太用力而断在牙缝里。在我的能力链中，体力这一环节十分薄弱。所以，我常常几个月才用牙线清洁一次牙齿。这个行为的执行难度已经够高了，而我的动机也不够强，以至于我很难养成习惯。那么，我怎样才能让这个行为变得容易做到呢？答案就是，找到适合我的牙线。在尝试过 15 种不同的牙线之后，我终于找到了适合我的完美牙线。

我认识的许多人都有想培养但无法成功养成的习惯。你有没有想做却没有做的能改善健康状况、效率和心智的事情呢？你为什么没有做到呢？你可以做到，办法就是：提出探索型问题，识别能力链的薄弱环节，然后集中精力解决问题。这使得能力链成为行为改变的一个辅助工具。这个方法能帮助你摆脱困惑、烦躁或恼怒的情绪，让你可以立即采取行动。比如，在培养每天洁牙的习惯时，我不会一味责怪自己缺乏动机，而是专注于让这件事变得更容易——一开始只清洁一颗牙齿，以及选用更细的牙线。当我将能力链中的薄弱环节加固之后，就能重复做到这件事了。我终于养成了一个我多年来一直想养成的习惯。一旦迈出了第一步，接下来的事情就容易多了。我已经成功开始使用牙线了，对不对？重复这个行为的次数越多，我就越熟练，而因此产生的成功感觉会激励我在第二天继续做这件事。

通过一个又一个微小的行为，这个习惯已经牢牢扎根于我的日常生活中。这就好像是一颗有着许多细小根部的参天大树。当狂风来袭时，如果根部抓得不牢，就很有可能会被吹倒。培养习惯的原理也是如此。从一个很难培养的大习惯开始，是不稳定的，就像一颗根浅枝大的植物，在生活风暴来袭时，很容易就会中断。然而，一个容易养成的小习惯却像韧性十足的幼苗一样，能够经受住狂风暴雨，因为它的根会扎得更深更牢。

因此，如果你一年都没做过几次运动，就不要选择从 7 分钟的剧烈运动开始。从更微小的动作开始，让新行为更容易做到，能力链中的薄弱环节也就会更加牢固。比如，只做一个靠墙俯卧撑。这样一来，就算遇到了什么障碍（比如感冒），也依然可以完成这件小事。遵循“微小”原则，可以创造持续性；而坚持“微小”，可以让新习惯根基牢固。

解答了第一个关键问题后，另一个关键问题是：怎样才能让这个行为更容易做到？对于这个问题，我称之为突破型问题。它的答案涉及 3 个方面，让我们用 PAC 小人的图解来分析一下（如图 3-5 所示）。

这 3 种方式都可以帮助你控制福格行为模型中的能力要素，让你的行为处于行动线上方，并提高你采取行动的可能性。无论你的愿望是什么，提升技能、获取工具和资源，以及让行为变得微小，都能让事情变得更简单。

不过，请记住一点：进行行为设计还可以采用其他不同的路径。例如，有时你只要有合适的工具，就能让新习惯变得容易执行（如使用细牙线）；有时你可以将行为的规模调整到极小（如只清洁一颗牙齿）。你可以把 PAC 小人想象成 3 种不同的入水方式，无论是从码头上跳下去，从海边走进去，还是从秋千上荡下去，都能进入同一片海域。接下来，我们来逐一分析这 3 种方式。

图 3-5 PAC 小人 - 实现“容易做”的 3 种方式

实现“容易做”的 3 种方式

1. 提升技能

人们对于自己擅长的事情，总是能很容易做到。提升技能，就能增强能力，而如何提升技能则有多种方式。比如，上网查询、向朋友寻求建议或参加培训。网络上几乎什么都有，我就是通过网络视频提升了清洁牙齿的技能。重复也有助于提升技能。整理专家近藤·麻理惠（Marie Kondo）撰写过一部畅销全球的佳作《怦然心动的人生整理魔法》。这本书之所以广受欢迎，不是因为它专注于激励人们保持房屋整洁，而是因为它专注于教给人们整理房间的具体步骤。

提升技能可能意味着你需要聘请一名声乐教练、在当地杂货店体验刀具的使用教学，或是学习俯卧撑动作。驾驭动机波浪，就能很自然地达到“技能升级”的效果，因为此时你将动机峰值转化成了一种优势。这些都是一次就能完成的行为，它们会让后面的行为变得更容易执行。所以，我们有什么理由不从动机强烈的时候开始行动呢？假设你刚刚读完本章，对做俯卧撑跃跃欲试，这时你的动机很强烈，正是上网搜索正确俯卧撑动作的好时机。

你可能没那么多精力一直去提升技能，没有关系，还有其他方法能帮助你让行为变得更容易做到。

2. 获取工具和资源

上班时是自己带沙拉还是在路上买汉堡吃，可能仅取决于“生菜没洗”或“饭盒盖子不合适”这样的小事。如果一种行为会让你感到沮丧，那它就很难成为习惯。从买一套好用的厨房刀具到准备一双舒适的运动鞋，借助任何工具都有可能让行为变得更容易做到。不过，如果你想应用更简单有效的微习惯策略，那从本书开始学习不失为一个不错的选择。找一位参加过我的课程的教练来指导你，也是一个很棒的选择。

对我来说，借助工具是让清洁牙齿变得更容易做到的关键。我必须找到适合自己的牙线——又细又滑。我上次去都柏林市出差，还专门去参观了那家牙线工厂。我知道有人会觉得这样做很奇怪，但我作为一个牙线迷，一点儿都不觉得奇怪。

我以前的学生莫莉，是利用工具和资源促进改变的另一个例证。莫莉从 10 岁开始就一直在努力维持健康的体重。但长大后，做饭成为她控制体重的最大障碍。她想每天带午饭吃，而不是买快餐吃或吃开完会剩下的比萨，但她就是没办法天天下厨。如果哪天自己没带饭，到了中午她就会陷入纠结。“我要去吃饭吗？

去哪里吃呢？健不健康？”在自己最无法做出选择（又忙又饿）的时候却要做出这些决定，莫莉称之为“决策疲劳”，这往往会让她违背自己的意愿选择买饭吃，进而增加心理负担。

身为忙碌的职场人，莫莉经常感到时间不够用，并对烹饪这件事产生了矛盾心理。从福格行为模型的角度来看，莫莉有做饭的动机但不强烈，她确实想通过健康饮食来补充能量、保持健康和自信。能力可能是莫莉最能着手提高之处。而且，她找到了一个帮手（资源），一个帅气的帮手。莫莉的未婚夫瑞安是一名奥运举重选手，他非常注重饮食营养。瑞安能有条不紊地准备好一星期的食物，而且似乎并不像莫莉那般纠结。莫莉观察学习了瑞安的一些烹饪技巧，包括做很多红薯，然后用保鲜盒保存起来，在低血糖的时候食用。没多久，他们就养成了每星期日准备下一星期食物的习惯。虽然莫莉很享受和瑞安共度的烹饪时光，但在厨房里一待就是 5 个小时还是有些勉强。所以一到星期日，她就会给自己安排其他事情来逃避厨房，并安慰自己下星期每天中午买沙拉来吃就好了。但实际上，她能这样做的时候少之又少，她经常会在工作日的中午盯着开完会剩下的比萨发呆。莫莉心知肚明，自己最终会把比萨吃掉，并再次感到懊悔。

在参加了我的训练营之后，莫莉明白这是一个行为设计问题，而不是自己的性格问题或意志力问题。于是，她开始策略性地思考如何让烹饪变得更容易，而不再因为错过和瑞安共度烹饪时光而自责。她说既然瑞安这么喜欢做饭，不如把她那份也做了。不过，她只是开个玩笑。

有一天，莫莉在一位朋友家做客，朋友做饭时使用了一台她没见过的工具——有扁平的边框和可调节刀片，只用 10 秒就把整根胡萝卜切好了，整个过程没有用到切菜板，而且很顺畅地直接切进了沙拉碗里。这简直太棒了！莫莉问道：“哇！这是什么东西？”一个切片器。这个工具是莫莉买到的第一个便捷的厨具，后来她又买了很多其他好用的工具。有了未婚夫这个好帮手和切片器等一些重要工具，莫莉每星期日的烹饪时间减少了一半。现在，她会用切片器切好胡萝卜片、黄瓜片，再配上胡椒粉，然后分别保存起来。让时间减半、让过程更有趣，她的行为就能移动到行动线上方。

重新设计了烹饪行为几个月后，莫莉和瑞安每星期都会提前准备 10 份餐食，用来当作工作日的午餐和晚餐。摆脱了决策疲劳，莫莉就能腾出时间来运动了，这有助于增强能量、提升整体健康水平。莫莉发现跑步时自己能跟上瑞安的步伐了，她还提议度蜜月时也要保持健康饮食，于是在旅行前夜，拉着瑞安去买了一些坚果和蓝莓。一年后，她告诉我，她现在要比以前开心、有活力许多，效率也更高。更重要的是，每当她缺乏动机去做自己想做的事情时，她就会问自己："我该怎样才能让这件事变得更容易？"

我举上述案例，并不是为了强调所有人都该为了让行为变得更容易而去购买切片器或其他高档厨具，但对莫莉的情况来说，她已经尝试过其他方式（购买半成品食物、每晚准备饭菜），但都没有用。当她知道工具和资源也是一种行为设计的策略后，便开始尝试使用这个策略，并最终获得了很好的结果——烹饪时间减半，她跨越了从太难到容易的界限。不过，我想强调的是，一个灵活的、试验性的问题解决思维，或许才是莫莉最好用的工具。

3. 让行为变得微小

让行为变得微小是微习惯策略的基石。这是因为，它是一种相当简单易行的方法，无论动机水平如何，微小的行为都是一个很好的开始。我们已经在前文中看到了几个关于让行为变微小的案例，它们大致可以分为两类：入门步骤、缩小规模。

入门步骤

入门步骤，顾名思义，即朝理想行为迈出的最开始的一个小举动。如果你想养成每天健步走 1 000 多米的习惯，那入门步骤就是穿上运动鞋。入门步骤就是你的微行为，是你在培养习惯之初唯一需要进行的行动。为了做到理想行为，要从关键的一小步开始。你可以这样告诉自己：我不必真的去健步走，我只需要确保每天穿上运动鞋就好了。

EASY-TO-DO ANALYSIS

“容易做”分析

培养习惯

提前准备好午饭。

发现问题

1. 是什么让这个行为难以做到？

问题在于：时间（5 小时实在太久）和体力（用难用的刀具切菜很费力）是莫莉能力链中的薄弱环节。

解决问题

2. 怎样才能让这个行为变得更容易做到？

解决方案：莫莉借助工具来消除限制其行动能力的时间和体力因素。同时，在瑞安的指导下准备好下星期的食物，包括做什么和怎么做。

穿上运动鞋后，你可能就会改变想法——健步走这件事好像突然变得没那么难了。大多数时候，穿上运动鞋后，人们都会出门到附近走一走。这是入门步骤让小举动变成更大习惯的一种方式。不过，我要强调微习惯心态的一个关键点：

不要过早地提高标准。不要急着做出更大的行为。如果你今天不想去健步走，那只穿一穿运动鞋也是可以的。把标准定低一些，有助于坚持下去。因为无论动机如何波动，你都可以确保自己始终有能力完成它。

还记得前面提到的萨里卡吗？她最大的收获可能就是养成了每天做早餐的习惯。她原以为这是一个无法完成的挑战，而且从中尝到了彻底挫败的滋味。很多人都能每天自己做早餐，为什么她就是觉得如此困难呢？参加了我的微习惯课程，学习了入门步骤的应用方法后，萨里卡下定决心要改变习惯，尝试解决这个问题。她决定，每天早上起床后就先去打开燃气灶。这是她要培养的新习惯，多么微小的一个行为。这就是萨里卡自己做早餐的入门步骤。刚开始的几天，她就只需要做这一件事：打开燃气灶，空烧几分钟后再关掉。没多久，她就改变了行动：烧一锅水。既然如此，她心想，我为什么不煮粥呢？只烧水而不放米，好像有点傻。后来，她常常自己做早餐，虽然有时候会手忙脚乱，但大多数时候她都能做好早餐，这远比她之前想象的要容易得多。萨里卡偶尔也觉得匆忙或麻烦，不过，这种时候打开燃气灶，然后再关掉也完全没有问题，毕竟，将入门步骤培养成习惯才是她最开始的想法。

入门步骤是一种心理柔术，一个很小的动作却能带来极大的影响，它所创造的冲力往往能推动你在阻力极小的情况下向前迈进，而其中的关键就是不要抬高门槛。每完成一个入门步骤就是一次成功。每一次成功，都能让你继续坚持，增加养成习惯的可能性。

每天打开燃气灶的习惯发展出多个习惯，进而快速形成了做一顿完整的早餐的习惯，这个速度让萨里卡颇感惊讶。成功令她倍受鼓舞，她把妈妈当作资源，同时开始提升技能。短短几个月，她就已经跨越了煮粥的阶段，开始制作辣酱多莎饼早餐。

EASY-TO-DO ANALYSIS

“容易做”分析

培养习惯

自己做早餐。

发现问题

1. 是什么让这个行为难以做到？

问题在于：脑力是萨里卡能力链中的薄弱环节。她对要做什么早餐毫无头绪，柜台上堆满了盘子，所以她没地方再做其他事，这一切对她来说过于复杂，让她不知所措。

解决问题

2. 怎样才能让这个行为变得更容易做到？

解决方案：通过入门步骤方法，将烦琐的流程拆解成多个具体步骤，萨里卡让做早饭变得更容易了。

打开燃气灶很容易做到，这个简单的行为带给她一种成功的感觉，促进了习惯的成长。

缩小规模

现在我们来看看让行为变得微小的第二种方式：缩小规模。也就是说，你要将理想行为缩小到极小的规模，再开始行动。这可以说是理想行为的缩小版。再以我使用牙线的习惯为例：我想每天用牙线清洁所有牙齿，但我却从清洁一颗牙齿开始做起。我缩小了理想行为的规模。

如果你想培养的习惯是每天健步走 1 600 米，那你可以把这个行为缩小，比如走到自家的信箱那里，无须更远。就像入门步骤一样，缩小版的行为就是你的微习惯——是你理想行为的基石，是为了养成完整的健步走习惯，每天唯一要做的事。

EASY-TO-DO ANALYSIS

“容易做”分析

培养习惯

用牙线清洁牙齿。

发现问题

1. 是什么让这个行为难以做到？

问题在于： 体力是我能力链中的薄弱环节。粗牙线很难穿过我的牙缝，这让我感觉费力又挫败。

解决问题

2. 怎样才能让这个行为变得更容易做到？

解决方案： 购买合适的工具让这件事变得更容易了，我可以很容易地把细牙线挤到牙缝里，顺畅地来回滑动，这毫不费力。但关键在于，我将行为规模从清洁所有牙齿缩小成了只清洁一颗牙齿。如果不缩小规模，这个行为很难成为习惯。我需要从微小的行为开始。

设计你的微习惯

接下来，我们将再次回到第 2 章提到的黄金行为，尝试将它变得微小——入门步骤或缩小规模两种方式都是不错的方法。请看一看表 3–1 中的几个案例。

表 3–1 让行为变得微小：入门步骤与缩小规模

待微小化的习惯	入门步骤	缩小规模
每天阅读	翻开书	阅读一个段落
多喝水	带上水杯	喝一口水
冥想10分钟	把冥想坐垫从衣柜里拿出来	深呼吸3次
每次用完餐后清洁厨房	打开洗碗机	每顿餐后清理桌子
每天吃维生素	把维生素放在小碗里	吃一颗维生素
用蓝莓代替零食	把蓝莓放进公文包里	吃两三颗蓝莓
在线支付所有账单	访问一个账单支付网站	结清一份账单

行为设计系统的通道不止一条，没有单一的正确答案。不过，我可以指引你自己做出决定。上述任意一种方式都有助于让事情变得更容易，但同时应用它们，是确保行为尽量简单的绝佳选择。

你可以通过检查自己的动机水平来确定最佳起点。提升技能、获取工具和资源都是一次就能完成的事情，适合动机水平较高的时候，因为那时我们可以做到更加困难的事情。但如果动机水平偏低，我们就需要让行为变得微小，来弥补动力不足。评估行为动机，有助于判断培养行为习惯的下一步。这就和检查汽车轮胎的胎压一样，下一步是打气，还是不用打气就可以直接上路呢？

我是个很喜欢系统的人，所以我创建了一个流程图，来帮助你了解如何让行为变得容易做到。我会在附录里详细介绍它，但在此之前，我想先举例说明它的实际运作方式。假设，你想养成每天做20个俯卧撑的习惯，下面的专栏就是这个习惯的“容易做”分析。

EASY-TO-DO ANALYSIS

“容易做”分析

分析阶段

发现问题

1. 是什么让20个俯卧撑难以做到？

能力链会给你答案。这种情况通常是因为体力环节薄弱，它就是你要加固的环节。

设计阶段

解决问题

2. 怎样才能让这个行为变得更容易做到？

找到最薄弱的环节后，接下来问自己上面这个问题。在设计阶段，我们可以参考PAC小人的3个方面。

提升技能能够让这个行为变得更容易做到吗？这不是一个完整的解决方案，但只要你有足够的动机，它或许也是个不错的办法。获取合适的工具和资源能让它变得更容易做到吗？不一定。网络视频或许可以教会你做俯卧撑的正确方法，但它们丝毫不会让俯卧撑练习本身变得更简单，而且教练也不可能代替你去做那些俯卧撑。我可以把20个俯卧撑的规模变得更微小，从而让新习惯更容易执行吗？可以。做20个俯卧撑需要消耗很多体力，所以最佳选择就是让这个习惯变得微小。具体方法有很多，比如只做一个俯卧撑、少做几个膝盖着地的俯卧撑，或者改做靠墙俯卧撑。

无论你想养成什么新习惯，以下这些问题和上述3种方式都能够指引你将新习惯设计得更容易执行。通过训练，这些问题将成为你的第二天性。

让行为“容易做”的设计流程：

1. 你觉得自己有没有足够的动机去学习新技能？
   有？很好，那就去学吧。继续下一个问题。
   没有？也继续下一个问题。
2. 你觉得自己有没有足够的动机去获取工具和资源？
   有？非常好，赶紧去做吧。继续下一个问题。
   没有？下一个问题。
3. 你能缩小行为的规模吗？
   能？好极了。你已经可以开始实践新习惯了。
   不能？下一个问题。
4. 你能找到你的入门步骤吗？
   能？很棒。把入门步骤当作起点，然后在适当的时候逐渐增加难度。
   不能？如果所有问题的答案都是否定的，那你可能需要回到行为集群，为自己重新匹配一个行为。

让行为变得容易做到不仅有助于它生根发芽、茁壮成长，而且能够帮助你攻坚克难、坚守习惯。很多微小的植物，只要每天浇几滴水就能存活。对习惯来说，也是如此。我偶尔也会有不太想用牙线洁牙的时候，每当这时，我就会让自己至少清洁一颗牙齿。而且关键是，我从来不会因此而感到自责，因为我知道这足以让我坚持这个习惯。多数时候，我都会清洁所有牙齿，而不会三天打鱼两天晒网。生活难免会有意外，人会生病、会去度假，也会遇到突发状况。我们追求的不是完美，而是持续。这意味着，无论习惯多么微小，都要坚持下去，让它在你的日常生活中扎根。

只要足够简单，就能实现改变

培养习惯的关键就是简单，这个道理不仅仅适用于个人生活。我在数百万人日常使用的电子产品中发现了一个清晰的模式：大物始于小。

看看谷歌、Instagram、亚马逊和 Slack。它们初出茅庐时，都是从小而专精做起的。它们的产品使用起来非常简单，逐渐在人们生活中变得不可或缺。只有当使用这些产品成为人们牢固的习惯后，这些公司才会为产品增加更多功能。刚推出就附带一大堆功能和复杂体验的产品，大都会自取灭亡。

我鼓励人们将这种模式应用于自己的生活：大物始于小，培养习惯也是同样的道理——从小处和简单着手。习惯成自然，就会深植于生活，并自发成长。

萨里卡和莫莉在使用微习惯策略之前，都对当下的生活感到迷茫。她们害怕甚至抗拒改变，而且毫无信心。让行为变得微小改变了这一切。她们轻轻松松地开始起步，而且很快就体会到了成功的感觉。每成功一次，畏惧就减少一分。改变过程不再像例行公事般乏味、辛苦，她们越来越能乐在其中。

微习惯策略不仅仅能用来培养习惯，它几乎没有限制。很多糟糕的家庭关系和职场事故之所以会发生，往往就是因为人们误以为动机是改变行为的关键。但现在你已经知道，简单才有可能彻底改变行为。

入门步骤也可以在不需要养成习惯的事情上发挥奇效。不久之前，我想打电话预约下一次看牙的时间，这虽然不难，但我拖了很久都没做。这个例子很能说明问题：我们常有明知不能拖延却一直推迟的事情。关于拖延，请牢记一点：对困难的感知和实际的困难程度一样重要。一件事只要一天没有完成，就会让你多惦记一天，而且会让你感觉它越来越难。为了不对拖延听之任之，我想出了一个入门步骤：把牙医的电话号码写在便利贴上，然后贴在手机上。我把写下电话号码当作自己要做的唯一行动，于是很容易就做到了。

降低行动的门槛，可以让大脑活跃起来。写下电话号码并非难事，我觉得自己能够做到。一旦我这样做了，就朝着做出完整的行为迈出了关键一步，于是接下来，我拿起手机拨出了电话号码。请想一想，每天有多少事情占据你的大脑，这未免太令人精神疲惫。迈出第一步，无论多么微小，都能让大脑活跃起来。完成任务不仅有助于增强信心，而且能让完成完整行为的动机高涨。

在第 4 章，我们将探讨提示。它是福格行为模型的最后一个要素，也是成功培养微习惯的下一个步骤。我们知道，没有提示，行为就不会发生。提示是行动的信号，是点燃火焰的火花。那么，为什么不让提示也变得简单呢？如果能设计出一个早已融入日常生活的提示该多好！有些事情不费时间、不费精力并且不用花钱就能做到？这听起来的确挺简单。

TINY EXERCISES

让行为“容易做”

这个练习分为两部分。第一部分侧重于分析，第二部分侧重于设计。

练习 1：对困难习惯进行分析

❶ 写下一个你过去尝试养成却没能坚持下来的困难习惯。如果你没有任何想法，那可以分析这个习惯：每天多吃蔬菜。

❷ 问自己探索型问题：“是什么让这个行为难以做到？”围绕你能力链的薄弱环节进行思考，是因为养成习惯对时间要求太高，还是对资金要求太高了？是对体力或脑力要求太高，还是因为它扰乱了你的日程？

练习 2：通过设计，让习惯容易培养

❸ 针对能力链上的薄弱环节，问自己突破型问题：“怎样才能让它变得更容易执行？”例如，或许可以考虑减少时间。但注意要确保针对每个薄弱环节都提出多个不同想法。

❹ 从步骤 3 的想法中挑选出 3 个最可行的。

❺ 想象自己按照这 3 个想法采取行动，试图让习惯变得更容易执行。注意探索具体操作方式的细节。

加分项 把解决方案付诸实践，看看实际效果如何。

为了帮助你进行这项练习，我邀请友好的 PAC 小人来提醒你让行为变得容易做到的 3 种方式（如图 3-6 所示）。

图 3-6　PAC 小人－实现“容易做”的 3 种方式

TINY HABITS

04

要素 3，提示，善用锚点时刻让行为立刻发生

HABITS

没有提示，

行为就不会发生，

提示就是在对你说：

“现在就行动。”

提示是生活中的隐形驱动力。我们每天都会经历数百个提示，却极少留意到它们，而是直接采取行动。绿灯亮起，你会踩下油门；超市里如果有人递给你一小块试吃奶酪，也许你会毫不犹豫地接过来；电脑上弹出新邮件提示消息，也许你会立刻点击并打开它。有些提示是自然存在的，比如，雨滴落在身上时，你会打开雨伞；有些提示是人为设计的，比如，烟雾报警器响起，你立刻开窗通风，并跑到厨房抢救出忘在烤箱里的比萨。无论是自然的还是人为设计的，提示都在告诉你："现在要做这件事。"

提示，是行为发生的决定性要素；没有提示，行为就不会发生。

既有动力又有能力的时候，人们会对提示做出可靠的回应，正因如此，适时提示的力量才会如此强大。擅长撰写亮眼标题的写手和打造手机 App 的设计师们都明白这个道理。大多数人都无法抗拒地想去点击 App 上的红色数字，它们就是被刻意设计出来吸引我们的注意力，并促使我们采取行动的。广告商也很深谙这个道理，只要把提示和某个动机元素结合在一起（如"点击此处参与抽奖"），人们做出回应的概率就会大幅增加。

反之，没有提示，即便你的动机和能力都很高也没用。你可能想将上个星期下载的冥想 App 利用起来，但由于没有收到提示，所以就忘了这件事。

生活中的提示有很多是我们不想要的，但也有很多我们想要的。大多数人总是听从自然而无形的提示，却又拼命地想提醒自己去做一直忘记的事情。如果你的办公桌上贴满了便利贴、手机上不停地弹出待办提醒，你却还是没有去做想做的事情，那么，也许你需要关闭提示功能。

在这一章，我会教给你如何在生活的各个方面设计提示。在为自己匹配具体行为并让其变得容易做到之后，就可以进入行为设计的第 5 步：为你想做的行为设计出“对”的提示。这一点很重要。不要把提示交给运气。

STEPS IN BEHAVIOR DESIGN

行为设计的步骤

1. 明确愿望
2. 探索行为选项
3. 为自己匹配具体行为
4. 从微习惯开始
5. 找到“对”的提示

在福格行为模型中，动机和能力是持续存在的，而提示是非此即彼的。也就是说，你要么注意到它，要么忽略它。如果你没有注意到提示，或者提示没有适时出现，那行为就不会发生。因此，提示一定要明确地适时出现。设计出好的提示是福格原则 1（帮助人们做他们已经想做的事）的关键。

我的朋友埃米就学会了如何有效地设计提示，前面已经详细讲述了她应用微习惯策略的故事。大约 7 年前，埃米生活得很辛苦，她既要照顾 3 个小孩，又想创业，还想当一名教育媒体自由写手。她热爱为医院和医生起草就医指南的工作，但创业却一拖再拖，没有行动。一向乐观的埃米，开始对未来感到迷茫而且充满忧虑。她晚上也睡不好，总是患得患失。每个创业者都会为如何让业务顺利发展而焦心，这很正常。但这不是埃米真正害怕的，她真正害怕的是比这更糟糕的事情：和孩子们分开。

多年来，埃米和丈夫的关系一直不太和睦，最近更是前所未有的紧张。他们的争吵越来越激烈，埃米知道这种环境对孩子们的身心健康是很不利的。她想离婚，而且她觉得丈夫也有同样的想法。离婚是一件很痛苦的事情，而更痛苦的是离婚带来的后果。这么多年来，她一直很看重丈夫的优良品质——脾气好又大方，还很支持她的事业。但现在，她感觉自己已经没办法化解他们之间的分歧和敌视，两人只能渐行渐远。她一直忽视的丈夫的缺点，如今让她彻夜难眠。她很害怕一旦离婚，丈夫的行为会带来自己无法接受的后果。埃米感觉离婚可能是一个错误的选择。她知道离婚会把孩子们卷入这场争斗，到那时，没有稳定收入的自己很有可能会失去孩子的监护权。

埃米很爱自己的孩子，一想到要和孩子们分开，她就有些崩溃。如果没有稳定的收入，她最害怕的噩梦就会成真。埃米担心丈夫会用尽一切手段来争夺孩子们的监护权，而自己能采取的唯一方法，就是聘请律师，并在丈夫提起离婚诉讼前改善财务状况。然而，埃米不知道如何才能增加业务收入，所以只能止步不前。

对岌岌可危的婚姻的担忧，以及养育 3 个孩子带来的与日俱增的压力，让埃米难以集中精神。她有许多必须做的事，包括回电话、发展新业务和努力工作，但她就是无法让自己行动起来，去做那些重要的事情。每天早上，埃米都很努力地让自己进入工作状态，但大多数时候，她最后都没能去做那些能增加收入的要事，而是忙于整理衣服、打扫厨房，或重新制定待办清单等杂事。她也会做一些清单上的任务，但那都是些容易做且无关紧要的事情。埃米想得太多，却做得太少，最终，她一个重要的事情都没有完成。存款没有增加，孩子们的未来保障也没有进展。在了解了行为设计和微习惯策略之后，埃米终于找到了解决办法：每天要在便利贴上写下一件事——当天需要完成的最重要的一件事，仅此而已。

这就是她的新习惯。埃米逐渐变得自信和乐观，她觉得自己每天都做得到。毕竟，她又不需要真的完成这件事，只要把它写下来就够了。这很简单，而且能力也不是问题。不过，养成这个习惯的关键，不在于动机和能力，而在于要设计一个“对”的提示。

对某些习惯来说，关键是要把它插入生活中的合适位置。习惯在生活日常中处于什么位置，决定了行动与否、成败与否。埃米很幸运，她第一次尝试就做对了，她把新习惯的种子种在了对的位置。她的做法是这样的：每天早上送女儿瑞秋到幼儿园门口时，瑞秋都会和她说完再见，再关上车门。关车门就是埃米的提示。她会立刻在附近找地方停车，好执行新习惯：在便利贴上写下当天最重要的事情。之后，再把便利贴贴在方向盘上，然后拍手说：“搞定！”

这样坚持了一星期后，埃米说她可以毫不费力地自动完成这个新习惯。她在自己的日程中为习惯找到了一个最佳位置。以前，在女儿下车之前，埃米一路上想的都是每个人准时出门所要做的难事；而现在，因为把写便利贴的习惯当成与工作相关的第一件待办事项，所以她不会再分心去胡思乱想。她还把这个行为当作入门步骤，来帮助自己保持高度专注。车门一关，立刻切换到工作模式：停车，确认今天要做的最重要的事务，把它写下来，搞定。（这太棒了！）由于将新习惯固定在了生活日常中，所以这很容易就融入了她早晨的日程。埃米不再需要靠手机来提醒她该送瑞秋上学了，也不需要刻意提醒自己该写便利贴了。埃米设计出了一个可靠的提示，让这个新习惯很自然地养成了。

这个简单的习惯给生活带来一种清晰感，这让埃米十分高兴。她知道，这确实是一个很小的动作，但那种专注和成功的感觉就像滚雪球一样，让这个小动作越滚越大，变成了更大的动作。她在这第一个习惯的基础上建立起了其他习惯。送完瑞秋回到家后，埃米会立即前往办公室，把便利贴贴在办公桌前的那面墙上。

偶尔，埃米也会完不成最重要的任务，但大多数时候她都做到了。在自豪感和成就感的激励下，她创建了一系列待办事项，同时由于黄金行为已经成为稳固的习惯，埃米的效率大幅提高，已经高到超出了她的想象。一路走来，埃米的恐惧感已逐渐消散。终于有一天，她放声地呼喊："哇！我真的有在行动。我能做到！"而且，她一直在继续前行。

从一张小小的便利贴开始，最终制造了一场效率大爆发。埃米意识到自己满怀着巨大的激情和渴望，想要扩大业务规模，发展壮大个人业务，创立策略与内容创作代理公司。她找到了"对"的提示，打破了僵局，在她完成编写新项目建议书的时候，曾被压抑着的那些雄心壮志全都回来了。一家大型医疗保健公司要她为一个百万美元项目写建议书，埃米丝毫没有迟疑。虽然她得招人来协助自己，但之前几个月的成功经历，让她已不再怀疑自己。埃米后来告诉我，正是她在推介会上表现出来的自信让她赢得了这个项目。半年后，埃米离婚了。她的收入翻了 3 倍。更重要的是，她获得了孩子们的监护权，这让她每晚都能安然入睡。

一个简单的新习惯，可以逐渐带动更多习惯发挥更高成效。就埃米的情况而言，成功取决于她设计的"对"的提示。不管是从头开始设计习惯还是处理无法坚持的习惯，都必须厘清什么提示对你来说是有用的，而行为设计就提供了可以帮助你找到正确答案的一套系统。不要把提示交给运气！

好消息是，你已经拥有设计提示的经验了，或许你只是没有意识到这一点。你曾经制作过清单，你曾要求过别人来提醒你，你在工作邮箱里设置过日程通知，这些都是影响行为的提示。

然而，人们以为有用的许多提示，实际上都没有设计好。如果你也是那种要按6次延迟闹钟按钮之后才起床的人，你一定知道我在说什么。有些手机闹钟的设计，延迟提醒按钮比关闭闹铃按钮更醒目、更容易操作。奇怪的是，我们的那个延迟按钮似乎是在刻意迎合我们的行为。

在为自己设计提示时要注意，在已经贴满便利贴的电脑屏幕上再贴一张便利贴是没有用的；参加商务会议时，把提示写在手臂上的做法看起来也不够专业。无论如何，关于提示有效还是无效，我们还有很多要讲，否则，我们都会成为“习惯忍者”。

设计提示是一种可以学习掌握和练习的技能。

生活中常见的3类提示

让我们来看看，提示都有哪些类型，以及它们如何发挥作用。一旦了解清楚这个问题，就可以不再将提示交给运气或交到其他人手中，转而开始在肥沃的土壤里培育我们的新习惯。为了更深入地理解提示，我们再次搬出PAC小人。生活中有3类常见的提示：人物提示、情境提示和行动提示。

1. 人物提示

这类提示依靠的是你的内在去完成行为（如图4–1所示）。身体的本能就是最自然的人物提示。身体会提醒我们做出本能反应，比如肚子饿、困倦和想上厕所。人类经过进化，拥有了相当可靠的提示来做出必要行动。然而，如果行为无关本能或生存，那人物提示可能不是一个好办法，因为人类的记忆是不够可靠的。也许你偶尔能记得妈妈的生日，但如果依靠人物提示，恐怕还是忘记的时候更多。

图 4–1 PAC 小人 – 人物提示

几年前，我家隔壁搬来了一户新邻居——鲍勃和雯达。雯达是英特尔的退休高管，鲍勃曾是一名工程师。他们邀请我和丹尼共进晚餐时，我满怀热情地答应了，并承诺会在两星期后的晚上 6 点带着沙拉准时到他家。但是两星期后的晚上 6 点 42 分，我的手机响了。我满脑子都是临近最后期限的工作，没有认出来电话号码，所以没接。电话自动转到了语音留言，但我想知道是谁打来的，所以立即打开了它。我听出是雯达的声音，才想起来聚会的事，我心中充满了愧疚。“你好啊。我们做了意大利面，不能久放。它已经凉了，还有点坨。我们以为你 6 点会来，我们已经先开始吃饭了。你还过来吗？”是的。我把聚会搞砸了。我致电雯达，并再三道歉。我感到羞愧难当，我居然以这种方式来欢迎新邻居，这太糟糕了。

这件事很不光彩，却是一个很好的范例，足以说明为什么要小心人物提示，最好在设计行为时完全避开它。对准时赴约这类单次行动来说是如此，对你想养成习惯的行为来说也是如此。靠记忆来确保自己每天完成新行为，是不大可能带来持续的改变的。同样，想以这种方式帮助他人养成习惯也不靠谱。比如，你希望女儿每天晚上都能好好做作业，而不是玩一小时手机。要她自己记得这件事显然不是最佳策略，因为人物提示并不那么可靠。

2. 情境提示

继续前往情境提示（如图 4–2 所示）！周围环境中的任何事物都可以作为采取行动的提示：便利贴、App 通知、电话铃声、提醒你参加会议的同事。

图 4–2 PAC 小人 – 情境提示

情境提示的有效设计方法是可以通过学习掌握的。如果当时我为聚会设置了一个日历提醒，丹尼和我应该就能带着新鲜沙拉准时出现在邻居家。创建这种情境提示只需要不到 20 秒的时间。但如果我在待办清单上写下“与雯达和鲍勃共进晚餐”，那这种设计会失败，因为我专心工作时，不太可能想起要去查看清单。有效设计情境提示是一种技能，要想学会这种技能，就要多加练习。

大约 10 年前，我发现有些行为一星期只需要做一次，比如浇花、支付账单、重启电脑。一开始，我尝试在手机上设置了提醒闹铃。浇花的闹铃是星期六上午 10 点，但我大多数时候会在杂货店里，所以完成这个任务的能力是零。这个行为位于行动线下方。有时候，某个任务的闹铃响起，但我已经完成了当周任务，这个提示就有点多余了。

有时候，提示会失效，如图 4–3 所示。为了设计出适时的有效提示，我做了不同的尝试并找到了自己的答案。我在每个双休日会写一张小号提示标签贴，大概是我常用便利贴大小的一半，然后把它贴在活页本上写着双休任务的那一页。

现在，星期六早上我的常规日程就是抽出这一页，把它放在厨房柜台上。简单极了。这一页内容变成了我的双休清单。每完成一件事，我就会贴一个标签，这样就能只看那些未完成任务。双休日完成最后一件事后，我会把整页翻过来，再贴一张标签贴：胜利！而且我会把这页纸保存起来，下个双休日继续使用。对我来说，这个清单彻底改变了游戏规则。我终于能用一种可靠的方法来完成清理冰箱和浇花之类的事了。

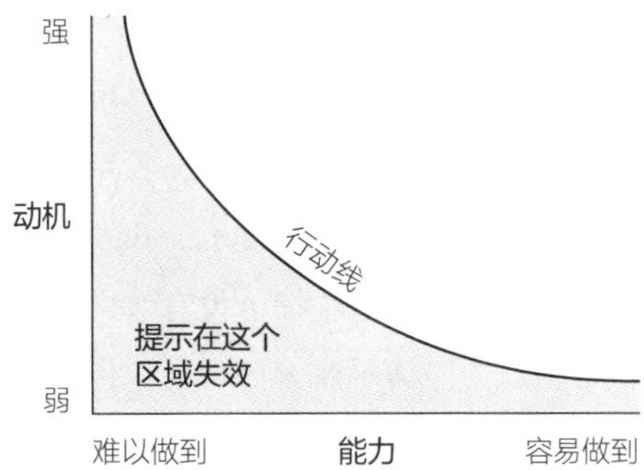

图 4-3　福格行为模型 – 失效的提示

有时候，你需要为自己或别人设计情境提示。这类提示最适合单次行为（比如预约看医生），但用于培养习惯的话，这个方法不是最佳选择。指导行业创新者的时候，我会要求他们分享对自己最有效的情境提示，有些是很常见的提示，但也有些提示让人觉得不可思议，比如：

- 把婚戒戴在错误的手指上；
- 给自己发一条短信；
- 用白板笔把提示信息写在浴室的镜子上；
- 调整家具布局，故意制造一种让人不自在的感觉；
- 用语音助手设置闹钟；
- 在冰箱里放一张提醒便条；
- 让孩子来提醒自己；

- 在手机屏幕上贴一张便利贴。

情境提示有时是有用的，但它也有可能会带来压力。管理好提示是现代生活中人们所面临的一大挑战。如果设置的情境提示太多，可能还会产生反效果——令人变得迟钝，无法注意到提示，比如听不到提示铃，或对便利贴视而不见。这就像是住在火车轨道附近，一开始觉得火车发出的声响难以忍受，后来……哪里有火车？

我的书房里有一个大白板，上面罗列着许多待办项目，不同项目有不同的颜色标记。为了管理它带来的视觉和心理上的压力，我用一块布遮住了那些当前不用做的事情，只露出需要当天完成的事情的提示。我发现遮住其他事情的提示能让我更冷静、更专注。如果你设置的情境提示没有效果，可能并不是因为你做错了什么，或者缺少动机或意志力。请不要责怪自己。你只需重新设计提示，找出对你有用的提示。

在当今世界，我们的情境提示多是由其他人或其他组织所设置的。我们会收到寻求帮助的电子邮件，智能手表会提醒我们应该站起来走走了，App 上红色的未读提示也在告诉我们有新消息了。这些常见的提示相对容易管理。垃圾邮件要扔到回收站，同时取消邮件列表订阅，看到广告就换台，在办公室的门上贴一个请勿打扰的指示牌。不过，来自数字化科技的提示比较难管理。领英投入了大量的时间和资金才能告诉你这星期内有 233 个人看过你的资料，而且你可以点击查看他们是谁。你想取消这个提示吗？也许想，也许不想，毕竟你也有些好奇他们是谁，而且得到关注确实让人心情愉悦；但垃圾邮件明显是个问题，它每天都在偷走我们的时间。除了彻底断网，我们可能永远也找不到别的可以避免被不想要的提示干扰的完美方法，毕竟这些公司商业模式的基础就是我们的点击、阅读、观看、评价、分享或评论行为。在面对杰出的设计师和强大的计算机算法时，人类显得如此弱小。

即便如此，还是可以设法弱化情境提示。你现在付出一点努力，就能为以后节省大量的时间和精力。有时候，这很简单并很快就能做到。前段时间，有位行业创新者给我发短信，向我寻求业务上的帮助：他想让我为他们团队做一次宣讲。我喜欢这个提议，我很想答应他。但他使用了错误的方式联系我。我回短信说："你好！请发邮件给我，我会以邮件的形式回复你。（我只跟家人和朋友发短信。）谢谢你！"第二天一大早我就收到了他的邮件："抱歉。现在开始我会发邮件联系你。"只用了不到30秒，我就阻止了自己可能会被数十条短信干扰的情况发生。

3. 行动提示

完全掌控商业公司对我们设置提示的方式或许不大可能，别人联系我们的方式也同样不可控。情境提示始终存在。但如果你需要为自己或其他人设计提示，有一个比情境提示更好的选择，那就是第三类提示，也是我最喜欢的一种提示：行动提示（如图4-4所示）。

图 4-4　PAC 小人－行动提示

行动提示就是将你已经在做的行为当作提示，以此来提醒你为培养新习惯采取必要的行动。这是一种很特别的提示。行动提示是一种将微习惯和行为结合起来的方式。例如，你已经拥有的刷牙习惯，就可以作为用牙线洁牙这个新习惯的提示；打开咖啡机就可以作为做伸展运动这个新习惯的提示。

你已经有很多固定的日程，每一个都可以作为培养新习惯的行动提示。比如，早晨睡醒后下床；烧水泡茶，或是打开咖啡机；冲厕所；送孩子上学；下班回到家后，把大衣挂到玄关；每晚睡觉时头枕在枕头上。这些行动已经非常自然地融入了生活，你根本无须多想就能顺畅地做到。因此，它们可以说是绝佳提示，将它们当作提示是一种从容的设计方案。你已经拥有了一个完整的日程生态系统，只要好好利用它即可。

相比于人物提示和情境提示，行动提示的效果是最好的，我还给它取了另一个名字：锚点。谈到微习惯时，我会用“锚点”这个词来描述生活中那些已经稳固的事情。这个概念非常简单。如果你想培养某个习惯，那可以从当前的日程中找到正确的锚点来当作提示。之所以选用“锚点”一词，是因为我们要找到一些可靠的事情，并将它们和新习惯绑在一起。

多年前的某一天，我洗完澡后突然灵光乍现：我可以用锚点来提醒自己养成新习惯（如图 4-5 所示）。很多人在洗澡时常常会突发奇想，但因为洗澡而灵感乍现的人，可能只有我一个，个中原因，你稍后就能知道。有一天晚上洗完澡之后，我擦干身体、用浴巾裹住自己、走进卧室，其间什么也没想。但是，就在我打开内衣抽屉的那一刻，脑海里突然冒出这个想法。这里的关键是“之后”。

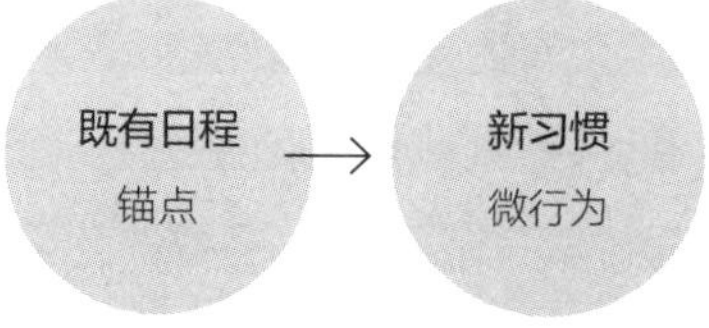

图 4-5 锚点 & 提示

我想我的大脑已经注意到了这种模式：洗完澡之后，我会擦干身体；擦干身体之后，我会走进卧室；走进卧室之后，我会打开内衣抽屉。然后，我突然顿悟：培养新习惯，需要找到一个行为之后要做的那个行为。例如，我想在每次刷完牙之后用牙线洁牙，那对使用牙线这个新习惯来说，刷完牙就是一个很棒的提示。看着打开的内衣抽屉，我发现自己找到了答案：为行为排序（如图 4-6 所示）。你只需要弄清楚在一个行为之后会发生什么就行了。

图 4-6 为行为排序

现在，我将设计习惯视为编码，只要算法正确，先是这个行为，之后是那个行为，再之后是另一个行为，然后"砰"的一声——就能得到可靠的结果。

要形成可靠的习惯，你只需要将行为正确排序，为它们正确地"编码"即可。

打开内衣抽屉时，我发觉自己每天要做的事情有很多。如果能把新行为与既有习惯结合起来，就能毫不费力地将它们融入生活。只要一直将新习惯锚定在既有习惯上，就能毫不费力地不断插入新习惯。这种方法避开了人物提示和情境提示的缺点，因为你不用再依赖自己或他人来提醒你，也不会有过多提示干扰你。生活中的每一个行为都是提示。这再简单不过了。

于是，我立刻开始尝试这种方法。我选择了人类的本能行为之一：上洗手间。然后，把它当作俯卧撑习惯的提示。我决定，冲完厕所之后要做两个俯卧撑。这可能听着有点怪异，但当时我主要在家办公，所以没什么大不了的。没多久，这个习惯就变得非常稳固了。这就像拼图一样，上完厕所之后做俯卧撑很快就变成了我每天要做好几次的事情。我的臂力很快就变强了，所以我能够扩大行为规模，做更多的俯卧撑。7 年来，我始终都在坚持这个习惯。有时候，我一天会做 50 个甚至更多个俯卧撑（这要看我喝了多少水）。只要在家，我总是会在上完厕所之后做至少两个俯卧撑。

这是我的微习惯配方：在我上完厕所之后，我会做两个俯卧撑。

MY RECIPE

微习惯配方

在我……

上完厕所之后，

我会……

做 2 个俯卧撑。

为了让大脑牢记这个习惯，我要立即：

锚点时刻

生活中某个可以提醒你执行微行为（你的新习惯）的既有日程。

微行为

你想要培养的且已经缩小到超微小、超容易完成的新习惯。

利用锚点来设计提示是一种很棒的方式，因为任何人都可以做到，不需要手表或时髦的 App 就能提示你去完成新习惯。你自己就能有效地进行，你会发现简单设计技巧能带来多大的转变。“之后”的力量不是魔法，更像是化学反应。为对的行为安排对的顺序，于是转眼间，一个新习惯水到渠成。

设计“对”的提示的 3 个步骤

微习惯设计流程进行到现在这一步，你应该已经确定了想养成的至少一个新习惯。你已经为自己匹配了具体行为，缩小了行为规模让它们变得容易做到，而现在，要给它们添加提示。读完本章之后，你将学会创建完整的微习惯配方。

在我（锚点）之后，我会（新习惯）：

- 在我冲完厕所之后，我会做 2 个俯卧撑。
- 在我停好车之后，我会写下当天最重要的任务。
- 在我刷完牙之后，我会用牙线清洁一颗牙齿。

为新习惯安排合适的顺序和位置需要技巧，但这非常简单。如果你想了解更多微习惯配方，可以参考附录，我列出了 300 个微习惯配方。

步骤 1，确定你的锚点

锚点必须是生活中一定会发生的事情。有些人的生活非常规律，充满了可靠的日程；有些人的生活比较随性，不过，无论多么随性，都会存在许多持续的日程，而这足以当作锚点。早在创建微习惯策略之前那几年，我就在一项研究中发现，人们往往都是早晨时段的日程安排最多。因此，早晨是培养新习惯的最佳时间。

许多人表示，他们的日程总会在一天中的晚些时候出问题。而且，只要有一个日程出现问题，其他日程也会受连累。比如，因为会议结束时间延迟，只能晚点再去幼儿园接小孩；迟到再加上忙碌一天之后，你没有精力再自己做饭，于是随便吃几片比萨应付了事。

早晨可能是我们最能加以利用的时间段了，但下午和晚上也有很多事情可以做。下面是在不同时段的一些常见锚点。

晨间日程：

- 在我睡醒下床之后，我会……
- 在我从床上坐起来之后，我会……
- 在我关掉闹钟之后，我会……
- 在我上完厕所之后，我会……
- 在我冲完厕所之后，我会……
- 在我打开淋浴之后，我会……
- 在我刷完牙之后，我会……
- 在我梳完头之后，我会……
- 在我铺好床之后，我会……
- 在我穿好鞋之后，我会……
- 在我打开咖啡机之后，我会……
- 在我倒了一杯咖啡之后，我会……
- 在我把餐具放进洗碗机之后，我会……
- 在我喂完狗之后，我会……
- 在我插入钥匙启动汽车之后，我会……

午间（或任何日间）日程：

- 在我听到电话铃声之后，我会……
- 在我挂断电话之后，我会……
- 在我喝完一杯咖啡之后，我会……
- 在我清空邮箱的收件箱之后，我会……
- 在我上完厕所之后，我会……

晚间日程：

- 在我下班进入家门之后，我会……
- 在我挂好钥匙之后，我会……

- 在我放下钱包之后，我会……
- 在我挂好狗绳之后，我会……
- 在我坐下来准备吃饭之后，我会……
- 在我把餐具放进洗碗机之后，我会……
- 在我启动洗碗机之后，我会……
- 在我关掉电视之后，我会……
- 在我躺到枕头上之后，我会……

附录中还有更多锚点示例供你参考。有没有发现？所有这些示例都是非常明确的事件。锚点一定要明确，模糊的锚点（如“晚饭之后”或“当我感到有压力之后”）没有用。我之所以称之为锚点时刻，就是因为它意味着一个确切的时间点。

现在你已经掌握了要领，可以利用本章章末的微习惯练习来设计一系列专属于你的锚点了。有了足够多的锚点可以选择后，再认真考虑你想培养什么新习惯，为它匹配最合适的锚点。依我指导上万人为新习惯匹配锚点的经验来看，确定锚点时有 3 个方面可以考量。

匹配物理位置。首先，要考虑新习惯发生的地点，找出已经存在于那个地点的锚点行为。如果你想培养的新习惯是擦拭厨房桌面，那就到厨房里寻找可以当作锚点的既有日程。要注意避免锚点和新习惯在不同地点发生的情况。我的研究表明，地点不同，极难奏效。在匹配锚点和新习惯时，地点是最需要考虑的因素。

匹配频率。其次，检视既有日程时，要考虑多久进行一次新习惯。如果你想每天进行一次，就把它安排在一天一次的锚点行为之后；如果你想每天进行 4 次，那就把它安排在一天 4 次的锚点行为之后。我想每天多做几次俯卧撑，所以上完厕所之后进行就是一个很好的方案，只是这样做难免有些古怪。

匹配主题 / 目的。最后，你可以选择与新习惯拥有相同主题或目的的锚点行为。如果你喝咖啡是为了提升工作效率，那它很适合用来作为你打开待办事项App的锚点行为。不过，如果你早晨喝咖啡主要是为了放松和独处，那么待办事项的主题就不太适合。此时，你可以改变配方："在我倒了一杯咖啡之后，我会打开日记本。"

还记得第3章的萨里卡吗？她在晨间日程中新加入的第一个习惯是在喝茶或喝咖啡之前先喝一杯水。她发现的最合适的锚点是"在我浇完花之后，我会喝一口水"。我问她效果为什么那么好，她说她把这两个行为都视为补充水分。浇花是在为植物补充水分，而喝水是在为自己补充水分，两者的主题都属于照顾行为，这让她更容易记得要喝水。两个习惯相互契合，密不可分。

然而，"在我刷完牙之后，我会打扫车库"这个配方极难形成习惯，因为它和地点、频率或主题中的任何一个要素都不匹配。如果你想每星期六打扫车库，就需要找一个星期六在家（最好是在车库里）已经存在的既有日程作为锚点。

设计新习惯配方时，不要追求完美。因为如果你不喜欢这个配方，那你随时可以调整它。这也是我为这种设计方式取名为"配方"的原因之一。无论是锚点和新习惯，还是土豆和肉汁，你都可以在自己的设计中随意调整。

为了帮助你按照微习惯策略来设计配方，我还创造出了一个小技巧。你可以使用一张空白索引卡，把它想象成你收藏的习惯配方之一。把所有的卡片收集到一起，有助于检视你正在进行的习惯。你还可以根据需要进行修改，或者删减字句，或者直接编写一个新版本。

步骤2，用试验将锚点与黄金行为联系起来

到这里，你可以开始试验新的微习惯了。每个人的生活都复杂又独特，所以自然需要进行调整。有些新习惯该插入哪里是很明显的，还有比刷完牙之后使用

牙线更好的时机吗？而有些新习惯则需要花些时间才能融入生活。在最初几天或几星期的试验中，新习惯可能会发生一些改变，这没有问题，反而是个好现象。这意味着你正在磨炼技能，正在掌握将锚点与微行为匹配起来的能力。

MY RECIPE

微习惯配方

在我……	我会……	为了让大脑牢记这个习惯，我要立即：
________	________	________
________	________	________
________	________	________
锚点时刻	**微行为**	**庆祝**
生活中某个可以提醒你执行微行为（你的新习惯）的既有日程。	你想要培养的且已经缩小到超微小、超容易完成的新习惯。	可以在你内心创造积极感受（我称之为“发光”）的事情。

如果习惯和锚点不能自然匹配，那你可以考虑替换一个更适合的习惯。躺到枕头上的那一刻似乎与进行3次深呼吸很契合，于是我尝试了几次，这对培养习惯有帮助但效果有限。我无法做到习惯成自然，而且有时候这让我感觉毫无意义。不过，我没有就此失望，反而有些跃跃欲试：我能改用别的习惯吗？我一直想更懂得感恩，于是躺到枕头上的那一刻，我开始思考当天有没有发生值得感恩的事情。第一次这样做时，快乐的感觉油然而生，我知道，我找到对的锚点了。

培养习惯过程中的每一次尝试，都是在磨炼技能。多加练习，会让你越来越擅长运用这些原则，设计出能帮助你实现愿望的微习惯。通常，你需要掌握的技能，就是找到对的锚点，并为它匹配合适的微行为，然后就能对你想改变之处进行有效的行为设计了。

几年前，我有一次在一家高级餐厅用餐时，没能把主菜吃完。这已经不是第一次了。我知道问题出在哪里：我在用餐前吃了太多面包。先上桌的面包往往都是刚出炉的，味道实在太香了，我会忍不住大快朵颐，但这样我就吃不完主菜了。对我来说，把面包吃完和吃不完主菜都是需要解决的问题。于是，我转而想用微习惯策略来寻找解决方案。

最终，我创造了一个配方。在服务员告知我面包即将上桌之后，我会告诉他："我不需要面包，谢谢。"这个小小的声明立刻就起作用了，我不再先吃很多面包，这样就能好好享受主菜的美味了。的确，我需要多加练习，才能让这个习惯牢牢地融入生活，我还要注意餐桌上的各种社交礼仪。现在我已经可以自然而然地说出这句话了。在对的时间说出对的话，让我得以坚持这个习惯。

步骤 3，利用"最后动作"优化锚点

请容我再次强调，从日程中挑选一个精确事件作为锚点至关重要。用"上完厕所之后"这个锚点，我完成了做两个俯卧撑的行为。但如果这没有效果，我就会更进一步观察锚点，寻找一个更精准的时刻——我称之为"最后动作"，即锚点行为的最后一个动作。上厕所的最后一个动作，就是冲厕所，至少对我来说是这样。那么，我可以把自己的微习惯配方修改为"在我冲完厕所之后，我会做两个俯卧撑"。

为了找到最后动作，我们需要用显微镜观察锚点，寻找它的踪迹。当锚点不够清晰时，这样做尤为重要。接下来，我会举例说明，如何利用最后动作来让你的配方更精确，以提高成功的可能性。"在我吃过早饭之后"就是一个模糊的锚

点，它的最后动作是“在我打开洗碗机之后”，把关注点放在这里，效果会更好。“在我下班回家之后”也是一个模糊的锚点，你可以把它改成“在我把包放下之后”，这样的描述更加具体。

MY RECIPE

微习惯配方

在我……	我会……	为了让大脑牢记这个习惯，我要立即：
听到服务员说面包即将上桌之后，	说：“我不需要面包，谢谢。”	
锚点时刻	**微行为**	**庆祝**
生活中某个可以提醒你执行微行为（你的新习惯）的既有日程。	你想要培养的且已经缩小到超微小、超容易完成的新习惯。	可以在你内心创造积极感受（我称之为“发光”）的事情。

我指导过一名微习惯实践者，埃琳娜，她曾试着养成擦拭厨房台面的习惯。她创建的配方使用了一个特殊的锚点：在我吃完早餐，把餐具放进水槽之后，我会擦拭台面。这个配方看起来没问题，对不对？不过，它的效果却不太好。擦拭台面的习惯很难坚持。埃琳娜用最后动作解决了这个问题。她发现，“在我吃完早餐，把餐具放进水槽之后”的最后一个动作是关掉水龙头，所以关掉水龙头就是锚点的终结点。于是，她把习惯配方改成：在我关掉水龙头之后，我会擦拭台面。

猜一猜，结果如何？她成功了。

只通过找到最后动作，埃琳娜就成功养成了新习惯。关掉水龙头的感觉和水流突然停止的声音都是感官上的输入，它们让提示变得非常具体、易于察觉。擦拭台面听起来只是一件小事，但埃琳娜告诉我，这导致她和丈夫之间产生了大矛盾。她的丈夫最无法忍受的，就是乱糟糟的台面，而自从她把擦拭台面这个简单习惯融入日程之后，居然改变了两人之间的紧张气氛。

表 4–1 中是一些模糊锚点的示例，以及基于特定最后动作修订后的版本。

表 4–1　找到锚点的最后动作

模糊锚点	锚点的最后动作
刷牙	把电动牙刷放回充电底座上
倒咖啡/茶	放下咖啡/茶壶
洗澡	擦干身体后挂好浴巾
剃须	把剃须刀放回充电底座上
赶到公司	到公司放下公文包
梳头	把梳子放回梳妆台

准备好做出改变了吗？你应该已经学会从锚点开始，创建微习惯配方。这基本就是我们前面一直在学习的事情。现在，我们不从新习惯入手，而是先找到既有日程，然后再插入新习惯。如果你每天早晨一定会清空洗碗机，那么之后可以插入什么新习惯呢？是把抹布叠好收起来，还是清洁台面？在系好安全带之后，可以插入什么新习惯呢？或许你可以放松一下，做一次深呼吸。如果你喝完咖啡后会把杯子放在办公桌上，那有什么新习惯是适合放在这个可靠日程之后的吗？或许是拿出待办事项清单吧。

从固定的每日日程开始，它们都可以作为锚点，之后再插入新行为。有些人已经培养了很多新习惯，但他们还想掌握这种进阶方法。他们可能会想先从找到锚点开始。无论采用哪种方式，创建微习惯配方的策略都不止一个。

在日程中找到最佳锚点

为自己设计“顺便习惯”

仔细观察既有日程，你就会发现碎片时间是培养新习惯的理想时段。我洗澡时，打开花洒后要等一会儿才有热水。我不喜欢洗冷水澡，所以我每次都是等水热了再开始洗，这需要大概 20 秒。这段等待时间创造了一个机会：在我打开花洒之后（等待时），我会……我把这类习惯称为“顺便习惯”（Meanwhile Habit）。

我在等热水的同时，想到了一件值得感恩的事，我拥有一个健康的身体，从肩膀的柔韧性到身体的自愈能力，都值得感恩。这种碎片时间人人都有：等红灯的时间，在杂货店排队的时间，浇花时间。与其在这些时间烦恼或胡思乱想，不如将它们当作锚点时刻，来培养新习惯。

新习惯从微小之处开始，并一直保持微小——我等热水只有 20 秒的时间。但千万别低估了“顺便习惯”的威力。持续的微行为能创造出巨大的改变。如果每天能对自己的身体心存感激，你可能会更有动力照顾好它。尽管大多数的顺便习惯都会保持微小，但你也有可能发现更大的时间碎片来培养它。

布里塔妮是一名职业女性，她有 5 个孩子，但仍坚持学习，她的床头摆放着许多书，而且越堆越多，这让她感到了压力。作为一名微习惯认证教练，她设计出了一个可靠的夜间阅读习惯，但这远远不能满足她的学习需求。布里塔妮想让有声书自然地融入自己的生活。经过一番探索，她创建了一个顺便习惯的配方：“在我系上安全带之后，我会按下有声书的‘播放’按钮。”于是，每天的通勤时间她都会听书。有了顺便习惯，布里塔妮现在每个月至少能听 5 本书，床边的书堆也不再是她的压力之源。

给用户的最佳提示

无论是开发App、募捐，还是敦促人们服用镁补充剂，对大多数企业来说，设计一个好提示都是至关重要的。事实上，不需要依赖用户行为的产品或服务几乎没有。没有提示，行为就不会发生。一个产品或服务的成功，离不开对的提示——在对的时间让用户采取行动的事物。

在如今这个App、电子邮件和社交媒体无处不在的世界中，我们承受着来自企业的一大堆情境提示的狂轰滥炸，以及一大堆旨在提醒的邮件和通知。不过，我现在要做一个会让很多人感到新鲜的预测：随着时间的推移，情境提示的作用会越来越小。企业为争夺用户会投入大量资金，但付出和回报却有可能不成正比。原因是什么呢？未来，情境提示将无法在正确的时间触达用户，或者被过滤掉、没被看到。越来越多的人即使看到提示，也有可能会跳过它们，就像我们看视频时跳过广告一样。

既然如此，那么未来企业要想成功，就要找到提示用户行动的替代方案。好消息是，我们还有行动提示。现在，极少有企业采用了行动提示，但我相信它们必将成为未来商业的黄金标准。那些帮助用户创建了行动提示的产品或服务，都有极大的可能获得成功。举例来说，假设你的公司需要病患每天测量一次血压。过去你们只能选择人物提示，靠病患进行自我提醒，但这显然效果不佳。于是，你开始使用情境提示：给病患发短信、在App上弹出一个红色提醒符号，或是让护士给居家的病患打电话。但这些提示的效果会逐渐减弱，因为他们收到的各种提示已经太多了。如果一味地增加情境提示不再管用，那不如转而选择行动提示。

想寻求好的行动提示，可以通过调研。挑选200名坚持测量和上报血压数据的病患，向他们询问："你们每天通常在什么时候测量血压？"然后，分析他们的答案并寻找行为趋势。假设，有26%的人是在坐下来喝咖啡、看报纸时测量血压的，有 21% 的人是在给宠物喂食之后测量血压的，有 17% 的人是在看自己喜欢的晨间电视节目时测量血压的，而剩余 36% 的人答案不一，从中看不出有什么清晰的行为趋势。

现在，你已经知道这些人的实际做法，并且掌握了一些数据，以便分析出哪些日常活动可以作为量血压的锚点。如果你想让更多病患每天测量血压，那可以告知他们有很多人在这 3 个时段测量血压。同时，询问他们："在这 3 个时段中，哪一个更适合你？"通过这种方式，你可以帮助病患找到生活中可以自然进行新习惯的时点，为每个人量身打造行为提示。你不需要再靠病患的自我提醒，也不用再发一堆烦人的通知。你不用期待病患能自己记得测量血压，因为你正在使用行为设计和行动提示的力量，来帮助他们成功。

我相信，这种方法对企业来说会越来越普遍、越来越不可或缺。相比于不这样做的企业，那些靠提示来把握用户习惯的企业拥有更大优势。

"珍珠习惯"，管理压力与焦虑

一旦学会设计和重新设计生活中的提示，就能以一种全新的方式来管理人生中的压力与焦虑。

在人生中的前几十年，高质量睡眠一直是我的一大挑战。我深知睡眠的重要性，但我的头号健康问题恰恰源于糟糕的睡眠。卧室里的空调在半夜自动关停时，总是会发出声响把我吵醒。我想过要换一台更高档的空调，但后来我找到了一个更快更简单的解决方案。某天晚上，我又一次在半夜被吵醒，在空调又一次发出声响之前，我决定把这个噪声当作放松脸部和颈部肌肉的锚点。我的具体配方是：在我听到空调关停的声响之后，我会放松放松自己的脸部和颈部肌肉。

MY RECIPE

微习惯配方

在我……	我会……	为了让大脑牢记这个习惯，我要立即：
听到空调关停的声响之后，	放松放松自己的脸部和颈部肌肉。	☺
锚点时刻	**微行为**	**庆祝**
生活中某个可以提醒你执行微行为（你的新习惯）的既有日程。	你想要培养的且已经缩小到超微小、超容易完成的新习惯。	可以在你内心创造积极感受（我称之为“发光”）的事情。

这招奏效了，我很快就养成了固定的习惯。一听到响声，我就会让自己放松下来。因为这个正向的结果，每次空调发出关停的声响，我反而会觉得开心，因为这是在提醒我，放松下来就能睡个好觉。

我将这些习惯称为“珍珠习惯”（Pearl Habit），因为它们的本质是将原本惹人厌烦的事情，转化成美好的提示。我个人的例子可能说明不了太多，但最近我听说埃米也做了类似的事情，她以一种创造性的、积极的方式成功发挥出最后动作的力量。埃米解决了一个比我的睡眠烦恼更加棘手的问题，并在这个过程中创造出了一个极其出色的“珍珠习惯”。

埃米和丈夫离婚时，从律师到法庭指定的儿童心理疏导师，每个人的态度都很尖锐。由于最终的监护权问题，她和丈夫互相充满怨怼，但他们又不得不时常面对彼此。几个月后，埃米注意到一件事：她每次和前夫发生争吵，一整天里会有数次想起这件事，这会让她一次又一次感到沮丧、愤怒或自责。于是，她决定试着改变这种状况。

埃米无法掌控前夫的言行，也无法掌控他们之间的互动情况。前夫的恶言恶语就像坏天气一样阴晴不定——有时难以预料，有时突然爆发。但可以预见的是她之后的感受，于是她决定改变这种状况。她的目标是摆脱前夫对自己情绪的影响。埃米将前夫的言行当成提示，制订了一个计划：每当因为前夫的言行而生闷气时，就要立刻去做能取悦自己的事情，比如播放自己最喜欢的乐队的新专辑，或自己想听但一直没空去听的那本有声书。有时候，埃米会直接开车到星巴克，点一杯自己最喜欢的饮品。只要能让自己好受一点儿，做什么都行。一天当中，埃米能够独处的时间很少，她发现，把新行为当作"善待自己"的习惯会事半功倍，这既能让她夺回一些情绪控制力，还能让她好好爱自己。"在我感觉受到冒犯时，我会考虑去做一些能取悦自己的事情"，这就是埃米的成功习惯配方。

这样做的效果极好。面对前夫的恶言恶语，埃米既不再选择反击，也不再一个人生闷气，她会对自己说："看吧！他又在骂我。看来，我该去看那部我一直想看的电影了！"与其争吵，不如不予理会。埃米转身继续做自己的事情，安排晚上的计划。埃米的生活没有因糟糕的事情跑偏，她也不再时常回想那些争吵……管他呢。埃米开始把丈夫的谩骂视为意外的礼物。毕竟，这提醒了她要好好爱自己，难道不是吗？埃米知道这种逻辑着实有些可笑，但尽可能宽容以待的做法，的确帮助她渡过了难关。

幸运的话，埃米不会遇到能让她有如此感受的人。但现实是，我们无法将生命中那些糟糕的人或事一一剔除，因此有时不得不忍受待事不公的、烦人的或举止恶劣的人。不过，我们可以掌控自己这一边。埃米巧妙地利用提示做到了这一点。用他人的行为来提示自己做出正向而非自我挫败的行为，在感到无助时不失为一个好主意。而且，埃米从中得到的积极影响远超她的初衷。孩子们也曾夹在父母中间左右为难，但如今每周交接后，他们的压力似乎也减轻了。埃米还注意到，自己的冷静态度似乎也影响到了前夫，她让前夫的怒气就像气球消了气一样。虽然前夫偶尔还是会冒出几句尖刻的话，但他似乎有些心口不一了。这么久以来，埃米第一次敢期待，他们也许还有做朋友的可能，或者至少是做两个举止文明的家长。这种想法的转变也影响了埃米的前夫，不久，他就彻底不再对埃米恶语相向了。埃米记得有一次，她把孩子们送到前夫那里之后，前夫还跟她开了个玩笑。两年多来，他们难得一起露出笑容。休战成了他们之间一种无言的默契，而仅在一年前，她根本连想都不敢想。

MY RECIPE

微习惯配方

在我……	我会……	为了让大脑牢记这个习惯，我要立即：
感觉受到冒犯之后，	考虑去做一些能取悦自己的事情。	
锚点时刻	**微行为**	**庆祝**
生活中某个可以提醒你执行微行为（你的新习惯）的既有日程。	你想要培养的且已经缩小到超微小、超容易完成的新习惯。	可以在你内心创造积极感受（我称之为“发光”）的事情。

最近我因为一个项目打电话向她求助时，她告诉我，她和前夫不久前一起为小女儿办了一场毕业派对。我说，这不只是太棒了，简直就是不可思议。她笑了笑，说道：“相信我，没有人比我们自己更震惊了。”我接着问道她是怎么做到的，

她说这与同情心有关。通过将前夫的消极行为当作提示，让自己做出积极行为，她变得更快乐也更有同情心了。彻底摆脱耻辱感和挫折感之后，她能更清醒地思考了。她意识到，前夫可能并不像她那样投入了大量时间来锻炼待人接物的技能。在这段婚姻中，她扮演了前夫的情绪社交缓冲区的角色。所以离婚之后，他就得靠自己去解决这些问题。埃米知道那对他来说很困难，所以对他产生了同情心。

人类天生就能察觉别人对我们的感觉，即便他们没有明确表示出来。埃米认为前夫感受到了她的态度转变和随之而来的同情，所以也开始转变自己的态度。她还告诉我，这完全在她的意料之外。创建善待自己的习惯时，她只是想保护自己，扭转沉重局面而已。

这就是磨炼技能、用巧妙的方式尝试新方法时所带来的好处。埃米用提示来改变自己和前夫的行为，以修复彼此的关系，这是一种特别的、极具创造性的方案。埃米的故事说明了一个并不独特的道理：最开始的那个积极习惯在埃米自己和他人的生活中都引发了连锁反应。

微习惯如此美妙是因为它能引发连锁反应，而其中的奥秘就是：成效最佳的改变，源自感觉良好，而非感觉糟糕。埃米精心地用提示来设计改变，使自己立于不败之地。那些改变之所以奏效，是因为它们帮助埃米做到了她已经想做的事情。那成功之后呢？感觉如此美妙，让她想一直追寻。而且，她越来越有自信，只要自己精心设计，就能拥有更多美好。埃米越来越能让行为变得容易做，而且越来越喜欢设计提示，这让开始一个新习惯变得轻而易举。轻松的过程进而增强了改变的动机，这也让她更愿意去尝试新的看似更困难的事情了。

埃米能如此成功还有另一个原因，那就是她迈出了能引起涟漪的最后一步：庆祝。她会用微习惯策略的技巧，立即创造积极情绪。庆祝，这正是我们的下一个主题。我将在第 5 章分享的技巧，能帮助你改造大脑，快速又轻松地养成习惯。

TINY EXERCISES

为用户设计“定制化”提示

练习 1：对困难习惯的分析

你每天都会做的习惯（或日程）清单是非常宝贵的资源。你可以从清单上任选一个可靠的习惯，作为新习惯的提示，即锚点。

把一个完整的工作日按步骤拆解为不同的部分，这样有助于你将庞杂的习惯列为清单：

❶ 列出每天早上你到公司之前的所有日常习惯。

❷ 列出你在午饭前的所有日常习惯。

❸ 列出你在中午时的所有日常习惯。

❹ 列出午后你的所有日常习惯（大多数人在下午可能没有几个可靠的习惯，不过这没关系）。

❺ 列出下班时你的所有日常习惯（或许你只有少数几个习惯，但它们可以成为新习惯的绝佳锚点）。

❻ 列出下班后你的所有日常习惯（包括在家里的那些习惯）。

❼ 列出上床睡觉前你的所有日常习惯。

❽ 保存这个清单，下一个练习会用到它。

练习 2：基于既有习惯清单创建微习惯配方

培养新习惯有一种快速高效的方法，那就是先分析既有日常习惯，再找到可以插入其后的能自然发生的新习惯。在练习 1 中，你已经创建了一个庞杂的日常习惯清单，现在就要用到它了。

1. 从习惯清单中找出一个你绝对不会忘记的可靠习惯。
2. 思考有什么新习惯可以很自然地跟在这个习惯后面发生，多想几个。
3. 在步骤 2 的那些新习惯里挑出你最喜欢的那个，按照“在我……之后，我会……”的格式创建一个微习惯配方。
4. 重复步骤 1 到步骤 3，再挑出两个可靠习惯并再创建两个微习惯配方（同时实践 3 个习惯能收获更多）。
5. 开始实践你的新习惯（别太严肃也别太紧张，放松点儿，尽情乐在其中吧）。

练习 3：创建“珍珠习惯”，将不利变有利

这个练习是为了在困局中将不利变有利。

1. 至少列出经常困扰你的 10 件事（排长队、摩托车的噪声、邻居家的狗狂吠等）。
2. 选出清单上出现得最频繁、最烦人的事项。
3. 探索在烦恼之后你可以做的新的、有益的习惯，提出至少 5 个选项。
4. 在步骤 3 的结果里挑选出你的最佳选项，并为之创建一个微习惯配方。例如，在我发现自己必须排长队之后，我会练习单腿站立，然后再换条腿继续。
5. 开始实践你的“珍珠习惯”（留意烦恼程度的变化）。

在进入第 5 章之前，我们再次请出 PAC 小人（如图 4-7 所示）来帮助我们回顾已经学习过的有关提示来源的知识。

图 4-7 PAC 小人 - 生活中常见的 3 种提示

TINY HABITS

05

创造积极情绪，将行为固化为习惯

HABITS

庆祝是习惯养成的“肥料”。
每一次庆祝都会让相应的
习惯牢牢地扎根，
而坚持庆祝的
累积效果会滋养整座
“习惯花园”。

琳达在冰箱上贴了一张明信片，就贴在孩子们的手绘作品旁边。明信片上是一张黑白插画，画上一名有着 20 世纪 50 年代装扮风格的家庭妇女正在打电话。这个女人精心打理过的发型上画着一个对话泡泡，写着："只要到了下午 5 点孩子们都还好好的，那我的任务就算达成了。"

琳达一看到这张明信片，就放声大笑了起来，但她很快陷入了沉思。插画上的文字表达了一种自我接纳的态度，那正是琳达梦寐以求但总觉得难以做到的。她已经为孩子们付出了很多，按道理讲她应该对自己感到满意的，但从情感上来讲，她又无法感受到这种自我接纳与自我认同。这就是她把明信片贴在冰箱上的原因。"这位女士的心态真是让人羡慕啊！"琳达边叹气边说。琳达的丈夫回到家看见冰箱上的明信片时，却面带讽刺地皱起了眉头。

这个场景发生的时候，琳达还是一位全职妈妈，需要照顾 6 个不到 13 岁的孩子。她喜欢跟孩子们一起待在家里，这是她最向往的生活，但又让她总觉得有些不堪重负。每晚倒头睡下时，满脑子都是当天没有做完的事情：汽车后座上的香肠渣我应该用吸尘器吸一下；干洗完还没叠的一大堆衣物我应该收拾一下；儿子因为推搡妹妹挨了打，他满脸不开心，我应该好好和他沟通的；水槽里堆满了脏盘子，我应该把它们都洗干净再睡的，如果是我妈妈，她绝对不会任由它们这样摆着。这些未完成的琐事刚开始只是琳达待办事项清单上的"小额赤字"，最后却越滚越大，越来越糟糕。夜里在琳达脑海里闪现过的每一项未完成任务，都变成了她对自己的谴责，让她觉得自己不是一个合格的母亲，也不是一个合格的伴侣，甚至觉得自己做人都很失败。

一些晚上，琳达会不停地把牛奶拿出冰箱又放回去，也许连 20 世纪 50 年代传统的家庭主妇都无法认同她的生活。作为一名母亲，琳达每天到下午 5 点钟都忙不完，而且她无法肯定这样辛勤付出的自己。时不时地看一眼冰箱明信片上那位女士，并没有给她多少鼓励，反倒提醒她自己离那种勇敢接纳自己的态度还有很远。

时隔多年，琳达跟我讲起这个故事，我并不觉得惊讶。我在研究中发现，成年人有很多种跟自己说“我做得不好”的方式，却很少掌握对自己说“我做得不错”的方式。我们极少认可自己的成功，也很少对自己取得的成就感觉良好。

你或许会觉得，对自己的小成就感觉良好有些奇怪。就像琳达一样，在日复一日的蹉跎和年复一年的挣扎中，你眼里或许就只看得见自身的缺点了。我要告诉你，你并不孤独。这就是我为你撰写本章的原因。在接下来的部分，我将向你展示如何获得那种在任何时候都能感觉良好的“超能力”。你可以使用这种超能力去改变你的习惯，并最终改变生活。

感觉良好是微习惯策略的重要组成部分。你可以通过我称之为“庆祝”的技巧来创造这种良好感受。采取微习惯策略来进行庆祝，你就可以根据需要创造出一种内在的积极感受。这种积极感受能够帮助你将新习惯固化到脑海当中。你会发现“庆祝”有奇效，而且它又快又容易做到，还很有趣。

庆祝是一种特殊的技巧，既能为人们带来行为改变，也能让他们产生心理转变。假设，琳达有办法调整自己的心态，减少失控感，她的夜间反省也许就没那么痛苦了。因为事实上，她的一天中，待办事项清单上既有“赤字”也有“盈余”，既有高压时刻也有成功时刻。她可能没有给汽车座椅吸尘，但她的确准时把孩子们送去上学、踢球和学小提琴了；她或许没有完美地叠好衣物，但她的确清洗和甩干了所有脏衣服；她或许没有洗干净所有碗碟，但她的确为孩子们做了他们都喜欢的健康餐食。当时，琳达尚未理解，拥抱这些小小的成功就是她改变行为和生活的一种方式。这些成功时刻一直都在，但跟很多人一样，琳达需要掌握一些技巧才能学会为它们庆祝。

我还没有完整地讲出我是如何成功地快速养成用牙线洁牙习惯的。接下来，我会从福格行为模型的角度介绍我的行为。我让用牙线洁牙变得更易做到，同时找到了一个绝佳提示。看起来进展得不错，对不对？不过，这不是全部，帮助我养成习惯的还有一个不可或缺的技巧。我是偶然发现这个技巧的，那时候我承受着巨大压力，每天都极其难熬。我的新业务开展得不太顺利，我年轻的外甥不幸去世。这些事带给我日复一日的影响，我好几个星期都无法睡个好觉。在大多数夜里，我都非常焦虑，经常在凌晨3点醒来。我只能上网观看宠物小狗的视频，这是唯一能够让我冷静下来的事情。这样做的结果是早上起床时，我经常迷迷糊糊的，可也只能这么开始一天的生活。在卫生间洗漱时，我会避免照镜子。我不想看到镜子中那个看起来糟糕、自我感觉糟糕，甚至不敢直面生活的自己。

有一天晚上情况特别糟糕，看狗狗视频也不能让我平静下来，到了第二天早上，我极不情愿地看了看镜子里的自己，心想，倒霉透顶的一天又开始了。我觉得自己不只是在经受挫折，简直就是失败连连。在完成早晨各项日程的过程中，我拿起了牙线清洁牙齿。这时候我想，即使今天所有事情都出错了，也不算是彻底的失败，至少我清洁了牙齿。我对着镜子里的自己笑了笑，说出一个词：胜利！然后我就发现，我的感受发生了一些变化，我内心曾经漆黑一片的地方仿佛照进了一道光。我感觉自己没那么焦虑了，而且有点激动。我知道我还想再次拥有这种感觉，但接着我又开始担心会失去这种感觉。我的外甥刚刚过世，我的生活似乎也正在崩溃，清洁一下牙齿就能让我感觉更好些吗？这听起来不可思议。那到底是什么让我感觉变好的呢？

如果不是因为我是一名行为科学家，而且对人类的天性有着无尽的好奇心，我可能就对此一笑了之。但我问自己，用牙线清洁牙齿为什么会让我感觉变好了？是因为清洁牙齿本身吗，还是因为我对着镜子说了“胜利”，抑或是因为我笑了？那天晚上，我又尝试了一次。我用牙线清洁牙齿，然后对着镜子里的自己微笑，并且说出“胜利”。在随后的日子里，虽然也经历了颇多艰难，但我仍坚持用牙线洁牙并且轻轻地对自己说一句“胜利”。通过这个简单的动作，不管发生了什么，我都能在每一天创造让自己感受良好的片刻时光，而这实在太珍贵了。

MY RECIPE

微习惯配方

在我……

刷完牙之后，

锚点时刻

生活中某个可以提醒你执行微行为（你的新习惯）的既有日程。

我会……

用牙线洁牙。

微行为

你想要培养的且已经缩小到超微小、超容易完成的新习惯。

为了让大脑牢记这个习惯，我要立即：

庆祝

可以在你内心创造积极感受（我称之为“发光”）的事情。

那时候，虽然尚不明白小小的庆祝动作为何能带来如此振奋人心的效果，但我感受到了一种重要的转变。我开始把“胜利宣言”和其他新习惯融合在一起，我注意到，做出庆祝的动作能让我更容易养成新习惯。于是我又尝试了多种不同的庆祝方式，包括给自己点赞，或是挥舞紧握的拳头说一句“太棒了”。此外，我还发现了一些静默的庆祝方法：只需要微笑并在脑海中说“耶”，就能营造出一种成功的感觉。2011 年，我开始跟其他人分享微习惯策略时，直接把庆祝纳入了其中。我并没有解释为什么要这么做，我只是说“做完新习惯之后，为自己庆祝一下”。后来，在给教练们做微习惯策略的培训和认证时，我了解到并不是所有人都能很自然地为自己庆祝，对有些人来说，这甚至是很别扭的事。

即便我已经指导过他们如何庆祝，还是有些微习惯实践者对此不以为然，他们或是觉得庆祝环节可有可无，或是觉得这么做显得有些做作。即便是深入学习过我的方法的专业人士，时不时地也会忽略为自己庆祝这个动作。我开始加大力度强调这种技巧，因为我越来越相信，获得良好的感觉是帮助我们养成习惯的最佳方式。我确信这一点，事实也证明执行“庆祝”这一技巧的那些人是最快养成习惯的人。更重要的是，为自己庆祝过的人告诉我，这个小小的改变产生了惊人的影响。他们说自己开始对养成新习惯充满期待，因为这样做之后就能享受庆祝的快感了。有些人还问我：“这是不是有点太疯狂了？”不是的，期待庆祝的时刻实际上是一个非常好的信号。

为什么我会对庆祝这个动作如此执着呢？要解答这个问题，我们先回顾一下微习惯发展早期的情况。

我最开始分享微习惯策略几个月后的一段经历让我印象深刻。当时，我正在阅读伦达发来的电子邮件，她是写信来感谢我的。她说我提出的庆祝技巧对她的人生产生了重大影响。令她惊喜的是，她最终发掘了自己的潜力，她因此而感到自信。开始实践微习惯策略后，她逐渐意识到自己过去一直在妄自菲薄。

伦达的这个发现引起了我的兴趣。它让我更加坚定地向他人分享微习惯策略，尤其是庆祝这个强大的技巧。多亏了伦达，我调整了努力方向：我不能让微习惯项目只停留在研究层面，它需要全面介入现实。为了实现这份追求，我开始拓展学习。我想要弄明白，为什么只是说出“胜利”这个小小的词就能让人产生如此巨大的变化。为什么庆祝这个技巧那么迅速地帮助我稳固了用牙线洁牙的习惯？为了找到答案，我坚持向数以千计的微习惯实践者传授庆祝技巧，并每星期衡量这一技巧的影响力。在日常生活中，我也观察到，包括世界级运动员在内的一些人，都会很自然地庆祝自己取得的成绩。我查阅了科学文献，发现尚无人钻研这种现象，但相关的概念却随处可见。经过多年来坚持拼凑这些碎片信息，我有了自己的答案。当我们有效地进行庆祝时，大脑里的奖励通路会被激活。通过在恰当的时刻为自己创造良好的感觉，你能促使大脑识别并铭记刚才所执行的一系列行为。换句话说，你可以依靠庆祝和自我强化来“搞定”大脑，从而养成习惯。在研究中，我发现尚无人研究、描述或命名过这一技巧。这让我意识到，我这样钻研和与人分享庆祝技巧是有开创意义的举动，可以帮助人们变得更好。

是时候跟感觉良好打个招呼，说声“你好”了。

STEPS IN BEHAVIOR DESIGN

行为设计的步骤

1. 明确愿望
2. 探索行为选项
3. 为自己匹配具体行为
4. 从微习惯开始
5. 找到“对”的提示
6. 庆祝成功

行为设计，本质就是情绪设计

宝宝们迈出人生第一步时那种纯粹的、无拘无束的快乐，往往让为人父母者记忆犹新。有些场景虽有所不同，但情节却是相似的。小宝宝靠着茶几站起身来，左摇右晃却脚步坚定地绕着圈走上好一会儿，不远处孩子的妈妈密切注视着这一切。孩子的爸爸多半也正趴在沙发上，拍摄这一宝贵时刻。可能他们鼓励小宝宝走路已经有段时间了，看样子今天就会是那历史性的一天。终于，小宝宝鼓足了勇气，将一只手从茶几上挪开。妈妈伸出双臂说道："来吧，宝宝，你能做到的！"

这个蹒跚学步的宝宝迈出了一步，接着又迈出了一步，再一步，然后倒在妈妈的怀抱里。"耶！干得好，我的宝贝女儿！看看你呀，你会走路啦！"孩子爸爸或许会放下手机，给小宝宝送上一个大大的拥抱，或许还会抱着咯咯笑的小宝宝转几圈。

走路这种行为，需要不断地重复，直到它变成第二天性。当一个宝宝学会走路时，父母会为他们鼓掌庆祝，这是全世界父母都会做出的自然反应，这种行为只有一个目的：在正确的时机进行庆祝能够帮助孩子们更高效地学习。我说的可不是像"背乘法表"这种学习。从心理学角度来看，学习是大脑为了响应环境而促成行为变化的过程。这些变化的进化目标是让我们更有可能生存、发展和繁殖下去。

一系列的积极体验可以强化新行为，让人形成习惯性的反应。例如，能带给你即时愉悦感的任何事物都可以强化行为，并提高其在未来发生的概率。出于这种原因，食物可以成为一种强有力的工具。不管你是想要训练狗狗学会坐下，还是想要让学生们准时上课，在一开始时提供些零食既能优化行为，又能强化习惯。

几年前，在斯坦福大学的实验室里，我们想看看采取幽默的方式能否有效地促进人们形成回收习惯。我们组装了一个回收箱，每次人们把东西放进去时，就会听到从动画片《辛普森一家》里剪辑出来的一段搞笑音频。当有人把空汽水罐扔进去时，箱子会响起父亲霍默·辛普森那极具辨识度的声音："玛琦，邮件在这里！"我们悄悄地把回收箱放到圣何塞的一场贸易展上去测试效果。我们发现人们用到这个回收箱时，又惊讶又开心。有些人四处搜寻各种碎纸片，就是为了把它们扔进回收箱，想要听到更多的搞笑音频；还有些人会从回收箱里面把东西拿出来，再放进去。像这样的回收箱能够帮助人们培养回收习惯吗？或许能吧。但不管怎样，我们的方向没错。幽默的方式所带来的积极感受能够强化人的行为。

缓解身体上的、精神上的或心理上的不适也是一种积极体验。想象在一天的凌晨 3 点，你又一次失眠了。你很焦躁，满脑子都是工作。明天是一个重大项目的交付期，所有人都拼了命地想要完成项目交付。你是经理，得想方设法让事情向前推进。就在躺着睡不着的时候，你很担心明天早晨邮箱里全是有关"出现了效率瓶颈"的邮件。这种担忧让你很焦虑。于是你翻过身来，从床头柜上拿起手机，开始翻查电子邮件。幸好，没什么急事需要处理，你感觉松了一口气，这是一种积极的体验。当你又一次在半夜醒来时，你还想找到这种体验。你检查了收件箱，再次感受到宽心……然后检查电子邮件就逐渐变成了你的一种习惯。在我参加一些公司演讲活动时，我会问听众是否觉得这个场景听起来很熟悉。偶尔会有超过 30% 的人举手承认自己有过这种经历，也养成了随时查收电子邮件的习惯，但少有人知道其原因在于那种宽心的感觉。

有些视频游戏，刚开始几关会让人很容易地获得成功。它们就是刻意这样设计的，让你产生继续玩的渴求。益智休闲游戏《糖果传奇》(*Candy Crush*)的下载量超过 20 亿次。它是一款简单且免费的消除游戏，在移动设备上也可以玩。第一关容易至极。为了强化你获得成功的喜悦感，设计师构建出了各种各样有趣的感官体验，有令人愉悦的叮当声和视觉设计。在玩家达成一定分数值后，页面甚至会直接弹出"Sweet"这个单词。结果，你真的很快就能感受到成功的喜悦，接下来，只要有两三分钟空闲你可能就会打开糖果传奇玩几关，因为游戏带来的体验是"甜美"的、很棒的。

虽然帮助人们形成新习惯的良好感受各有不同，但它们有一个共同点。积极的体验能够强化人的习惯，不是因为魔法，而是神经化学在发挥作用。良好感受刺激大脑产生名为多巴胺的神经递质，即“大脑中的化学信使”，它控制着大脑的“奖励系统”，帮助我们记住那些可以产生良好感受的行为，这样我们就会继续去执行那些行为。在多巴胺的帮助下，大脑会对因果关系编码，进而产生对未来的期望。

你可以改造这个奖励系统，办法是在大脑中创建一个神经科学家口中的“奖励预测误差”。它是这样运作的：大脑会持续地评估你身边的视像、声音、气味和运动，并根据过往经验推测你在不同情况下的体验。大脑可以预测到当你的手机摔到地上时你的反应，推测你最爱的海鲜杂烩浓汤的味道。当实际体验偏离大脑预期模式时，那就是遇到了“奖励预测误差”时刻，大脑里的神经元就会调整多巴胺的释放，刷新预期，重新编码。

我们假设你有每天写日记的习惯。某天早晨，你拿起一支装着紫色墨水的新笔，开始写日记时，你发现笔尖在纸上的划动非常顺畅，你写起字来毫不费力，就像拥有“超能力”一般，接着发现自己的笔迹都更好看了。用紫色笔写作带给你一种别样的成功的感觉，这对你的大脑来说是一种惊喜，也即奖励预测误差。这种惊喜的感觉促使你的神经元开始释放多巴胺，迅速将这个新行为编码成你希望重复做的事。当父母看见孩子学会走路，为此兴奋地尖叫起来时，同样的现象发生了。孩子的大脑释放多巴胺，将“走路”编码为某种美好的应该再次尝试的动作。

习惯来自让你感觉美好的情绪

一个人做出某种行为时的感受和他未来再重复该行为的概率，两者之间存在直接关联。当我发现在我所研究的微习惯策略中，情绪和习惯之间存在这种关联时，我惊异于自己以前没能发掘出这个真相。就像谜语被揭晓答案一般，这种关联突然就变得显而易见了。我甚至无法理解为什么这一洞见尚未变成人们的常识。

长期以来，人们一直相信“重复创造习惯”的古老智慧，执着于养成习惯所需要的行为重复天数。当今一些博主仍然将重复的程度或频率视为养成习惯的关键所在。他们这样只是在重复旧思想，尚未做出开创性的研究。

我研究发现，只要人们能对一种行为产生强烈的积极情绪，通常用不了几天就能形成习惯。事实上，有些习惯几乎是立即形成的，有些行为只需完成一次，你就不会再考虑其他选择，养成即刻习惯。例如，假设你给青春期的女儿买了一部手机，使用手机时开心的情绪反应会让她非常迅速地形成习惯，无须重复。在向大家讲授人类行为的知识时，为了直指核心，我将之简化为一句话：情绪创造习惯。无须一味重复，无须讲究频次，无须盼望奇迹，只需积极的情绪。

不管是为自己还是为别人设计培养习惯的形式，其本质就是在设计情绪。我们来思考一下 Instagram 是如何利用情绪来培养用户黏性的：拍完照后，你可以很容易地使用滤镜；在选择不同滤镜时，照片就像有魔法一般不断变化形态，照片已经不再是照片，你甚至可能感觉自己就像是在分享一件独特的艺术作品。你可能会为自己的这种技能感到惊奇。在发生这种情况时，人的大脑会释放多巴胺，你会寻找机会再次使用 Instagram，因为那带给你的感觉很好。

涉及行为时，决策和习惯是相反的。决策需要细思慢想，而习惯不需要。或许你每天早上起来需要花时间决定穿什么上班，但大多数人离开家的时候，不需要花时间决定是否要带上手机，人们往往直接就带上了，无须考虑。这就是自动的行为。

我做了一个简单模型来解释决策和习惯之间的区别，名为自动化度光谱

（Spectrum of Automaticity）。图 5–1 展示了决策与习惯在“自动化度”上的差异。

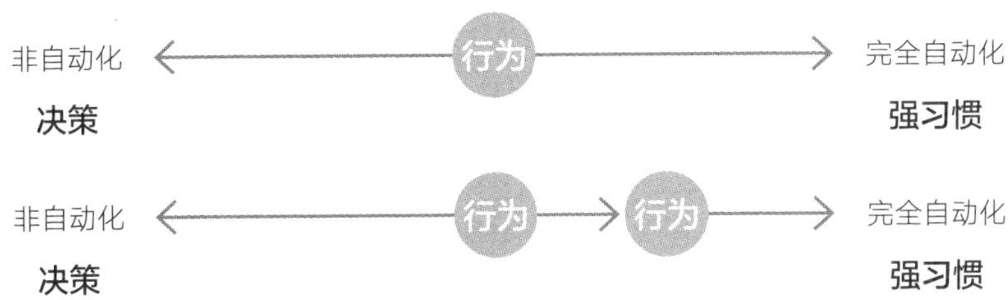

图 5–1 自动化度光谱上的行为

在光谱左侧，是非自动化的行为。它们不是决策，就是深思熟虑后的选择。在光谱右侧，是强习惯，是你不假思索就会做出的行为，比如拿笔或系鞋带的习惯。光谱中间的圆圈代表思考过片刻后才做出的行为，所以并不是完全自动化的。如果你做出了位于光谱中间的行为，在过程当中或在完成之后立即因它产生了积极的情绪感受，就会导致行为向右移动，变得更加自动化。

下面看一下使用优步和打出租车的差别。在第一次选择使用优步时，人们多半会在仔细对比过使用优步和打出租车的利弊后，才做出决定。我们假设你选择了优步，使用体验很好。毕竟，它让打车这件事情变得如此简单，帮你避免了很多麻烦。我第一次使用优步就觉得很高兴。我只需要按几个键，优步就像“魔法地毯”一般迅速地将我送达了目的地，它提供的服务超出了我的期待。

等到下一次需要出行时，我几乎不用多想就会选择优步。我压根儿就不再考虑打普通出租车。不需要花时间做决定，我会直接打开优步软件，按几个键。没错，这个习惯很快就形成了：只需一次体验。大多数情况下，要把决策过程逐渐变成习惯需要更多的时间，但有了积极的情绪结果会很不一样。

情绪创造习惯，这既有好处也有坏处。我们先来看看坏的一面。不管是好习惯还是我们不想要的“坏”习惯，习惯养成的总体过程都是一样的。不管人类是否认为凌晨两点吃蛋糕是不健康的行为，我们的大脑都只是希望享受吃蛋糕带来的愉悦感。一些行为带来的良好感觉很容易让我们养成坏习惯，这种行为有很多，因为大脑的奖励系统会受到情绪的直接影响，而相对较少受到人类社会对于是非优劣的判断的影响。作为人类，我们深受情感驱动，因此，大多数人都有着各种各样的习惯，有些是我们认为的好习惯，有些是我们不想要的坏习惯。

好消息是，我们在神经化学方面的研究表明，通过应用我们对大脑功能的一切所知，就能帮助大脑对好的习惯进行编码。怎么做？通过有意地创造积极的感受，并将其融入我们真正想拥有的习惯。当我们侵入大脑里的行为路径时，就打开了通往人类关于学习和改变的惊人潜能的大门。我们有机会使用大脑机器，去感受美好，改变行为。

融入习惯的正向强化方法有很多种，但我在研究和教学过程中发现，创造成功感觉是最有效的方法之一。

用庆祝滋养你的“习惯花园”

庆祝是创造积极感受并将其融入新习惯的最佳技巧，不用花钱，效果却立竿见影，并且适用于所有人。无论人种、长相、身高、收入和个性如何，都适用。此外，庆祝还让我们学会善待自己，这是能让所有人都受益匪浅的技巧。但先别急着把庆祝技巧与其他有关奖励的行为混在一起，让我们先后退一步再说。

很多习惯专家都主张用奖励来激发新习惯。他们之所以抓住这个正确答案不放，是因为奖励性的刺激确实能激活奖励电路。但就如同源自学术界的很多术语一样，“奖励”的含义已经变得极其模糊，在有些情况下没有任何帮助，甚至会有误导的情况。比如，你决心要连续两星期每天坚持跑步，两星期结束时，就“奖励”自己做一次按摩。我会说“不错”，因为对所有人来说，多做按摩确实是有好处的。但按摩并不是奖励，它是激励。[①]

行为科学对奖励的定义是提升某种行为再次发生的概率的一种体验。奖励的时机非常关键。几十年前科学家们就已经了解到，奖励的时机要么是在行为过程中，要么是在行为结束之后的那一刻。获得奖励时，大脑会非常迅速地释放和处理多巴胺。这意味着你必须抓紧时间衔接这种好的行为和感受，以推动习惯的养成。

虽然诸如销售奖金或每月一次按摩之类的激励措施也可以激励到你，但它们却无法融入你的大脑。如果激励措施在很长的时间间隔之后才发生，就无法为你的大脑提供编码新习惯最需要的多巴胺。“只要早上做 3 个俯卧撑，就奖励自己晚上看场电影”，这样的激励措施没用。健身行为和看电影带来的良好感受时间间隔太久，多巴胺实在无法在两者之间搭建桥梁。想要让神经化学反应在培养习惯时发挥作用，不仅要控制好时间，而且要因人而异做出安排。让一个人感觉良好的东西，对另一个人可能就是没效果。举例来说，可能你的老板特别喜欢咖啡的味道，走进咖啡厅，一闻到满室咖啡香时，她会感觉很好，而这种即时感受会促使她养成逛咖啡馆的习惯；但你的同事或许就不喜欢咖啡的味道，那么他的大脑对逛咖啡馆这种行为的响应方式就会有所不同。

真正的奖励才有助于培养习惯，但其含义的标靶远比大多数人想象的更为狭小。不管是在研究还是教学中，我都非常重视精准性。我尝试尽可能地使用含义具体且清晰的词汇。在我们的日常用语中，“奖励”这个词的含义已经变得极为混乱，在没有经过仔细定义的情况下，我不想使用这个词。它显得过于模棱两可，因而毫无帮助。

---

① 奖励，英文为 reward，通常是实际给予他人的东西，用来表示对他们所提供服务、所付出精力或所取得成就的认可，比如送给篮球爱好者几张门票，这就是奖励；激励，英文为 incentive，通常指可以用来激发他人下定决心或付诸行动的东西，比如宣告提出最多创意的人可以获得篮球赛门票大奖，这就是一种激励措施。——译者注

虽然“奖励”这个词语的含义变得有些模糊，但其背后的原理还是清晰的：人的大脑中有一套专门对新习惯进行编码的系统，我们可以通过庆祝来影响这个系统。只要能找到有效的庆祝方式，并在某种新行为发生之后立即庆祝，人的大脑就会重新编码，这能让我们更加自发自愿地重复这种行为。不过，习惯养成之后，就不必刻意进行庆祝了。你不需要无止境地持续庆祝同一个行为的发生。虽说如此，但有些人还是坚持庆祝，就因为这样做带来的感觉很好，而且还有很多积极的影响。

还有一点很重要，庆祝是习惯养成的“肥料”。每一次庆祝都会让相应的习惯牢牢地扎根，而坚持庆祝的累积效果会滋养整座“习惯花园”。对我们想种植的所有其他“习惯的种子”来说，培育成功和自信的感觉能够提升土壤对它们的抓力和供养力。

庆祝的原则，“及时又简单”

在第 2 章，我介绍了福格第一原则：帮助人们做他们已经想做的事。这一原则非常重要，因为它反映了很多成功的产品和服务所拥有的共性：帮助人们做到了早已想做的事。若非如此，产品或服务就不会受到市场的欢迎。我将这个领悟应用于帮助个人改变其自身行为上，效果也很好，因为成功的习惯源于帮助自己做早已想做的事。只要遵循福格第一原则并找到匹配的黄金行为，我们就能轻轻松松地调整动机，摆脱动机猴子，转而创造持久改变。

是时候分享**福格原则 2：帮助人们感受成功**。它跟原则 1 同样重要。原则 2 仅由 4 个词组成，却至关重要。这一原则并不是说帮助人们“获得成功”，而是“感受成功”。如今，那些发展迅速的产品或服务在这方面都做得很好。它们帮助我们感受到了成功。如果你观察一下自己喜爱的那些产品和服务，从在线购物平台到服饰、装饰品，再到日常使用的导航软件、社交软件和游戏软件，你会发现自己从这些产品和服务中收获了一种成功的感觉。

我们再回到 Instagram 打败众多竞争对手的案例上。迈克·克里格及其合伙人之所以能打败对手，是因为他们创造出了能帮助人们轻松感受成功的新产品。如果某款产品让你感觉自己很笨，很有挫败感，那你很难喜欢上它。但如果某款产品让你有了成就感，那你就会喜欢它，想要多多使用它，甚至离不开它。

这一道理同样适用于我们为自己的生活设计改变的情形。微习惯就是要帮助你感受成功。让习惯迅速且简便地在大脑中扎根的方式如下：

1. 执行你想要转化为习惯的行为序列（锚点结合新习惯）；
2. 立刻庆祝。

就这么简单？事实上，庆祝的步骤虽然简单，但也有许多需要注意的细节。接下来，我们聊聊需要谨慎对待的一些细节。首先，在行为完成之后立刻庆祝，这里要注意的关键在于“立刻”。即时性是影响习惯养成速度的因素之一。其次，关注你在庆祝时所感受到情绪的强度。这是一套“组合拳”：你得在行为之后立刻庆祝（即时性），同时需要真切感受到庆祝带来的积极情绪（强度）。

刚开始培养做俯卧撑的习惯时，我采用的庆祝方式是挥舞拳头，大声喊“太棒了”，这个方式很适合我，它立即为我创造出了一种积极的感受。然而，有些人或许会觉得这样的庆祝方式似乎有点傻，会觉得尴尬，没关系，你还有其他方式可以选择。

你不必一定要用伴随大幅度肢体动作的方式来庆祝。简单地微笑或是在心中默默地肯定自己，也有效果。现在就开始探索吧！找到让你感觉既舒服又开心的庆祝方式。如果在庆祝时有尴尬或强颜欢笑的感觉，反倒会适得其反。大脑可不想感到尴尬，它想要的是真正良好的感觉。庆祝是很私人的行为。能让我感觉良好又不觉得傻的庆祝方式，跟能让你感觉良好又不觉得傻的庆祝方式，很可能是不同的。

作为“庆祝组合拳”第一部分的即时性，往往不难做到，第二部分——要找到真正能够创造良好感受的庆祝方式才更有挑战性。解决办法或许会因人们的个性和民族文化有所不同而有所差别。有些人天生就更愿意去庆祝成功。如果你的性格很热情也很乐观，那你多半会觉得庆祝是很简单的事，甚至还会乐在其中。事实上，你可能早就习惯于为自己取得的成功庆祝了，只是没有留意而已。然而，如果你的个性是喜欢自我批判或是有些悲观导向，庆祝可能就没那么自然了。

我还发现，有些文化的特质，比如英国和日本的国民文化使人更习惯于自嘲或自谦，这样人们就不那么容易为微小的成功去庆祝了。无论你来自哪里，性格如何，都可以尝试去找到一种自然的，关键是对你有效的庆祝方式，来帮助自己迅速养成习惯。

就以我叔叔布伦特来举例，他曾是一个精明又务实的律师，如今已有 70 多岁了。他习惯于与人争辩，总是拿事实说话，从不习惯做任何庆祝的行为。在几年前的一次家庭聚会上，当我向家庭成员教授微习惯和庆祝的概念时，布伦特叔叔直接打断了我，说他从来没有庆祝过，因此庆祝并不适合所有人。我问布伦特叔叔如果他发现自己赢了官司会怎么做，布伦特叔叔咧嘴一笑，伸出手指指向天空中，微微一点说：“我赢了！”所有人都笑了，这绝对是布伦特叔叔会做的事，但我却说：“你看！说‘我赢了’就是你最自然的庆祝方式。”所以，我想告诉你的是，如果我这老顽固叔叔都能自然地为自己的成功而庆祝，那你肯定也能，只要有合适的方式即可。

庆祝不一定要用大声喊叫或动作夸张的方式来表达。它唯一的规则就是你必须说出点什么（在心里或真的说出来都行）或做点什么，任何能让你感受良好并产生成功的感觉的语言或动作都可以。让我感到惊讶的是，英语里没有哪个词可以完美地描述我们在体验成功之后所得到的那种积极感受。我翻阅了大量的相关科学文献，也在该领域进行了研究，所以很确信这一点，最接近这种感受的描述可能是“真心感到自豪”，但仍不够准确。于是，在3位世界级情感研究专家的鼓舞下，我决定用一个与众不同的词来描述成功的感受：发光（Shine）。

你早已体会过这种感觉：如果考试得了高分，你会感到自己在发光；如果你的演讲非常棒，在结束时人们纷纷鼓掌致意，你会感到自己在发光；如果你第一次做的菜肴闻起来非常美味，你会感到自己在发光。我相信庆祝这项技巧对培养习惯来说会有突破性的作用。原因就在于，通过巧妙地庆祝，我们可以创造出一种自己在发光的感觉，进而促使大脑对新习惯进行编码。

如果能亲自指导你使用微习惯策略，那我会先专注于教你如何为自己取得的成功庆祝。我希望帮助你感受到，庆祝也可以是自然的和有效的。我们可以一起练习，效果会很显著。我会先教你学会庆祝，然后再教你应用福格行为模型。庆祝必须是你首先要学会的，因为它是帮助人们养成习惯最重要的技能。虽然我不能亲自教你，但可以为你介绍一些有效的方式。

找到感觉最自然的庆祝方式

那种自然的、能打动你的庆祝方式，能够给予你养成习惯的超能力。如果你偶然发现了有效的庆祝方式，不妨代入下述场景，推测自己会如何响应。这能帮你打开思路，找到自然的庆祝方式，通过真实地感受发光时刻，来促进新习惯的形成。阅读下面的场景时，不要过度分析，只需跟随内心，做出自然反应就好。

1. 成功应聘理想工作的场景

你想在自己喜欢的公司应聘一份理想的工作，一路过关斩将，直至最终面试环节。面试结束后，招聘经理说：“我们会以邮件形式告知你最终结果。”第二天早上，邮件已经在你的邮箱中了。你打开邮件，看到的第一个词就是“恭喜你”！

这时候你会做什么？

2. 办公室场景

你独自坐在办公室里，有张纸需要扔掉，但回收箱在房间的另一个角落。你决定把纸揉成一团，扔进回收箱，但不是很有把握能扔得准。你很小心地瞄准目标，把纸团扔了出去。纸团飞出去，在空中划出一道弧线，随后自由落体，掉入了回收箱，真是完美一扔。

这时候你会做什么？

3. 夺冠场景

你最喜欢的运动队正在冲击冠军。双方比分相同，时间已经所剩无几。可就在比赛最后一刻，你支持的团队得分了，他们赢得了冠军奖杯。

这时候你会做什么？

你找到可以带给你发光之感的庆祝方式了吗？如果没有，那也可以再多多尝试一下别的庆祝方式。以下是一些庆祝方式，包括当你身处人群之中时可以采取的庆祝方式和适合在家中独自完成的庆祝方式：

- 说“太棒了”或“耶”。
- 挥舞拳头。
- 大笑。
- 想象孩子们在为你鼓掌。
- 哼一首你喜欢的乐观向上的歌曲。
- 跳跳舞。
- 拍拍手。

- 点点头。
- 给自己点赞。
- 想象一群人在欢呼庆祝。
- 在心里对自己说：干得不错！
- 深呼吸。
- 打响指。
- 想象看见烟花在绽放。
- 向上看，做出“V”的手势。
- 得意地笑，告诉自己：“我得偿所愿了！”

如果你还想尝试更多庆祝方式，可以参考附录。

不同场景，不同的庆祝方式

我鼓励你逐渐选择和积累多种庆祝方式，以在不同场景下使用，包括公众场合和私人场合。我最喜欢的私人庆祝方式是从迈克那里学来的。迈克在营销公司工作，是一位成功的创意总监。迈克想恢复昔日好身材，所以他打算从早上做些拉伸类短时练习开始。在试图养成练习瑜伽的习惯时，他先采取了入门步骤。早上烧好水泡好咖啡之后，他会在客厅里铺开瑜伽垫。

把瑜伽垫铺开，仅此而已。为了让这个习惯固定下来，迈克想出了一个独特的庆祝方式。他假装瑜伽垫就是拳击场，他会像漫威电影《洛基》主人公洛基那样将手臂摆出架势，哼着《老虎之眼》(*Eye of the Tiger*)主题曲，迈着拳击步来回跳动。有天早上，就在迈克放声高歌，摆足架势在空中挥拳的时候，他看见邮递员从客厅窗外经过。邮递员看见了迈克全情投入演练其入门步骤的画面。不过迈克很有自嘲精神，并不觉得太尴尬。不过，有些庆祝动作或许还是先拉上窗帘再做比较好。

在工作之中，在完成需要养成习惯的动作之后，只需在待办清单上打勾，并画一个笑脸，或者就只要在心里对自己说："没错，我搞定了！"就足以让你感到自己在发光了。如果是想在健身房耍酷扮帅，或许你可以假装在动感单车的把手上打鼓，或者是在脑袋里哼唱《我们是冠军》(*We Are the Champions*)。

有时候，你可以请他人来帮你庆祝。吉尔想在每天早上练习做深蹲动作，但她有些纠结该用什么方式为自己的努力庆祝。吉尔的女儿总是很想跟她亲近，每次吉尔做深蹲的时候，女儿就会靠在她旁边也学着做深蹲。有一天，做完深蹲后，吉尔决定要跟女儿击个掌。那种感觉真好，她后面几天都这么做了。一个有女儿陪伴的特别的庆祝动作就这样诞生了。

不管你用什么样的庆祝方式，激情高歌或默默赞赏，都可以，关键是你的庆祝动作要能创造感觉，内在的成功感觉。

效果超强的庆祝方式

在大量的庆祝方式之中，我推荐你保留至少一个效果超强的庆祝方式，我称之为强力庆祝。对那些需要极迅速地固定下来的习惯来说，强力的庆祝还是很重要的。

当我需要很强的发光感时，就会回想我在加利福尼亚州读四年级时的老师，我会想象这位出色且严厉的老师拍拍我的肩膀，对我说："做得好！"这会让我备受鼓励，感觉超棒。这种庆祝方式会为我创造出一种强烈的发光感。我不会随意滥用这种庆祝方式，而是会把它留到需要快速养成习惯的时候再用。

没有感觉时该怎么办

借助庆祝养成习惯有时候挺让人抓狂的。有些人或者就是不愿意刻意庆祝，或是尝试了很多种庆祝方式但还是觉得这只是一种自我欺骗。如果出现了这些情况，问题就不只是找到正确的庆祝方式那么简单了，我们得进行深入观察。

我们再来看看吉尔的情况。在参加微习惯课程学习庆祝技巧时，吉尔就学得有些吃力。她可不缺少庆祝的方法，在高中时，她是打竞技篮球的，每次投篮得分之后，她都会动作夸张地挥拳庆祝，这种庆祝方式甚至很可能已经固定在了她准确投篮的习惯里。

问题在于，过去做起来很自然的庆祝方式，如今再看却有点傻。“有些尴尬”，这是她跟微习惯教练沟通时用的词。为什么？练习深蹲和三分投篮命中之间到底有何区别？吉尔最终意识到，她之所以觉得为深蹲而庆祝有些尴尬，是因为她觉得深蹲练习不配得到这样的庆祝。为一记妙投而陶醉时，她是真心认为这件事值得庆祝的。但生活中的一些琐事呢？算了吧，她觉得这事换谁都能做到，不需要什么技巧，或者付出，抑或是天赋。所以，吉尔总觉得为这种小小的成功而庆祝显得很傻。

你或许也在思考同样的问题：只是做了两个俯卧撑，或清洁了一下牙齿而已，有什么值得庆祝的？以下是 3 个理由。

理由 1，这就是行为系统的运转方式

假设你家的客厅里有一台旧电视，它总是无缘无故地黑屏，但往往拍打它几下就又好了，这毫无逻辑可言，但每次都管用。工程师或许能够告诉你原理，但那不重要，因为你已经得偿所愿，可以继续看电视了。习惯的养成也是同样的道理。行为系统中也有不可见的组成部分，但是我们已经了解到的是，多巴胺是促使习惯固定下来的一个关键元素。

理由 2，庆祝是一种技巧

为小小的成功而庆祝对你来说可能还不是能自然做出的动作，那也没关系，

只要多加练习就好了。我在学拉小提琴的时候，老师亲自示范了握持琴弓的正确方式，但我很抗拒。我想按照自己的方式来握持琴弓。她坚持说正确地握持琴弓是熟练弹奏小提琴的唯一方式。我听不进去，结果一直无法进步。后来我终于明白，她是对的。

所以我要说的是，你固然可以抗拒学习庆祝这项技巧，但要知道那样你就放弃了养成习惯的最佳方法。对大多数人来说，相比于养成习惯要付出的代价，学会为自己庆祝要付出的努力压根就不值一提。

理由 3，你正在做值得庆祝的事

这是最重要的一个方面。因为，认可自己在做值得庆祝的事将会极大地改变你。不再执着于自我批评、学会享受成功带来的良好感受，这种能力不只能帮助你养成微习惯，还会让你以更积极的方式经营自己的生活。

我跟所有学生都说过，能够完全按照计划去执行新习惯是个不小的成就。我认为，无论改变的程度或速度如何，能做出改变本身就是一件相当了不起的事情。难道这不值得庆祝吗？如果你觉得为芝麻大小的事庆祝很难，那多半是一种“要么做到最好，要么干脆不做”的思维在作怪。别听它的，那是个陷阱。无论你取得了多么微小的成功，为这个成功而庆祝都能很快带来更多成功。回想一下那些你本可以改变却没有改变的事吧。做两个深蹲，你正在改变，这就足够了。

庆祝还能帮助你发现你所做的事情中更深层的意义。从表面上看，微习惯很小，但只要深入研究，你会找到做一件事的真正原因，会发现其背后的价值，即使是生活琐事也值得庆祝。

举例来说，吉尔想要养成吃完早餐后清洁柜台的习惯，但她很难在庆祝时感到发光，这也导致习惯难以固定下来。于是，她开始思考清洁柜台背后的意义。为什么她这么积极地想要养成清洁柜台的习惯呢？为什么这很重要？

吉尔回答说是因为这对她丈夫来说很重要，而她丈夫对她来说很重要。在她家里是丈夫科林负责做饭。如果下班回家后看到厨房柜台一团糟，柯林会变得兴致全无。这会打击他为家人烹饪美食的动力。柯林已经多次提醒吉尔要把清理工作做彻底，但吉尔总是会忘记，要么就是没有时间。这就是人们会争吵不休的小事，紧张气氛会因为这些小事而不断加重，直至顶峰，矛盾一触即发，矛盾爆发时的破坏力可能会比你想象中大很多。而在吉尔成功清洁柜台的那些日子，家里的气氛会好很多。科林回到家里，会做一顿大餐，全家人一起享用。清洁柜台是件小事，但同时也是一件大事。当吉尔转变视角，把清洁柜台视为为女儿创造和谐的家庭氛围，以及改善夫妻关系的方式时，就发现这真是值得庆祝的事。这件事让吉尔找到了为小成功而庆祝的意义，也进一步帮助她养成了好的习惯。

庆祝小事，迅速感受到成功

接下来，我想劝告你：降低对成功的期望。听到我这么说，有时候人们会忍不住倒吸一口气，或是揶揄一笑，或是觉得我在开玩笑。但我是认真的。在这个追求功成名就、强调说到做到的时代，我反而希望你降低对成功的期望。这不是因为我不希望你取得卓越成就，而是因为你需要从小处着手，方能成就大事。但要成功地从小处着手，就不能轻视小事。为什么我们会在小宝宝迈出第一步时为她鼓掌呢？不是因为她做得很完美，也不是因为她付出了努力，更不是因为她比隔壁小宝宝做得更好。我们为她鼓掌，是因为这是一个人一辈子行走奔跑的第一步，是非常重要的一小步。

接受和尊重小事的重要性就是我们为成功做出改变的必然选择，对一些人来说这或许不容易做到，但没关系，我在下面列出了一些策略，有助于你培养成功的感觉，你大可一试：

- 让小孩子跟你一起庆祝，他们非常擅长此事。吉尔发现，带着她 3 岁的女儿一起庆祝能够帮助她真实地感受到发光。

- 做些身体动作，例如微笑、挥舞拳头或摆出“神奇女侠”的姿势。有时候身体动作能够让人产生积极的感受，找到发光的感觉。
- 庆祝时，想象你是在为所爱之人庆祝。你会对他们说些什么？你会真心实意为他们所做的事情而感到自豪吗？是的，你当然会。你可以试着用这种方式找到发光的感觉。

固定习惯需要反复演练

现在是解答常见问题的最好时机，微习惯实践者最常提出的两个问题是：怎样才能快速固定习惯？我总是会忘记要执行习惯，怎样才能帮助自己记住？我相信，你一定会对答案感到很惊讶。不过，一旦你能意识到培养习惯也是一种技能，答案就变得合乎逻辑了。我的答案是：为了快速固定习惯或帮助自己记住要执行习惯，你需要反复演练行为序列（锚点结合新习惯），然后立刻庆祝，之后重复 7 ~ 10 次。

通过反复演练、钻研，我们可以加速习惯的养成。我知道今时今日这听起来还有些夸张，但我相信这项技巧在未来必然会变成普遍的实践。演练习惯就是在为现实生活中真正执行习惯的那一刻做准备，就像为舞会或销售演讲做演练是一样的。如果不事先做好演练，舞蹈表现就会受影响，销售演讲也可能会失败。想达到最好的表现，演练至关重要。

斯蒂芬·库里练习过多少次三分球投篮？有超过一百万次吗？他通过努力演练，才能做到无须思考直接投射三分球。他固化了习惯！

演练微习惯，既是在训练肌肉记忆，也是在给大脑重新连线让它记住。只要找到一个有效的庆祝方式，你就能迅速地钻研和固化习惯。比如，假设你妻子认为电视遥控器就应该放在壁炉架上，可你从来都不这么做，就会让她很生气。你要是再犯错，场面恐怕会变得很难堪。这时候你就需要通过演练和庆祝来帮助大脑快速地固化习惯了。配方大致如下：在我按下关机键之后，我会把遥控器放到壁炉架上。

按如下方式演练：坐在你看电视坐的椅子上，拿起遥控器，按下关机键，把遥控器放到壁炉架上。接着再为这个重要时刻庆祝，按照既定方式确保自己感受到发光，不管是播放《洛基》主题音乐、摆出神奇女侠的姿势，还是在心里默默地肯定自己，都可以。这样就完成一次演练了。我们再继续，拿着遥控器坐下来，按下关机键，站起来……

MY RECIPE

微习惯配方

在我……

按下关机键之后，

我会……

把遥控器放到壁炉架上。

为了让大脑牢记这个习惯，我要立即：

锚点时刻

生活中某个可以提醒你执行微行为（你的新习惯）的既有日程。

微行为

你想要培养的且已经缩小到超微小、超容易完成的新习惯。

庆祝

可以在你内心创造积极感受（我称之为“发光”）的事情。

我知道这听起来很古怪。演练附带庆祝环节的行为序列，借此将行为固化到大脑里，可能以前从来没有人主张这样做过，可这就是我要教给你的。相信这个办法并重复演练 7 ~ 10 次，确保用庆祝的方式为自己创造发光的感觉，然后观察随后会发生什么。我预计第二天当你按下关机键时，你的大脑可能会说："嘿，可别忘了把遥控器放到壁炉架上。"你会在恰当的时刻想起这件事，因为你已经演练过了。

庆祝的 3 个时机

为简洁起见，我在前文说要在完成自己想要养成习惯的行为之后立刻庆祝。但真相是，还有更好的方法帮助你更快且更可靠地养成习惯，办法是在 3 个不同的时机进行庆祝：你想起要执行新习惯的时刻、你正在执行新习惯的时刻，以及你刚刚完成新习惯的时刻（如图 5-2 所示）。每一个时机都有不同的效果。

图 5-2　抓住庆祝的 3 个时机

假设你的微习惯配方是：在我下班回家进门之后，我会把钥匙挂起来。在养成这个习惯的过程中，我推荐你在大脑提醒你执行新习惯的那一刻进行庆祝。想象你下班回家进了门，刚放下背包，这个想法就浮现在你的脑海中：噢，现在就是把钥匙挂起来的时刻了，这样我明天才能轻松找到钥匙。你应该在这一刻进行庆祝。而通过创造一种成功的感觉，你固化了习惯，不是"把钥匙挂起来"的习惯，而是"记住把钥匙挂起来"的习惯。

在想起要执行新习惯的时刻进行庆祝，就是在固化记住的习惯。这很重要。如果你都不记得要执行一个新习惯，就很难养成新习惯。

庆祝的另一个时机就是你正在执行新习惯的时刻。你的大脑会把执行行为跟积极的感受关联起来。以吉尔为例，她已经认可了清理柜台是值得庆祝的事，她的下一步就是要找出能够帮助她锁定习惯的最佳庆祝方式。经过一些试验，她选择了在执行习惯的时刻进行庆祝。而对她来说，最能产生发光感的方式，就是想象晚上丈夫回家烹饪晚餐，轻吻她后夸赞她“宝贝，干得漂亮”的场景。对吉尔来说，庆祝跟行动是直接关联在一起的。想象力让她把自己的小小动作跟家庭团聚的积极感受关联在一起。这种庆祝方式固化了记忆，还增强了她在未来清洁厨房柜台的动机。快进一下，目前情况是：吉尔无须多想就会自动去清洁厨房柜台。

庆祝让习惯保持活力

在行为变得自主自发后，你就不再需要频繁庆祝了。但亲爱的读者，你偶尔还是需要用庆祝的方式来固化习惯。比如，在如下两种场景中，庆祝可以帮助你保持良好的习惯：

1. 因为度假或搬家，你已经有段时间没有完成新习惯了，或者你的生活突然停滞不前了。
2. 你希望扩大已养成习惯的规模。比如，你的基础习惯是做两个俯卧撑，但突然有一天你决定做 25 个俯卧撑，试试看会出现什么情况。

在第一种情况下，庆祝的方式可以帮助你重新养成习惯，让生活回归正轨。在第二种情况下，你希望提升习惯的强度或时长，就要付出更多努力。此时你很需要为自己庆祝。以做俯卧撑为例。做俯卧撑的能力会随着练习时长的增长而自然增强，现在我通常一口气做 8 ~ 10 个俯卧撑也不会流汗。不过，有时候我决定要多做一些，比如 25 个或 30 个。一旦我开始感觉到身体疼痛，就会重新开始为自己庆祝。我是这样想的：在做完一件事之后，只要感觉到的是疼痛、尴尬或不愉快，我的大脑就会指引我避开这种行为。负面情绪似乎会破坏习惯的持续存在。因此，我要更积极地进行庆祝以抵消 30 个俯卧撑带来的痛苦，以此来维持习惯，让习惯保持活力。

打一场“庆祝闪电战”

一些行为可以不断提升我们的自我认知，这种机会我们几乎每天都有。我会把购物车推回原位还是任由它留在停车场？我会把家里弄得一团糟等着伴侣去收拾吗？我会替年迈的邻居清理门前的过道吗？这些行为选择决定了我们到底是谁。有时候我们会做出糟糕的选择，或许有那么一瞬间我们会对自己感到失望。有时候我们做得不错，就能因此获得良好的自我感受。我们如何才能很轻松地让自己更多地去做出好的行为选择呢？如果我们能够不断积累好的行为选择，慢慢就会真正成为最佳的自己。

接下来我要介绍一种不通过微习惯配方，只通过庆祝来养成习惯的方法，那就是在日常生活中进行庆祝，非常简单。但你需要留意自己表现良好的时刻，并通过庆祝来强化这些良好行为。

我举个例子。萨拉是一个育有两个小孩的单身妈妈，长久以来她应用微习惯策略养成了更高效的工作习惯和更健康的饮食习惯，但还有一个问题。在哄孩子们入睡之后，通常会出现两种情况：不是她一身工作装、一脸完整妆容地在孩子身旁睡去，就是她匆匆回到卧室，睡在了自己的床上，但仍然是一身工作装、一脸完整妆容。有时候她也能换掉衣服，把衣服扔在卧室的椅子上，有时候甚至还能刷牙、换上睡衣，但她几乎从不洗脸。这很困扰她，每个人都知道不应该带着一脸完整妆容上床睡觉。大家都劝告她：“不卸妆会堵塞毛孔，让你产生皱纹的！”

萨拉全都听进去了，但她还有更迫切的问题需要解决，比如得让孩子们吃饱饭，让家庭正常运转。她之前没有过多思考过这个问题，但有天晚上孩子们跟祖父母在一起，这让她省下了不少精力，得以洗完脸再上床睡觉。这虽然是件小事，但当她擦干脸、望着镜子里的自己时，不由地笑了。她感受到了开心，就跟她为其他习惯庆祝时所感受到的感觉一样，她在内心中说：“干得好，萨拉！你终于把脸洗了，会照顾自己了。”她没有让自己感到沮丧，而是花了点时间感受开心。

萨拉并没有为了养成洗脸的习惯而设计一个微习惯配方，但庆祝的方式帮助她固化了好好照顾自己的习惯。萨拉的故事不止于此。喜欢上投入时间照顾自己的感觉之后，萨拉没有止步于按时洗脸的习惯，她也会收拾好衣物，而不是随意地丢在椅子上。她为此而庆祝，这种良好感觉的影响也扩散到她生活中的其他方面。注意，萨拉这一系列好的晚间安排的形成，都始于最初那天晚上她为自己洗脸的行为而庆祝。一个简单的开始催生了一个强有力的方法，帮助她改变了对自己的看法。

我的结论是：在生活中的任何时刻都可以庆祝。不需要计划，也不需要写下微习惯配方。留意你做出的良好行为，然后为它庆祝就行了。如果你能够感觉到发光，那你就可以让这种好的行为变成自主自发的习惯。更重要的是，想方设法地去感受积极的情绪，让积极的情绪成为你改善生活的动力。记住，改变的最好方法是感受积极的情绪，而不是感受消极的情绪。

终有一天，庆祝会与正念和感恩一样，成为提升幸福感的日常行为。**如果你只能从这本书里学到一样东西的话，我希望是：为你的微小成功而庆祝。即使你觉得自己一时之间还无法摆脱困境，生活中的小小改变也能够产生巨大的影响力。庆祝可以成为你的救生绳。**

琳达刚开始做微习惯的时候，去掉了庆祝环节。对于她注重实效的分析型大脑来说，将事情分解得更小些、更简单些是有意义的。但在做完每件小事之后都要庆祝吗？那对她来说意义不是很大，也没什么吸引力，她也觉得不是很适应，于是她就那样继续执行自己创建的习惯。她取得了一些成功，也遭遇了一些失败，但她并没有看到别人都在说的那些大变化。琳达和我一起努力，试图让微习惯在她生活中产生更大的变化，过程中我一直都有注意到，她需要在练习中加上庆祝环节。

感受成功不仅仅是我们用来固化习惯的一种技巧而已，它也是那种“要么做到最好，要么干脆不做”思维的解药，让我们转换视角，用全新的视角来看待自己。

为了让自己摆脱“庆祝困难症”，琳达尝试了“庆祝闪电战”，这是我最喜欢的用来感受积极情绪的技巧。凡是喜欢赢的人，我都会鼓励他们试一试这个技巧：到你家最乱的房间，或者办公室里最糟的角落，设定 3 分钟倒计时，然后开始清理。每丢掉一张废纸，都要庆祝；每叠好一条毛巾，都要庆祝；每把一个玩具放回收纳箱里，都要庆祝。说一句“真棒”和“哇！看起来好多了”，然后再挥舞一下拳头。任何其他适合你的方式也都可以。为每一个微小的成功而庆祝，即便你觉得这样很假也要做，因为只要你做了，在倒计时结束时，你的感受就会不一样。

你的心情会变得轻松，还会有很明显的发光感。你会对接下来一整天的生活和工作都感到更加乐观。观念转变速度之快，会让你自己都感到惊讶。你会环顾四周，产生成功的感觉。仅仅 3 分钟就能让你的生活变得更好。这样的过程再多做几次，就能让自己的生活变得更美好。这不仅仅是因为房间更整洁了，还因为你花了 3 分钟时间探索快速完成微庆祝的成效，以此来磨炼改变的技巧。

琳达为这个过程投入了 3 分钟，这足够了，她成了一名“庆祝技巧皈依者”。几个月后，她甚至开始为那些并非习惯的事情而庆祝。她会在绿灯亮起时轻松通过后，一个人在空荡荡的车里大喊“耶 ~~~”；在叠完最后一件衣物后，她会对自己说：“琳达，做得好！”而这些时刻她之前从未关注过。她提醒自己的都是那些烦人的事，比如红灯亮了，比如她等了 5 分钟收银员却直接关闭收银通道。但现在，她突然能时时留意到这些小幸运，也开始为此而庆祝。琳达告诉我，这甚至都不是她有意识的选择。因为她的大脑已经知道了庆祝带来的良好感受，所以她已经在不知不觉中养成了庆祝的习惯。

请记住，我们的大脑想要感觉良好。为小胜利而庆祝可以让大脑重新建立看待生活的方式。琳达告诉我她在“重新训练大脑学会从消极思考转为积极思考”。现在的她，即便是在最困难的情况下，也会想方设法关注到一些小事，并通过庆祝的方式来获得积极情绪。这样能帮助她发现美好并专注于此，而不是被负面情绪困住。因为这几个月来，琳达一直在练习庆祝，所以她的大脑早已做好了准备，随时随地都在寻找可以感受良好的机会，即便是在那些不寻常的情况下也是如此。

小警铃或许已经在你的脑海中响起。你看到了“积极”和“消极”两个词，开始变得有点紧张。你总会听到人们说“要积极地思考”或“不放过一线希望”，你或许对此早已见怪不怪，这不是很简单吗？难道不是每个人都能看到半杯水，而非半个空杯吗？是，他们能看到。但我们得弄明白一件事情。琳达所做的并不是什么魔法思考，也不是打个响指那么简单。她采纳了一个实证有效的建议，对此进行了试验，并找到了行之有效的工具，在必要时用于改变局面。通过影响大脑里的奖励中心，她改变了自身的心态。这是一个深思熟虑的、审慎的过程，会随着时间的流逝而带来很好的改变。

琳达的故事并没有就此结束。2016 年秋天的时候，琳达感觉自己又一次在躁郁症边缘徘徊。她丈夫的阿尔茨海默病恶化了，但他们负担不起看护服务费。琳达感到不知所措，每天上班都会趴在桌子上呜咽 15 分钟。她感到恐惧，既要上班和照顾小孩，同时还要打理家庭财务开支。于是她允许自己哭泣，这是好事。但最终她会说：“好，让我们继续吧。”接着她会起身，在办公室里进行一次“庆祝闪电战”。她会花 3 分钟时间做清洁，并为此庆祝，如果需要有更大的助力，她就会将清洁时间延长到 5 分钟。这能够把她从自怜的情绪中拯救出来。经历过足以淹没任何人的悲伤之后，琳达已经知道，有时候你确实需要允许自己产生消极情绪，但不能深陷其中。

“庆祝闪电战”是一根救生绳，需要的时候她可以扔给自己以便把自己拖出水面。那年秋天，琳达每天都这么做，每天她都会重新抬起头来，继续前行。她会将注意力集中于一个事实：她正在为了自己、为了家庭，也为了她身为微习惯培训师所帮助的那些人尽力而为。她要为此而庆祝，这是一项她已经掌握的技巧，也是她希望自己在年轻时就具备的能力。

琳达的故事令人难过。自教授微习惯策略以来，我听过很多故事，核心思想是一样的：成功的感觉是改变的强效催化剂。庆祝可以增强你的自信心，不单是为了养成习惯，更让你越来越懂得如何善待自己。你会寻找机会为自己庆祝，而不是责备自己。然后，在不知不觉中，有些根本性的东西已经发生了改变。你可能曾经认定自己是某类人：可能像迈克一样觉得自己无法坚持完成练习过程；或是像吉尔一样容易任由事情变得一团糟；或是像琳达一样被眼泪粘在办公桌上抬不起头来。你未曾想过其实还有很多机会可以做出改变。但经过数次努力之后，你融入生活中的这些微小的、简单的习惯，却可以彻底地改变你生活的底色。你会发现自己由内而外焕然一新，你从未想过自己会成为那样一种人：那种赶在孩子们睡醒前先起床锻炼、模仿洛基唱歌结果吓坏邮递员的人，那种知道自己能做出任何改变的人。

这就是庆祝的力量，可以改变人生、改变世界的力量。它会非常微妙且有效地改变你的人生。现在的你，不管想要成为什么样的人，都能成功。

TINY EXERCISES

感受发光

本章介绍了一些能帮助你找到合适的庆祝方式的练习。一定要做那些练习，这很重要。如下是另外一些练习，可以帮助你找出能真正创造发光感的庆祝方式。

练习 1：庆祝的不同方式

这个练习可以帮助你找到微成功的庆祝方法。试试这些选项，看有哪些是适合自己的。如果你还需要更多灵感，可以翻到本书末尾，参考附录部分的内容。

你喜爱的歌曲

想一首能够让你感到快乐、成功和乐观的歌曲。哼唱几句歌词，以此来庆祝微成功。

身体动作

探索能让你感到快乐和成功的身体动作。这可能包括挥舞拳头、跳一小段舞，或者就点点头表示肯定。找到能帮助你感觉发光的身体动作，练习将它用于固化习惯。

口头表达

寻找可以让你感觉快乐和成功的短语。有些人会说：“哟嚯！”有些人会说：“真棒！”多探索一些选择，至少要找到一种可以让你感到发光的口头表达。

声音效果

寻找可以帮助你感受到积极情绪的声音，人群的欢呼声、嘹亮的小号声，或是老虎机中奖的声音。选一个你喜欢的声音，练习将它用于固化习惯。

形象化

有些人会用想象力来创造发光的感觉。这可能比前 4 种方式更难以操作，但它更灵活，因为可以在任何地方开展，效果也更好。

花几分钟想象可以让自己感到高兴和成功的场景，孩子们的笑脸、与狗狗玩耍、最喜爱的海滩上温暖的沙子。列一个清单，任何适合你的场景都行。探索这些选择，从中找一个看似最容易想象也最有效的场景。就用这个形象化的方式来庆祝你的微成功吧！

练习 2：尝试“庆祝闪电战”

这个练习你一定要尝试一次，你可以把它纳入既有日程，它能带来额外的收获。

❶ 找到家里或办公室里最不整洁的地方。

❷ 设定倒计时 3 分钟。

❸ 每完成一项清理工作之后，立刻为自己庆祝。

❹ 继续清理和庆祝。

❺ 3 分钟结束后，停下来，专注于自己的感受。你的情绪发生了什么变化？你学到了什么？

练习 3：提醒自己，成效最佳的改变源自感觉良好

我们在前面的章节介绍过这个练习。如果你之前没做，可以现在尝试一下。这个简单的练习可以帮助你记住，成效最佳的改变源自感觉良好，而非感觉糟糕。

1. “我在感觉良好（而非感觉糟糕）的状态下进行改变，效果最佳”，将这句话写在一张小纸片上。
2. 将纸片贴在浴室的镜子上，或其他你常看见的地方。
3. 经常念这句话。
4. 注意观察这句话对你和你身边人的生活产生的影响。

TINY HABITS

06

高频率小成功，让小改变自然生长

HABITS

从你想要改变的地方开始，

逐渐让自己感受到成功。

接着你只需要相信这个过程，

期待改变发生。

在26岁时，苏库马尔注意到了两件事情：身边人大多结婚了，自己长胖了。这些都像是突然发生的事情。仅仅就在几个月前，他周围的人好像都还是单身，而他也还是那个来自印度金奈的瘦小伙儿。可现在他的肚腩肥得裤子都收不住，而且在聚会结束后，朋友们都成双成对的，只有他形单影只。有一句话在他脑海中反复回荡：什么样的女孩会想要嫁给我呢？

苏库马尔下定决心要采取措施应对体重问题。他开始更仔细地控制饮食，并尝试加强锻炼，可他做了很多努力，他那大肚腩还是一点也没消。但他一直在努力，他发起“大肚腩之战”不是为了好看，更多的是为了健康。

苏库马尔的后背和颈脖出现了严重的疼痛，受此影响，他很难在办公桌前静坐超过30分钟。他是一家科技公司的IT专家，不可能不在办公桌前久坐。他愿意为了工作承受这种痛苦，但工作时间太长时，他也实在难以忍受。苏库马尔担忧这会影响到自己的工作效率，于是决定去看医生。医生指出，在一定程度上这种疼痛是由他腰腹部位承受了过重的重量引起的。

苏库马尔继续为保持健康而努力。他加强锻炼、减少食量。这种努力延续了数年之久。不幸的是，苏库马尔陷入了我们熟知的一种循环，速效减肥的饮食计划与雄心勃勃的锻炼计划反复交替。经过了这种长时间的努力后，苏库马尔陷入了又饿又痛的境地，却仍看不到什么成效。随着挫败感和身体疼痛的持续加重，最初“保持健康体型”的目标对他的吸引力越来越小。一次又一次，他放弃了雄心勃勃的锻炼计划，拿着薯片窝回了自己的懒汉椅。苏库马尔后来倒是结婚了，他遇见了一个喜欢他的大肚腩的女孩。他的妻子找到了适合自己的健身节奏之后，建议苏库马尔也跟着她的私教锻炼。刚开始的几个星期效果不错，但苏库马尔很快就退缩了。他的工作越来越忙碌，要从中抽出一小时来锻炼，他觉得压力很大。他对自己说：“我实在没时间。”

尝试去健身，再找借口放弃，不停地原地转圈，这不仅令人沮丧，还让苏库马尔产生了焦虑。苏库马尔难以入睡、很难集中注意力，而且他觉得自己对此无能为力。苏库马尔 43 岁的时候，意识到自己努力减肥已经 17 年了。这项行动始于他小小的不安全感，结果发展成了一个痛苦循环，直到 2012 年他学会微习惯策略之后，这种痛苦循环才得以终结。

苏库马尔跟很多人一样，选择了从做俯卧撑开始实践此方法。他做到了从微小开始起步。在刷完牙之后，他会做两个俯卧撑。此外，他还创造了 5 秒钟平板支撑的习惯。经由这些微小的入门步骤，苏库马尔最终得以迈上了成功之路。随着习惯不断累积，效果不断提升，他最终减掉了 9 千克，腰围小了 12.7 厘米。对于苏库马尔来说，那并不是昙花一现的小成功，因为他已经培养了对自己的身份认同感，得以打破旧循环，并在随后的多年之中不断巩固减肥成功的成果，变得更健康、更强壮。

现已 51 岁的苏库马尔，每天早上都会做 50 个俯卧撑，以此开始他长达一小时的健身过程，最后以 5 分钟的平板支撑收尾。虽然偶尔背部还是会痛，但苏库马尔能够结合力量训练和拉伸来应对这种情况。最近我跟苏库马尔联系，确认我是否可以分享他的故事时，苏库马尔告诉我：“B.J.，我改变了自己。”

在这本书里，我分享了那些从微小的行动出发，最终拥抱了很大人生变化的人们的真实故事。我们会关注每个故事主角的行为设计的关键方面，无论是动机匹配、提升能力、设计提示还是庆祝成功。我已经引导你完成了设计新习惯的全过程，也介绍了一些能帮助你养成习惯的重要技巧。

但你到底怎样才能从只能做 2 个俯卧撑积累到能做 50 个俯卧撑呢？怎样才能一劳永逸地赢得“大肚腩之战”？怎样才能跑完自己已经梦想多年的万米长跑？怎样才能存下足够的钱以备不时之需？已经筹备数月之久的业务怎样才能成功启动呢？怎样才能降低胆固醇水平并维持这种状态呢？

我有一个好消息，所有这些问题都可以得到回答：只要你坚持应用微习惯策略，你的习惯自然会得到不断地巩固和提升。在本章中，我将说明我们该如何发展和优化习惯。我会提出一个框架，可以帮助你识别自己已经拥有的改变技巧，获得改变糟糕习惯的办法。所有这些都会帮助你从微小起步，拥抱大的变化。

我们先回顾一下第 1 章提到过的隐喻。无论是养成好习惯还是坏习惯，培育习惯的过程都跟打理花园很像。这样想象一下：你在门廊上看着后院，希望乱糟糟的后院可以变漂亮。时间一星期一星期过去，杂草肆意生长。你这里拔一拔，那里拔一拔，这实在太费劲了，用不了多久你就不干了。但你内心的期望一直都是让美好的事物茁壮成长。

按照自己的意愿设计花园（习惯）才是更好的方式。先找出想在花园里种植的蔬菜和花卉（动机），从中选出易于打理的品种（能力），再考虑院子里适合种植每种植物的具体位置（在既有日程中找个位置）。一开始你需要多一点规划、多花点心思，才能让那些柔嫩的小芽生根发芽，接着你需要靠庆祝微成功的方式让习惯的花园“根基强壮”。用不了多久，这些“根基强壮”的习惯就会自然地“不断长大”。当然，你不能停下来。你得浇水、除草，不过不需要更改日程，也无须太劳累。对新习惯来说也是一样，或许刚开始时新习惯会需要你做些额外的试验或多加关注，但只要你是以对的方式养成了新习惯，接下来不需要花多少工夫就能够让新习惯欣欣向荣了。建好花园以后，向日葵会长得又鲜艳又高大，草莓也会长得又大又甜。

习惯跟植物一样，会按照自己的速度以不同的方式长大。练习俯卧撑的习惯或许会从 2 个发展到 50 个，但每个习惯最终的样子会因时间和个体的局限而有所不同。每天早上吃 1 个牛油果的习惯或许永远都不会变成每天早上吃 2 个牛油果，但却可能会衍生出晚饭后吃蓝莓或午餐吃芹菜的习惯。习惯需要多久才能够长大到完全形成？这个问题没有统一的答案。任何你听到的关于习惯需要 21 天或 60 天才能完全成形的说法，都是不完全准确的。并没有这么一个关于时间的魔法数字。

为什么？因为习惯形成的时间取决于 3 个因素（如图 6-1 所示）。

- 执行习惯的人；
- 习惯本身；
- 情境。

图 6-1　PAC 小人 – 习惯形成的 3 个决定性因素

事实上，是这些元素之间的互动决定了形成习惯的难易程度。没有人可以很确定地说某习惯需要几天才能完全成形。

改变需要一个过程，就像在花园里种花或伤口愈合一样。我们可以做一些事情去优化这一过程，比如加快进度或调整方向。理解了习惯的成长过程和我们在其中的角色之后，我们就能可靠地设计出生活中我们期待的那些改变了。接下来我们具体点说。

习惯的生长，习惯的繁殖

习惯发展的过程一般分为两类：生长类和繁殖类。在此语境下，我使用词语“生长”的意思是说这个习惯会“长大”（如图 6–2 所示）。你最初的习惯可能只是每天进行 3 次深呼吸，后来发展成每天冥想 30 分钟；你原本只习惯于清理台面，后来变得习惯于清理整个厨房。行为的本质不变，但你做得更多了，即习惯长大了。

就像植物一样，习惯可以自然生长。

图 6–2　习惯的生长

观察那些生长类习惯，你会发现像植物一样，每个习惯的生长都是有边界的。苏库马尔每天做平板支撑的习惯延长并保持在 5 分钟，这已经很不错了。还要继续延长时间的话，他要么就得逼自己坚持，要么就会失去兴趣不想再做，这两者都会削弱习惯的养成动力。所以说，苏库马尔找到了平板支撑这个习惯自然生长的边界。

你或许会问：在习惯养成初期，苏库马尔怎么知道什么时候应该做超过 5 秒的平板支撑？这是一个好问题。我们一会儿再深入地探讨这个问题，但现在可以先简单给个答案：在他想多撑一会儿的时候就可以多撑一会儿。

习惯发展的另一种方式是繁殖（如图 6–3 所示）。当你培育的习惯是更大的行为生态系统的一部分时，习惯能衍生。如果你的大愿望是提高每天的工作效率，那你或许会选择经典的毛伊习惯。在你醒来双脚下地之后，你会说“今天又是美好的一天”。由于这个习惯的时间点是明确的，所以它无法生长。但是它可以繁殖，你可以期待它的涟漪效应。

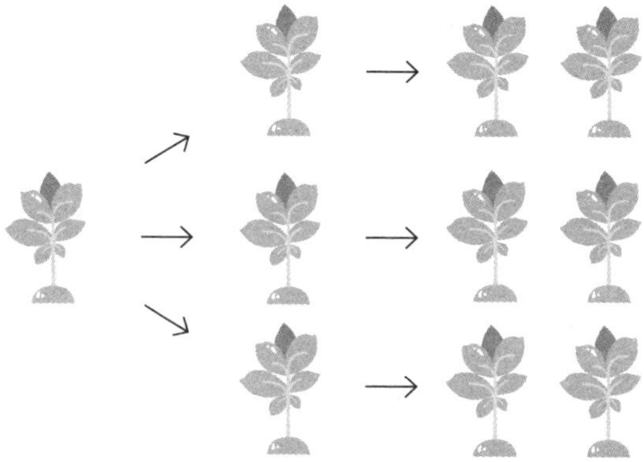

就像植物一样，习惯可以繁殖。

图 6–3 习惯的繁殖

毛伊习惯营造了一种积极感受，激励很多人增加了其他好习惯，比如整理床铺。执行毛伊习惯时，你可以试试其他习惯，比如在早上出门前清洗碗碟，在刷牙时想一件值得感恩的事。我支持毛伊习惯，因为这个简单的动作可以帮助你应对其他挑战。成功做完这些事情之后，你就为这一天开创了一个上升轨道，可以改善你的态度，以及你在工作和生活中的表现。

根据人们反馈的毛伊习惯涟漪效应情况来看，毛伊习惯极少生长，主要是繁殖，就像花卉种子随风飘散到四面八方开花结果那样。毛伊习惯以及其他相似的小改变易于创建，会自然地繁殖，让你的人生发生重大改变。

带着明确的愿望开启习惯设计过程，这样你会自然地形成专属于自己的生长类习惯与繁殖类习惯混合体。如果你的愿望之一是跑场马拉松，那么你很可能会设计出至少一种跟走路或跑步有关的习惯，那就是生长类习惯。同时，你可能还会创建一些繁殖类习惯，比如多喝水、多吃新鲜蔬菜等。这些习惯可以自然繁殖，并生发出其他与加强营养有关的习惯。所有这些都能够推动你向着跑马拉松的愿望前进。

从想改变的地方开始，逐渐感受成功

最开始使用微习惯策略的时候，我亲眼见证了习惯成长起来并改变我整个生活面貌的全过程。但直到 2011 年开始向其他人分享此方法时，我才意识到微习惯的规模效应是普遍存在的。通过仔细地观察、跟更多人交谈、收集数据，微习惯的生长模式逐渐浮现，并且越来越清晰。我相信你也能看见这种模式。

成功会带来成功，你一定早就听过这种说法了，而我的研究再次证实这是真的。但我还有一些发现可能会让你感到惊讶，那就是成功的大小似乎并不那么重要。当你因为某事而感受到成功时，即便是非常微小的成功，你的自信心也会迅速增强，再次执行习惯、做出相关行为的动机也随之增强。我称之为“成功的动能”。更令人惊讶的是，造就这种动能的是你获得成功的频率，而不是成功的大小。因此，借助微习惯，你可以迅速地取得一连串的微成功，而非那种耗时长久的大成功。我的微习惯研究数据表明，有很多人都是通过一步步完成微小的成果而最终完成大项目的。起初这个发现还让我感到困扰，但在提出一系列定性问题之后，我发现自己掌握了创造涟漪效应和催化大突破的动态过程。

我们借助福格行为模型来看看都发生了些什么。对于生活中的很多行为，我们往往有着多个相互冲突的动机。我们一边想要做这个行为，一边又不想做这个行为，比如我们想要早起，但同时也想多赖会儿床。

为了讲得更生动一点，我要讲一讲跳舞的事儿。假设你正在参加公司的假日派对，乐队很棒，演奏的正是你喜爱的音乐。只有很少几个人在跳舞。你想要去跳舞，心里有种跃跃欲试的希望感：跳舞令人开心，感觉很好，或许大家还会觉得我很酷。这是积极的预期。但同时你又感到很恐惧。恐惧就是抱有糟糕的预期。你或许会想，跳舞会不会让自己显得很傻，还会失去同事们的信任。老板看见我笨拙的样子，可能会觉得需要重新考虑是否提拔我。

希望和恐惧是相互排斥的两个动机向量，两者之和就是你的整体动机水平。如果你能够移除恐惧向量，那么希望将占据主导地位，而你的整体动机水平就会更高，这或许就能带动你超越行动线，做出行为。有几个办法可以弱化或移除恐惧带来的去激励因素。缓解社交焦虑的常见方式之一就是喝酒。在这种情况下，喝酒或许会帮助你减少或彻底消除平时的那种恐惧，心中充满想去享乐扮酷的希望，这样就会推动“在公共场合跳舞”这个行为超越行动线。不过，顺便说一句，对于公司聚会来说，这种方式不太明智。图 6–4 展示了当恐惧大于希望时行为模型的样子。

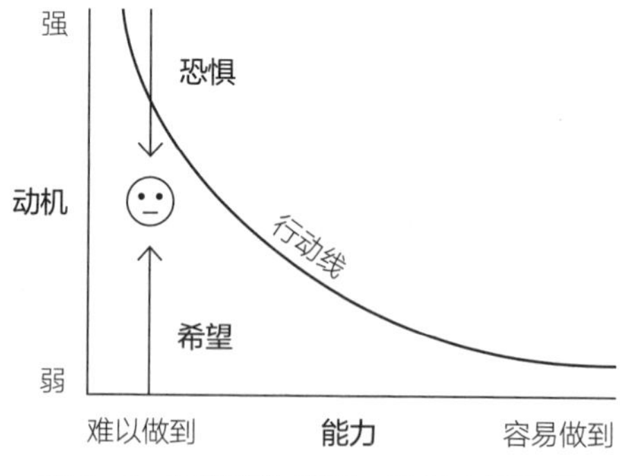

图 6–4 福格行为模型 – 恐惧大于希望

还有其他一些方法可以帮助你消除对跳舞的恐惧。你可以关闭舞池上方的灯光，先参加步骤简单的集体舞，这样能让大家看起来都还不错。你也可以先鼓励其他人上去跳舞。在一次给康健专业人士组织的会议上，为了让大家去跳舞，我给每个人发了一副太阳镜。这个方法很有效，而且远比酒精更健康、更合适。所有这些方式都能够帮助人们减轻在公共场合跳舞的恐惧感，带动整体动机水平上升。

将“在公共场合跳舞”这一行为推到行动线以上还有一种方式，就是增加激励因素。有时候这是个有效的方法，但更多时候这样做是在给人们增加压力和焦虑，因为动机向量会相互施压。

假设没有人跳舞，可是老板已经为举办这次活动付了一大笔钱，他只好跑上舞台，宣布说员工要是不跳舞，就得不到年终奖。所以你只能上去跳舞，但内心一定是不情不愿的。

假设你的朋友们都在舞池里，而你却独自一人站在吧台处。突然间你的朋友们开始高呼你的名字，呼唤你加入舞池。你摇头说“不”。结果屋里每个人都开始高呼你的名字。这当然会提升你做出行为的动机，但此时并不是希望感在激励你，而是社交压力在逼迫你。尽管你有着非常明显的恐惧感，但上升动机向量非常强劲，直接把你的行为推到了行动线上方。这意味着你会进入舞池，装作很开心的样子，因为社交压力（强大的激励因素）压倒了恐惧（去激励因素）。图 6–5 展示了当社交压力大于希望时的行为模型。

这场公司派对展示了相互冲突的动机对单次行为的影响。这种向量相互施压的动态，既适用于日常习惯，也适用于长久的改变。设计长久改变的关键之一就在于减少或移除去激励因素。这使得自然激励因素，通常是希望，得以蓬勃发展，进而长时间地维持新行为。

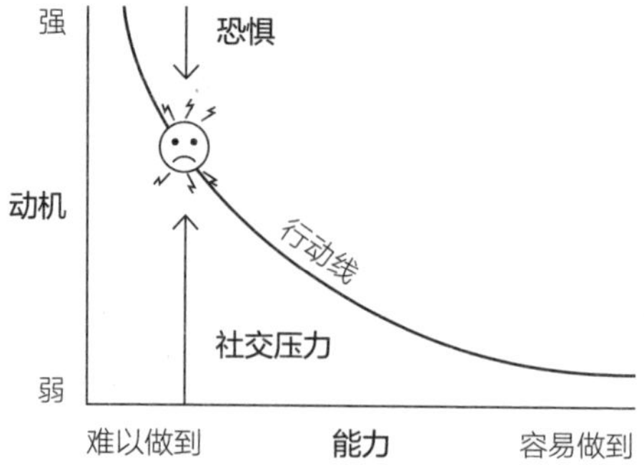

图 6–5　福格行为模型 – 社交压力大于希望

假设老板让你来主持每天早上的团队例会。你也很想做这件事，希望这能使你在职场更进一步，但同时又对此心存恐惧。老板知道你有些抗拒，于是他设置了一个奖励因素：只要你能主持例会一次，他就请大家吃午饭。于是你接受了这个工作。

对于培养习惯来说，第一次做出行为的时间点很关键。如果你觉得例会主持得很失败，那么恐惧向量就会增强，带动整体动机水平下降，导致你未来可能会更加不想主持例会。

但你的故事却与之前设想的完全不同。你做得非常好，同事们纷纷赞赏你主持得很好。这时候，成功的感觉会扮演一个极强大的角色。如果你觉得例会进行得很成功，那么恐惧的去激励因素会变弱，甚至有可能会彻底消失。你的整体动机水平会因此提升。现在你始终位于行动线之上，就会欣然接受主持更多会议的新习惯。

但这还不是全部。在去激励因素消失后，你就推开了更高维、更难的行为的大门。行为模型上的行动线表明，随着动机水平的提高，你将可以完成更困难的行为。如果你彻底消除了主持团队例会的恐惧，就更有可能接受老板的邀请去主持公司级会议，而这就是一个更困难的行为，因为它需要更多的时间、精力和更多思考，但如今你的希望感也高涨了。结果是，你成功主持了大型会议，职业生涯也得到了发展。

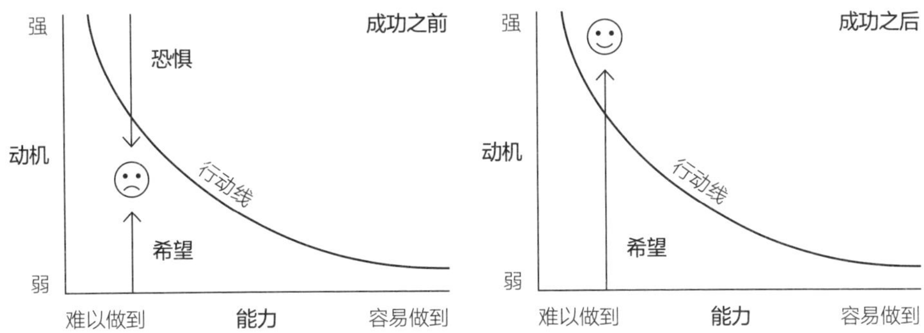

图 6-6　福格行为模型 – 成功的感觉会让动机高涨

这就是微习惯数据有那么多突破性成果的原因。当人们感觉到成功时，即便只是做些小事，他们的整体动机水平也会大大提高，而有了更高的整体动机水平，人们就可以完成更困难的行为。这就是微成功改变你的工作、生活甚至思维方式的路径。记住这一点：从你想要改变的地方开始，逐渐让自己感受到成功。接着你只需要相信这个过程，期待改变发生。

我想与你分享的还有很多，它们可以帮助你成为一个懂得如何改变的人。我希望你可以任意地想象，任意地设立愿望，然后可靠地、自信地实现它们。无须百般猜测，也无须被那些注定没有结果的岔路分散注意力，你会知道具体该怎么做。下面我们要说一说想要成为“习惯忍者”，你要做一件熟悉的事情：学习技巧。

掌握技巧，变身“习惯忍者”

很多人认为养成良好习惯进而改变人生是一个神秘或奇妙的过程。事实并非如此。如你所知，改变是成体系的，而这套体系的底层是一组技巧。要学习改变这项技能，就跟学习其他任何技能一样，你不会一开始就做得很完美，但只要勤加练习，就能够掌握很多技巧，变得越来越好。一旦掌握了这些技巧，你就可以用它们来应对各种情况。我把这些技巧分成了5类，并相应地设计了教授这几种技巧的微习惯策略。在你应用前几章的内容时，实际上就是在实践和掌握改变的技巧，只是当时我没有明说，但现在是时候点明这一点了。

学习改变技巧的过程就像掌握其他任何技巧一样。要想成为顶尖的钢琴家，你得阅读音符、稳住节拍、熟悉旋律、记住乐谱并且熟练地弹奏。按照正确的方式多加练习，你就会变得更自信、更擅长，手指也更灵活。

你无法在一夜之间就变成技艺娴熟的钢琴家，同理，你也不会在一夜之间就练就改变的技巧。但你可以立即开始学弹琴，并见证技巧的持续提高。回想你学过的任何一项技巧：开车、游泳、打牌、第二门语言甚至走路。也许一开始你做得并不完美，但我们追求的并不是完美。在刚开始让你觉得很困难或很恐惧的事情，比如驱车并道驶入拥堵的高速公路，终将变得平凡无奇且非常容易。这就是技巧的运作方式，也是看待行为改变的正确方式。

学习改变的技巧可以帮助你了解它们并积极地加以练习。我们当然不必为了有效地改善生活而掌握所有技巧。但我们掌握的技巧越多，将愿望转化为现实的过程就会越轻松，也越快速。

技巧1，行为加工

“行为加工”这个名字有些古怪，但它很有效。行为加工技巧涉及选择和调整你在生活中想要的习惯（如图6–7所示）。

事实上，在前面几章，你就已经做过行为加工的事了。虽然我没有使用这个名词来称呼过它们，但你已经学会了如何：

- 识别大量的行为选项（见第 2 章）。
- 为自己匹配可以实现愿望的习惯（见第 2 章）。
- 让行为更容易做到（见第 3 章）。

我希望你能够意识到自己已经学习了很多，也有了很大进步。现在我想向你介绍一项可以直接帮助你从微小入手，最终获得巨大改变的新技巧。行为加工技巧的关键在于：知道自己一次能养成多少新习惯，以及何时能增加更多。

图 6–7　行为加工技巧

我们继续用钢琴练习来类比。为了提升弹奏钢琴的水平，你需要练习弹奏乐曲。那么如何选择练习的乐曲以及练习多久之后可以增加新的曲谱呢？你可以选择很有挑战性的肖邦升 C 小调《幻想即兴曲》，先将这个曲子练到完美，然后再去练习新的曲谱。不过不得不说，这样的计划对大多数人来说都是灾难性的；或者，你可以选择像《小小蜘蛛》那种既简单又有趣的曲谱作为每星期的演练曲目；当然，你也可以选择难度在两者之间的曲目。能够有效地做出选择，就是一项技巧。

你可以用同样的选择技巧去选择未来要养成的习惯。要想知道自己一次能养成多少新习惯以及何时能增加更多，你可以通过潜心钻研学习和尝试，并识别有效方法来打造相应技巧。如下是一些行为加工的指导方针：

- 专注于你感兴趣的事物。有些人喜欢养成一些简单的小习惯，有些人则喜欢攻克更有挑战性的习惯。哪一种更有意思、更让你激动，那就是你应该做的事。如果你感觉有些迷惑，则可以使用默认设置：从养成 3 个超简单的习惯开始，然后每个月增加 3 个新习惯，这也是大多数习惯养成者的起步之选。
- 拥抱多样性。你一开始使用的技巧越多种多样，就能越快地学会改变的技巧。挑选一些入门步骤型的新习惯，比如穿上跑步鞋，接着再选一些缩小规模型的习惯，比如清洁牙齿。把与锻炼、饮食相关和工作方面的习惯混合起来去培养，也很不错。多样化的选择能够帮助你更快速地了解最适合自己的方法。
- 保持灵活性。如果你想创建一个理想的习惯清单，记住不要太拘泥于这个清单。你的喜好和需求是会变化的。或许今天你把每天练习倒立纳入了清单，但 6 星期后你或许又不关注这件事了。在前进的过程中要保持灵活性，并为学习新事物留出空间。

在萨里卡刚开始打造生活习惯时，她选择了从 3 个习惯开始。这是 3 个入门步骤：打开热水器、坐在冥想垫上深呼吸 3 次，以及给植物浇过水后自己也喝口水。她更大的愿望是让生活更有规律，以便更好地调节身体状况，并且开始纳入更多健康的生活方式。过了几星期之后，她的习惯就从早上打开燃气灶变成了每天给自己做一顿丰盛的早餐，最终她的一日三餐全都自己做，这可是她以前想都不敢想的事情。那她到底是如何做到的呢？让我们拆解一下之前一直在讨论的“知道何时能添加更多习惯”技巧。

在打开燃气灶习惯变得自主自发之后，萨里卡添加了另一个习惯，就是在炉灶旁边放一盆水。这是一个非常自然也非常简单的新习惯，而其他习惯很快也随之而至，包括把米从橱柜里拿出来、把牛奶从冰箱里拿出来，以及把肉桂粉从柜子里拿出来。随着萨里卡逐渐地深入烹饪过程，她发现自己很难在一个乱糟糟的厨房里安心做饭。昨晚留下的外卖盒和餐具在柜台上堆成一团影响了她做早餐。这时候更多围绕早餐的习惯就会自然地得以繁殖和生长。

新习惯的养成让萨里卡觉得很舒服，也很有自信可以继续添加新的习惯。要养成清理柜台的习惯，这样她在早上就有足够的空间去做早餐了。这个习惯很快就固定下来，因为她在过程中得到了成功的愉悦感，这让她渴望继续进步，即便那意味着她还要为此增加更多习惯。随后这个习惯就长大了，她开始习惯于在每天晚上清理柜台。然后她开始清理水槽和所有碗碟，因为醒来后看到厨房干净整洁的感觉实在是太好了。她的习惯不断累积，每个微成功都自然而然地激励萨里卡继续在最初的微习惯配方里添加更多相关习惯。

我详细地介绍这个过程，是为了向你展示“知道何时能添加更多习惯”这一技巧并非一个死板的公式。它在现实中的应用是很自然的，不是要你一开始就付出巨大努力。你可以先试着从培养几个不同方面的新习惯开始，我建议先培养 3 个，然后看看有什么会自然发生。

如果这个过程让你感觉很乐观，并且能越发清晰地看见前进的路径，那你就做对了。萨里卡说，这种体验就像是在洋流中游泳。这么多年来，她每天醒来都是看见乱糟糟的厨房，也来不及吃早餐，最后怀着失望的心情开始这一天，她不敢相信改变竟然来得这么容易。这感觉就像是有一种力量在推着她前进一般，而她就只需要继续做自己想做的事就可以了。

技巧 2，自我洞察

接下来是要理解你的偏好、优势和愿望。在前面的章节中，我们已经探讨过如下一些跟自我洞察相关的技巧：

- 明确你的愿望或预期成果。

- 理解是什么激发了你的动机，也就是知晓你真正想要的和你认为你应该做的之间的区别。

如下是能带你从微小起步，最终拥抱巨大变化的第二个技巧：自我洞察（如图 6-8 所示）。其关键在于：知道哪些新习惯对你有意义。“对你”这两个字很重要，因为“哪个习惯更重要”这个问题对于不同的人来说答案也是不同的。你的目标是创建一开始规模微小却意义非凡的新习惯。以下是可用于预测新习惯对你是否有意义的一些指南：

- 新习惯能够助力你成为你想成为的人。如果你想成为一个充满爱心和懂得欣赏他人的人，那么，在丈夫做完饭之后说句“谢谢”的习惯就是有意义的，这也极有可能会促使你蜕变。
- 新习惯可以帮助你实现某个重要的愿望。如果从养成新习惯到实现愿望的路线很清晰，那么养成这个习惯就是有意义的。每天穿上跑步鞋的习惯看似微不足道，但如果你的愿望是每天跑步 5 千米，那么这个微习惯意义非凡。
- 新习惯虽然微小却能产生极大影响。萨里卡每天打开燃气灶的习惯很小，但却触发了一系列变化。

关键在于要找到你可以做出的最小、最容易但意义却最大的改变。

图 6-8 自我洞察技巧

如下是我的一个生活习惯：每天早上，我都会在便携水杯里装满过滤过的水，再带着便携水杯出门。但它实际上可以拆解为3个微习惯：把水倒进过滤器、把过滤过的水倒进便携水杯、带上便携水杯出门。所有这些习惯都是微小的，你或许会觉得它们无足轻重，但对我来说，它们是意义非凡的。受我在斯坦福大学的学生的影响，我已经无法心安理得地喝那些装在不可降解的塑料瓶中的瓶装水了。我不想成为那种浪费资源的人，也不想在学生眼中成为漠不关心地球生态的人。这关乎我的身份认同感。

我想了想自己可以做些什么，而这3个习惯就是我的解决方案。养成这些习惯轻而易举。而且，出于涟漪效应，这引发了我其他的一些环保习惯，比如捡拾沙滩上的垃圾。我计划要养成的下一个习惯是：徒步旅行时在衣服里带上一个垃圾袋。

你可以通过回答一些问题来练习这项技巧：我能创建的最有意义且最微小的习惯是什么？即使你现在还不打算创建任何新习惯，也可以先写下几个答案。写出的答案越多，技巧练习的效果就越好。熟练掌握这项技巧可以帮助你找到适合自己的且易于创建和维护的习惯。但它的效用还不止于此。掌握技巧之后，你还能更好地识别那些对你来说没有意义的习惯，从而避免浪费时间。

如果你难以让习惯产生黏性，这项技巧或许可以帮到你。记得吉尔在试图养成清洁柜台的习惯时的反思吗？起初，她很难记得执行这一习惯，毕竟这个习惯看起来既普通又无趣。但通过更深度的观察和思考，她意识到这个小小的动作却关联着她更大的愿望，即创造更和谐的家庭生活和更亲密的夫妻关系。一旦建立了这种重要关联，她就能产生足以为习惯供给能量的意义感了。她利用这项技巧找到了对她有意义的习惯。

一些习惯背后的动机有可能是很复杂的，比如你可能在“我想要做”和“我应该做”两种心理之间摇摆不定。如果要养成这样的习惯，那找出行为的意义是非常重要的。有时候，只需要找出行为的意义，就能够切实地将它提升到“我想要做”的阵营。或许你觉得自己应该养成每餐都吃蔬菜的习惯，但你真的不喜欢吃蔬菜，也不知道怎样才能把蔬菜做得好吃一点。这时你会产生抗拒心理。

但是一旦找到了跟吃蔬菜相关的深层愿望，你就能够更顺利地养成吃蔬菜的习惯。你可能找到很多隐藏的意义：或许你已经到了一定年纪，想要保持身体健康，能够看着子辈孙辈长大成人；或许你只是想在出席公司年度会议时穿着得体、充满自信。这些愿景中的任何一个都足以激励你下定决心多吃蔬菜。

当然，也可能存在其他情况，或许你发现吃蔬菜完全没有任何意义。养成吃蔬菜的习惯一开始就只是你伴侣的想法而已，而你根本想不通为什么它对自己很重要。那也没关系，放弃这个习惯，专注于那些对你有意义的习惯吧。

通过练习自我洞察技巧，你能判断一个新习惯是否值得培养。如果值得，那很棒，这样你就有了全新的动机；如果不值得，那你就可以腾出空间来养成其他更重要的习惯。掌握此技巧可以让你将精力聚焦于促成更重要的改变。

技巧 3，循序渐进

随着时间的流逝，你的习惯会改变，你会改变，你身边的世界也会改变。循序渐进技巧能帮助我们根据生活的动态变化进行调整，以此来发展和改善习惯（如图 6–9 所示）。

如下是我们已经学到的技巧：

- 如何分析问题、排除故障。
- 在习惯养成过程中看不到效果的话，如何修正习惯养成方法。
- 如何演练习惯。

这项新的技巧跟如何逐渐发展习惯直接相关，其关键在于：知道何时该推自己一把，超越微习惯，提升习惯难度。

图 6-9 循序渐进的技巧

在持续执行一个新习惯的过程中，你自然而然就会追求更多或难度更高的新习惯。那时候，你会找到舒适区的边界，并体会到略微打破边界的感觉。清楚自己的舒适区边界在哪里可以帮助你养成更复杂或难度更大的习惯，而不会因为感到力不从心的痛苦或沮丧而削弱习惯。

我们再来看看苏库马尔的俯卧撑习惯。他怎么知道什么时候要从每天做 2 个俯卧撑发展到每天做 3 个呢？他又是怎么发展到每天做 50 个俯卧撑的呢？对于这种习惯来说，舒适区边界相对容易找到，因为存在物理性质的迹象：肌肉发烫、呼吸加重。在苏库马尔的例子里，一开始他每天就只在刷牙之后做两个俯卧撑，并格外留意自身状态。就这样坚持一星期之后，他发现自己状态更好了，能够更轻松地做完第二个俯卧撑。那种有所进步的感觉激励着苏库马尔练习更多。于是他增加了运动量，而且成功坚持了下来。

苏库马尔成功地养成了做俯卧撑的习惯，因为他很擅长找到自己的舒适区边界，成果就是他给自己的压力刚刚好足以让他有所进步。数日甚至数星期过去，这个过程不断地重复发生。然而，如果在任何时刻苏库马尔不想做太多俯卧撑了，他也不会强迫自己。他会只做 2 个俯卧撑，并且为自己能维持习惯感到高兴。该技巧的一部分含义就在于要知道什么时候该退后一步，只完成基线。

现在是时候将这项技巧添加到我们的行为设计步骤里去了，它就是第 7 步：排除障碍、重复和扩展。

STEPS IN BEHAVIOR DESIGN

行为设计的步骤

1. 明确愿望
2. 探索行为选项
3. 为自己匹配具体行为
4. 从微习惯开始
5. 找到“对”的提示
6. 庆祝成功
7. **排除障碍、重复和扩展**

舒适区边界不是一条直线，它更像是股市走势图中起起伏伏的线条。只要你坚持执行新习惯，就永远都能移动舒适区边界，但不要事先设想太多。专注于当前的舒适区边界，这样你才能做出最英明的抉择。

如下是关于如何调整习惯难度的操作指南：

- 不要给自己施加太多压力去试图养成更高阶的习惯。如果你生病了、累了，哪怕只是心情不好，那就将行为规模缩小到最微小的程度。如果你想多做一些，也随时都可以提高标准，但只要有需要，你也可以随时降低标准到最低程度。灵活性是这项技巧中的一部分。

- 如果你想多做一些，不要限制自己。让动机来告诉你该做多少和该怎么做。
- 如果你做了很多，一定要为自己额外付出的努力而庆祝。如果为了提升习惯而给自己太多压力，你就有可能觉得痛苦或沮丧，这反而会削弱习惯。如果出现了这种情况，你可以通过加倍为自己庆祝来抵消负面情绪。
- 利用情感标志来帮助你找到边界。沮丧、痛苦以及逃避等情绪标志着你的习惯出了问题，可能是难度提升太多、太快。但如果你是对现有习惯感到有些厌倦，那么你或许还需要再提高些难度才行。

技巧 4，情境设计

情境设计与我们周围的事物相关（如图 6-10 所示）。（我把“情境”和“环境”当作同义词使用。）

图 6-10　情境设计技巧

没有谁是生活在真空里的。情境，包括周围的人在内，对于习惯行为的影响都非常大，甚至超过了我们的认知。由于习惯很大程度上是我们所处情境的产物，因此善于应用情境设计技巧对于我们做出改变和维系做出的改变来说是非常重要的。

在前面几章，我们已经讲过了一些情境设计技巧，尤其是跟工具和资源相关的技巧。在第 3 章，我们讲过莫莉的故事，她正在努力尝试健康饮食，但却难以提前做好一星期规划，导致目标难以实现。后来莫莉巧妙地寻求了未婚夫的帮助，还找到了可以让这个习惯行为更容易实现的工具。通过抓住可以利用的机会和应用情境设计技巧，莫莉得以更快速地养成了新的饮食习惯。

我打算更深入地介绍情境设计技巧，其关键在于：重新设计情境使习惯更易于执行。这项技巧对于维系已经实现的改变来说是至关重要的。在跟慧俪轻体公司合作时，我问过他们的首席执行官，一个人在不改变环境的情况下是否可以维持减肥效果。他的答案是：不可能。我们都认同这一点，如果有人减了肥，但过程中没有改变过自己身边的环境，那么这个人的体重最终还是会再反弹回来的。我们都知道环境的力量是非常强大的。

有两个问题可以帮助你改变环境，降低身边环境与你想养成的良好习惯之间的摩擦。第一个问题是：我如何才能让这个新习惯易于执行？这跟我们在第 3 章所探讨的议题略有不同，但现在我希望你专注于改善周遭的环境使之更利于习惯养成，而不是想着靠降低习惯的难度和规模来让习惯易于执行。

在第一次决定认真对待清洁牙齿的问题时，我审视了整个卫生间。我通常都是把牙线堆在镜子后面的柜子里。我在想：怎样才能让这个习惯养成得更容易些呢？答案非常清晰。我从柜子里取出牙线，放在牙刷的旁边。对于固化清洁牙齿的习惯来说，这个小小的动作有着重大的意义。

假设你已经连续一周都在坚持一项新习惯了——每天下班回到家吃些黄瓜片。过去你总是习惯下班后在晚餐之前吃些玉米片来缓解一下饥饿，现在你希望用黄瓜片来代替玉米片。刚开始几天你坚持了这个习惯，但随后你就开始时不时地忽视这些黄瓜片，去拿放在厨房台面上的玉米片。为了解决问题，我们继续提问：是什么让习惯难以执行？

接着你意识到，有一天你没坚持吃黄瓜片是因为冰箱里找不到任何黄瓜。你摸索了大概 20 秒，心中抱怨家里就只有你会清理冰箱。黄瓜不见了，你有了扭头去吃玉米片的绝佳理由。还有一天，你虽然找到了黄瓜，但它们还没洗过。你那天很累，也没有心情去清洗、切片，所以又吃了玉米片。现在，想必你已经想到如何重新设计情境才能帮助你养成习惯了：

- 养成在前一天晚上洗好黄瓜并且切片的习惯（持续的习惯）；
- 告诉家人不要动你的黄瓜（单次动作）；
- 确保冰箱够整洁，方便你能够立即找到黄瓜（每星期一次的习惯）。

通过重新设计情境来养成习惯，可以减少摩擦，让习惯行为可以轻易地超越行动线。那些提前清洗过并切成片的黄瓜会让你的新习惯畅通无阻。重新设计情境的动作中有一些是单次动作，比如告诉家人不要动你的黄瓜，或把牙线放到牙刷旁。

在追求养成某个习惯时，你或许会想到要创建其他一些习惯来改善所处环境。还记得萨里卡的故事吗？当她注意到凌乱的台面阻碍了她做早餐的热情时，她找出了习惯养成的环境缺陷，并通过养成“在前一天晚上做好清理”的新习惯对之进行处理。

你会越来越擅长重新设计情境以养成良好习惯。一旦开始以这种方式来看待世界，你就会发现这些微不足道的障碍是如何阻碍你获得良好习惯的。通过精心设计情境来达到对新习惯悉心照料的结果，能够让你的整个生活都更轻松。

如下是关于重新设计情境的一些指南：

- 在设计新习惯时，也投入时间重新设计情境以便让习惯易于执行。
- 开始执行新习惯时，边执行边调整情境，并根据需要重新设计情境以便让习惯易于执行。
- 大胆质疑传统。没有人规定你必须把维生素片放在厨房里，把牙线放在卫生间里。也许把维生素片放在电脑旁或者将牙线放在电视遥控器旁对你养成清洁牙齿的习惯最有效呢？你是“习惯忍者”，不需要一味顺从规则，要找出对你有效的方式。
- 购买你所需要的装备。假设你希望每天骑行 10 千米去上学，风雨无阻，那么你可以依靠设计消除去激励因素，比如买些装备来减轻在风雨中骑行时的痛苦。

到目前为止，我一直都聚焦于系统和原则。我在本书中分享的是一个习惯养成的流程，而不是预先设定的具体习惯或结果。但是，现在我想切换一下模式，分享一项具体的能帮助你健康饮食的技巧。我觉得这本书的读者中肯定是有人想要减肥或保持体重，或者是你们的亲人有这样的诉求，我想要跟你们分享我过去 10 年来的最佳减肥方法。我称之为“超级冰箱”计划。

减肥主要是通过改变饮食习惯来实现的。尽管锻炼在很多方面来说都是有益的，但它并不是减肥的关键。集中时间和精力关注营养摄入是很重要的，但依靠意志力来改善饮食的方式并非良策，我们已经知道原因了：相互冲突的动机变量太多，导致很难使人长期保持前进的方向。遗憾的是，当今世界的饮食环境并不利于我们实现改善饮食的愿望。不管是在工作中、旅行还是外出就餐时，优质食品的选择都太少，这是对我们不利的因素。这就是现实。

现在我要抛出我的理念：重新设计饮食环境，尤其是整理你家里的冰箱，是可以改变饮食方式的一种有效方式。丹尼和我一起改变了很多习惯，而“超级冰箱”计划或许为我们带来了迄今为止最好的转变。这在一部分上要归功于我们的冰箱改造，每个人都因此减掉了15%的体重，而且多年来也一直保持着理想的体重。更难得的是，减轻和维持体重的整个过程，都让人感觉挺轻松的。如下就是我们应用“超级冰箱”计划后的感受。

在打开冰箱后，我们能看到一堆玻璃容器，装着已经做好的开盖即食的食物。西兰花装在容器里，已经洗干净、切好。菜花、芹菜、辣椒和洋葱也已经处理好了。还有一个容器里装着已经煮熟的藜麦。此外，冰箱里也有一些现成的可以当零食吃的新鲜水果和熟鸡蛋，还有原味全脂酸奶、多种泡菜，以及芥末等调味品。相信你脑海里已经有画面了。

超级冰箱里的食物多种多样，放在一起十分漂亮。但这还不是关键，关键在于我们设计出来的冰箱，只要人一打开门就能看到一系列健康的饮食选择。冰箱里的食物，我们想什么时候吃就什么时候吃、想吃什么就吃什么、想吃多少就吃多少。我们不会把那些跟饮食计划相悖的食物放入冰箱。每星期我们都会花时间去购物，并且整理好超级冰箱，做好准备工作。每个星期天在完成超级冰箱补给工作之后，我都会花上一分钟时间去欣赏它，因为它看起来就像是*Real Simple*杂志上的页面。实在太漂亮了！

下一步行动可能会困难一点，因为你不想破坏冰箱里的“风景”。这一步很关键：在接下来的一星期之中，你需要全力以赴，吃掉准备好的所有美味佳肴，什么都不要浪费。可能的话，清空所有容器。

虽然每周补给冰箱要花费我们不少时间和精力，但这份投入很快就能得到回报。如果我需要一份简单的午餐，那么你只要拿出一些食材就能搞定。准备晚餐也只需要几分钟而已。如果你在任何时候想吃点零食，即便是在午夜，只要打开超级冰箱，想吃什么都有。如果我还有点饿怎么办？我只需要到超级冰箱那里，找些东西吃就行了，里面全都是很优质的食物，我无须忍饥挨饿，也无须依赖意志力调整饮食。

使用“超级冰箱”计划的结果是体重减轻、睡眠改善、精力提升。刚开始使用“超级冰箱”时，我们做得也并不完美，但我们学会了把冰箱当作健康饮食计划中最好的盟友。

重新设计情境可能会很有趣，所带来的好处也能够很快地显现出来。随着时间流逝，你将不假思索地应用这项技巧。到最后，当你住酒店时，如果房间摆设无法帮助你保持良好习惯，你也会愿意花上几分钟去调整它，然后呢，房间经由你的个性化改造，可以帮助你更好地饮食、睡眠、梳洗以及实现愿望。

技巧 5，心态调整

最后一个需要我们关注的技巧，我称之为心态调整技巧（如图 6–11 所示）。这项技巧关乎你的改变方式、你对待改变的态度以及你对周遭世界的感知与诠释。

此时，你应该已经学到了一些有价值的心态调整技巧：

- 以开放、灵活和好奇的态度来应对变化。
- 能够降低期望。
- 通过为成功（不管是多小的成功）庆祝获得良好的感觉。
- 对改变过程保持耐心和信心。

如果为成功而庆祝是最重要的心态调整技巧，那么其关键就在于：拥抱新身份。只要能做到放弃旧身份、拥抱新身份，你很快就能够提升自己从微小入手拥抱巨大变化的能力。

图 6-11 心态调整技巧

人们在刚开始实践微习惯时，我经常会听到他们说“我已经习惯了这样子”、“我不是那种很容易改变的人”或者是“这些对我来说都不管用”。但同样是这些人，有很多人就在短短 5 天的计划之后就改变了腔调，告诉我说“这真是难以置信，我必须承认我错了。我是可以改变的人”，或者“我就知道我是那种可以坚持到底的人”。

由于总是会听到人们说出“我就是那种……的人”这个句式，我决定将其纳入微习惯策略的评估流程，在为期 5 天的计划结束时，我要求人们补全下面这句话：“在实践微习惯之后，我现在认为自己是那种……的人。”

在收集了这些数据之后我发现，随着人们在养成习惯方面变得越来越熟练，他们的自我认知也在改变。在开始微习惯计划时，他们认定自己是某种类型的人，而在 5 天的微习惯计划结束的时候，他们则已经开始拥抱一种新身份了。很多新身份会让人愿意相信自己的改变潜力，也有其他身份的变化方向是与习惯类型以及人们已经做出的改变有关的。

如果你询问苏库马尔，会知道身份认知就是给他带来困惑的关键因素。在习惯养成计划开始之前，他想的是“我不是那种爱锻炼的人，我不吃健康食品，我不是那种有睡眠障碍的人”。对他来说，这些是无法改变的人格特质，它们就是他的身份。但就在他第一次做完两个俯卧撑之后，就已经迈出了破解自我心理认知的第一步。

所有人都有一种根深蒂固的冲动，要按照符合自己身份的方式行为处事。当一个群体面临着威胁时，任何不完全了解的成员都有可能给群体带来风险，因此那个成员就会被组织屏蔽。从进化角度来讲这种做法是有原因的，在一个群体需要依靠团结和协作获取食物、住所和其他资源的情况下，能够完全了解并可靠地预测一个人的行为处事方式是至关重要的。这关乎你的生活。作为社会人，我们在很大程度上都是在遵循某种特定身份采取行动的，虽然或许我们自己都没有意识到这一点。

开始做俯卧撑之后，苏库马尔提升了自己的体力和精力。他能够从锻炼中感受到成功，不再觉得自己像是健身房里的傻瓜了。以前，尝试使用其他健身器材会让他觉得不舒服，他会一直质疑自己：我的力量足以使用卧推机了吗？如果只能推很少几次会不会很丢脸？

经过养成做平板支撑和俯卧撑的习惯试验，结果开始显现，苏库马尔的身份感也开始转变。现在，他已经理解了力量训练的原理，也知道自己有能力完成它。他去健身房的次数更多了，感觉也更好了。他甚至还向妻子的私教订购了两星期一次的私教课。过去他过于胆怯而不敢尝试的小组锻炼课也变得非常有意思，他甚至还在动感单车课上结识了不少朋友。

所以到底发生了什么？很显然，苏库马尔有了成长。而驱动他发生所有这些变化的，是他拥抱新身份的能力。他放下了认定自己是不擅长锻炼的那种人的执念。多亏了通过微习惯感受到的成功，他才能够以一种全新的方式看待自己。

身份转变会推动改变加速，因为它能帮助我们培养出一系列的行为习惯，而不只是一两个单独的行为习惯。这很重要，因为大多数愿望的实现都需要我们完成不止一种的习惯改变。我们要养成一组新习惯才能达成所愿，尤其是在健身、睡眠和缓解压力等方面更是如此。

经常光顾麦当劳的人和经常在农贸市场购物的人，他们所呈现的饮食习惯是完全不同的。如果你开始像去农贸市场采购的那种人一样规划饮食，大脑就会指引你转变对身份的认知并习得一系列与新身份相匹配的新习惯，“往沙拉里面加南瓜子”在你听来不再觉得奇怪，而是觉得很健康。改变身份会有助于你养成其他新习惯，那些你自己或许都没有想到的、能够让你更接近自己的愿望的新习惯。

成功接受自己在一个领域内的身份转变，往往也能够促成你在其他领域的身份转变。苏库马尔早期在锻炼上取得了成功，这促使他勇于挑战“自己不是健康饮食者”的老观念，并开始按照自己想变成的那种健康人士的习惯来设计自己的饮食习惯。他减少每顿餐食的分量，并对饮食进行了小的改动，比如从食用白米改成食用糙米。这也造就了一种身份改变，越是吃得健康，他就越想要吃得更健康。他以前很喜欢吃甜食，但在开始微习惯计划几个月之后，这种偏好就已不复存在了。最棒的是，他并没有直接去解决爱吃甜食的问题。改掉甜食习惯是他有意为之的其他习惯所产生的涟漪效应。苏库马尔从背后“包抄”了他的“甜食怪物”。

他同样还习惯了认为自己是个不会穿衣服的人，但后来他意识到，由于他的肚腩已经消失了，购物现在已经变成了一种令人愉快甚至兴奋的体验。看着镜子里的自己，他感觉状态很好。苏库马尔开始质疑心中曾经很牢固的消极自我认知，那是带给他痛苦和失望的身份认知。既然他可以做出原本以为不可能的改变，他断定自己可以改变他想要改变的一切。对苏库马尔来说，这种赋能和乐观的感觉为他带来了真正的转变。他在生活中的各个方面都变得更为自信，他离开已工作19年之久的公司，创办了自己的公司，以微习惯为重点帮助大型组织展开变革。

接下来，让我们深入细致地学习如何构建这些重要的身份认知技巧：

- 用你想要拥抱的一种身份或多种身份，补全“我现在认为自己是那种……的人”这句话。
- 参加那些汇集了跟你的新身份相关的人员、产品和服务的活动。当我决定要吃发酵食品时，就去参加了当地的发酵节。我遇到了比我更有经验的爱好者，知道了很多新产品，参加了一个有专家讲授如何制作泡菜的工作坊，还购买了制作发酵食品所需的设备。我带着更强的身份认同感回到了家，认定自己就是会吃甚至会制作发酵食品的那种人。
- 学习行话，了解谁是专家。观看跟你感兴趣的变化领域相关的视频。在学习冲浪的时候，我就查阅了用来描述波浪的行话，并开始使用这些术语。我留意大型的冲浪活动，还观看了最擅长这项运动的人们的视频。我学会了理解潮汐变化，还学会了通过标志性建筑来判断潮汐的高低。在毛伊岛附近有一座火山，轮廓很明显，当地人称之为“龙”。你只需要看着“龙”就能知道潮汐的变化。如果“龙”的脖子露出来了，那就是低潮期。如果“龙”只露出了脑袋，那就是涨潮期。
- 穿 T 恤也是用来表明身份的一种常用方式。耐克牌 T 恤代表了跑步爱好者，而我穿的 T 恤上面印有冲浪板或冲浪场面的图像。我每年冲浪过百次，我可不会觉得自己是在装腔作势，将这种身份穿在身上感觉很自然。
- 更新你的社交媒体页面，换一张能够展现你新身份的档案照片，再看看人们的反应如何。修改网上的个人简介，加一些跟你的新身份相关的内容。
- 教导他人或成为榜样都能够强化你对新身份的认知。社会地位的力量是很强大的。

别担心，你无须一次学会所有改变技能，也能够取得重大进展。同样，你也无须使用所有这些技巧，不过我希望你多多尝试。多加学习，你就能更自信、更高效、更灵活地向前迈进，逐渐改变自己的生活。请教练或老师帮助你掌握一些技巧，也会很有帮助，但你得找个水平高的教练或老师。最终，你或许自己就能学会和应用这些技巧。但对于某些方面来说，有个好教练的作用还是很大的，因为这能减少你在一开始所需要掌握的技巧数量。图 6–12 展示了全部 5 种改变技巧。

图 6–12　改变的 5 大技巧

阅读跟改变相关的故事和指南是好事，但不要止步于此。只靠读书是无法学会跳舞的，只看说明书也无法学会开车。我很高兴你选择读我这本书，但还请你将我这些观点应用到日常生活中去。你可以像学习其他技巧一样练习改变的技巧，即使犯错了，也没有关系。

这是看待习惯的全新视角——把行为改变视为一种技能。这应该能带给你信心，因为这意味着你可以像学习骑自行车、学习游泳或是学习使用电脑一样地学习改变的技巧。或许刚开始你得胡乱摸索一阵子，但只要坚持练习，就一定能学会。

你做出的微改变，有些会生长，有些会繁殖。在此过程中，只要你能感受到成功，你的身份认知就会发生改变，这就是你从微小着手逐渐拥抱巨大变化的方式。

我想，你将会比自己预期的更快实现成功。

TINY EXERCISES

改变的技巧

练习 1：学习掌握改变的技巧

在此练习中，我希望你将自己学习其他技巧的方法跟学习改变技巧联系起来。

❶ 列出你已学会的至少 5 项技巧，如开车、说法语或是使用 Photoshop 软件之类的技巧。

❷ 记下你为了学习这些技巧所做的事情，即请教老师、从简单的事开始做起，以及每日练习之类的方法。我建议你至少用 5 分钟时间思考并做好笔记。

❸ 仔细阅读自己的笔记，思考如何使用这些方法来学习改变的技巧。

练习 2：练习行为加工技巧

摸清楚自己能一次养成多少个习惯，是行为加工技巧的关键之一。在本练习中你要探索的就是这一点。你要尝试一次培养 6 个习惯，以此来找出你同时培养多个习惯的能力限度。

❶ 使用至今为止在本书中学到的一切，创建 6 份新习惯配方。你可以在附录中找到灵感。

❷ 为每个配方写一张文摘卡。

❸ 每个配方上的行为都是微小的。如果不够微小，那就缩小它的规模。

❹ 确保每个配方的锚点都是具体而独特的。加分项是明确每个锚点的最后动作。

❺ 坚持实践这 6 个新习惯一星期，可以根据需要修改和演练。如果不喜欢某个新习惯，可以换成别的。

❻ 一星期后，回顾反思你对自己和微习惯策略有哪些更新的了解。在继续前进时，留下你最喜欢的新习惯即可，其他的就随它去吧。

要想做好这个练习，你需要重新设计情境并进行演练，而这就是接下来两个练习的重点。

练习 3：练习情境设计技巧

这项技巧依靠重新设计情境来帮助你完成想要的生活改变。

❶ 逐个查看行为加工练习中输出的新习惯配方。

❷ 逐个分析这些习惯，找到可以重新设计情境并让它们变得易于执行的方法。

练习 4：练习循序渐进技巧

演练新习惯并每次都为此庆祝，就是一项重要的循序渐进技巧。如下就是这样的一个练习。

1. 查看你为微习惯创建的 6 个配方。
2. 针对每个配方，执行锚点行为及其新习惯。
3. 在执行新习惯的过程中或结束后立刻进行庆祝。
4. 重复这个行为序列 7 ~ 10 次。
5. 尽量避免在演练习惯时感觉尴尬。记住，体育、商业演讲和更多领域的顶尖选手都经历过练习才成功的，这也是你在行为改变领域成为顶尖选手的方式。

练习 5：练习心态调整技巧

心态调整技巧的关键就是要能够欣然接受自己每次只完成微小行为。可以只清洁牙齿或只做两个俯卧撑。这个练习就是为了帮助你适应这种理念。

1. 任选一个你定期执行的新习惯。如果想不出来，那就选择清洁牙齿吧。
2. 下一次你要执行新习惯的时候，故意只做最微小版本的量，要抵制住加量的诱惑。
3. 为自己有意地保持了微习惯还欣然接受它而庆祝。
4. 至少连续 3 天重复这么做，以便能形成认可即便做出最微小的改变也很好的心态。你需要能够接受自己在履行习惯时偶尔减小规模的做法，这样才能长期坚持履行习惯。

练习 6：练习自我洞察技巧

找出生活中拥有最大意义的最小改变，是自我洞察技巧的关键之一。我认为这个练习是目前所有练习当中最困难的一个，这也是我把它留到最后的原因。

1. 列出一个对你来说最重要的生活目标，比如做一个好妈妈或是培养同情心。
2. 花 3 分钟时间思考在此领域你能做到的且很有意义的最简单的单次行为。
3. 重复步骤 2，但这一次是要思考在此领域对你而言最有意义的、最微小的新习惯。

加分项 决定你会把步骤 2 和步骤 3 中的哪些项目付诸实践。

TINY HABITS

07

行为改变系统方案，一次只解一个结

HABITS

行为设计追求的

并非某个独立的结果。

行为设计的每一个习惯、

每一项改变，

都是可以在池塘里引起

涟漪的一滴水。

大家都知道朱妮有多爱吃甜食。有一次，她和同事到加纳出差，才早上 7 点，她就到处问哪里有卖冰激凌的。同事提醒她这是在西非，然后又问她为什么要在早餐时间吃冰激凌。她回答说："因为我是一个大人了，我想吃什么就吃什么。"

现如今再说起这个故事，朱妮自己都觉得难以置信。她怎么这么久才能意识到有问题呢？朱妮不只是早餐时要吃冰激凌，午餐时她还要喝双份焦糖玛奇朵，工作中途插播广告时要吃洋葱圈，晚餐时还要吃冰激凌，这些行为虽然都是分开来做的，但都发生在一天之内，这对她的健康和幸福来说是个大问题。

朱妮当时竟然拒不承认自己对甜食上瘾，回想起来连自己都觉得惊讶，只是她那时的心思不在这里，但她那时在生活中其他方面都非常自律。朱妮是成功的电台主持人，还是一名狂热的跑步爱好者。事实上，她报名参加微习惯培训的初心就是为了能参加芝加哥马拉松。在初期课程中，朱妮养成了一组新习惯，旨在加强核心力量训练，进而提高跑步耐久力。新习惯的效果非常好，于是她又开始着手培养和工作效率相关的其他习惯，甚至还采取了一些健康饮食措施，来控制自己对甜食的渴望。但是在 2015 年，朱妮的母亲去世了。

朱妮的母亲琼也是一位做事专注的干练女性，她因糖尿病并发症去世了。朱妮飞到亚拉巴马州，和姐姐一起料理母亲的后事。朱妮有 6 个兄弟姐妹，最小的才 19 岁，大家都陷入沉痛之中。尽管朱妮也同样承受着压力、背负着悲伤，但为了大家，朱妮还是选择坚强地应对一切，这是有代价的。当朱妮的丈夫问她回到家有什么需要时，朱妮脱口而出："我需要泡泡糖冰激凌。"

两年后，朱妮的体重重了快 7 千克，她发现自己一直无法释怀的伤痛又开始涌动。当时办完母亲的葬礼后，朱妮立刻回到了忙碌的生活中——两个孩子、工作和婚姻。她 11 岁患有自闭症的儿子似乎越来越需要她的照顾，这让她的压力与日俱增。回首过去，朱妮才发觉亲人离世的伤痛一直潜藏在她的心里，但她只能选择振作起来，哪怕这会让她付出很大代价。朱妮无法面对伤痛，于是想靠曲奇冰激凌和蛋糕来弥补内心的苦闷，但结果只带来了加倍的糖分和痛苦。

过量的糖分摄入妨碍了她的生活，朱妮已经不能再否认。体重过重让朱妮感到跑步时更加困难，工作时也精力不足。身为访谈类节目主持人，朱妮必须能即兴回答现场观众的问题，还要能灵活应对各种意外。补充甜食后，朱妮总能充满能量，但她同时也感觉自己精神涣散、注意力不集中。

朱妮参加了我的行为设计训练营，希望收获一些专业意见，好分享给她的同事，但在课程结束时，她意识到，自己学到的所有技能都可以用于改善自身生活。朱妮重新振作起来。她在书房的墙上贴了一大张白纸，然后拿出马克笔，在纸上梳理了一下自己对生活各个方面的愿望，接着又绘制了行为集群，之后又据此绘制了焦点地图。在最后一个行为框里，朱妮写下了"停止吃甜食"，并用圆圈符号把它圈了起来。她向后退了一步，看着它，深深地吸了一口气。

这是她最需要做出的重大改变，也是她跳出现状所必须设计之处。朱妮感到一阵头皮发麻，因为她知道这是一个极其艰难的挑战。朱妮的计划只有一个问题，那就是微习惯策略并没有提到如何改掉坏习惯，她只学会了如何培养新习惯。但朱妮一向自律、聪明又大胆，她觉得自己可以利用福格行为模型来反向设计行为，将那些坏习惯从生活中剔除出去。于是，她做了下面这些事。

朱妮写出了具体的吃甜食习惯——“每天晚餐时吃冰激凌”，并用福格行为模型分析了其动机、能力和提示，正是因为提示要素，这个行为才落到了行动线上方。朱妮发现，每当感到疲倦和难过时，她就会想吃甜食；她也靠甜食来提振精神，想念母亲时，她更是想大吃特吃。

为了打败甜食怪物，朱妮把家里所有甜食都清理掉了，并尝试忽视疲劳感，或是用椒盐脆饼代替冰激凌，她还准备了一箱无糖零食放在车上应急。想念母亲时，朱妮会玩《精灵宝可梦》手机游戏，而不是去吃甜食。但最终起作用的，还是从根源上解决悲伤情绪的问题。她建立了一些积极的习惯，包括写日记以及和朋友们聊天，这些习惯让她对母亲的怀念得到了释放，而不是一味地压抑。越用健康的方式来应对伤痛情绪，朱妮的感觉就越好，想养成积极习惯的动机也逐渐高涨。当朱妮开始能隔一段时间不吃含糖零食后，她看到了庆祝这些小成功的机会。一开始，朱妮可以做到某一顿饭不吃甜食，后来是能坚持好几个小时不吃，这看起来好像没什么大不了，但朱妮知道自己必须先降低期望值。在那些时刻，她觉得自己就是赢家。

朱妮知道强调成功的感觉至关重要，所以每次能一整天不吃甜食时，她就会为自己庆祝。这是一个巨大的里程碑。虽然朱妮不能每次都做到十全十美，但她仍然坚持了下来，而且后来，她居然能整整一星期不吃任何含糖零食。

朱妮知道变通和迭代的重要性，她尝试了几十种新习惯。有时候她也会遇到到处都是甜食的场合，这对她来说是一大挑战，不过，就算偶尔忍不住吃了冰激凌，她也不会苛责自己，反而把这当作一次研究解决问题的挑战。她想出了一些应对这种时刻的方法，并通过反复试验，确定了哪些有效、哪些无效。其间，她始终用同情心对待自己，而且庆祝每一次小成功。

这些小成功很快产生了多管齐下的效果，朱妮感觉她已经能很好地掌控吃甜食还是不吃甜食。曾经糖瘾控制了她，而现在她已经知道自己可以做出改变。朱妮从福格行为设计训练营毕业 3 个月后，给我发了一封电子邮件，她说她已经用行为设计和微习惯策略完全改掉爱吃甜食的习惯，彻底摆脱了糖瘾。

听到朱妮这样说，我很是为她骄傲，她的故事也激励我向更多人推广我的这些改掉坏习惯的方法。多年来，我虽然成功地改掉了不少不良习惯，但我始终侧重于帮助人们创建积极的习惯。我一直不太愿意深入不良习惯的层面，因为我并非戒瘾专家，而且关于不良习惯的交谈往往很快就会变成依赖药物和强迫行为的话题。我无意担当治疗师或医生的角色。我知道，微习惯并非解决严重成瘾问题的答案。但如果你的那些不良习惯并没有到成瘾的程度，那么我有个好消息要告诉你：微习惯可以改变一切。

考虑习惯问题的一个好方法是将它们分为 3 类：上山型习惯、下山型习惯和自由落体型习惯。我所指的是所有习惯，包括好习惯和坏习惯。

- 上山型习惯是需要努力维持但很容易中断的那种习惯，如闹铃一响立刻起床、去健身房健身或每天进行冥想。
- 下山型习惯是容易维持但难以停止的那种习惯，如睡懒觉、说脏话、刷 YouTube。
- 自由落体型习惯是像药物滥用之类的习惯，除非求助专家，否则很难停止。

我们先来探讨如何改掉下山型习惯。我创建了一套名为“行为改变系统方案”的新系统，它可以帮助你全面地、循序渐进地改掉下山型习惯，没有岔路。当然，这个方案的基础是福格行为模型。

福格行为模型是设计好习惯、告别坏习惯的基础。在前面几章，我重点介绍了如何让事情变得“容易做”，接下来我们将重点探讨如何让事情变得难以做到（降低能力）。我们要想方设法地消除有效提示，而不是去强化它们；我们要削弱做出不想要的习惯的动机，而不是去加强它。在开始探讨行为改变系统方案之前，我们先后退一步，分析一下我们是如何看待坏习惯的。这是一个重要问题。

和积极习惯类似，坏习惯也处于“容易改变”和“难以改变”这两个维度之间。对于“难以改变”的坏习惯，人们常常这样描述：打破坏习惯、战胜成瘾习惯。这仿佛是在说，那些你不想要的行为就是恶棍，你必须全力以赴打败它们。但这种描述（及其所滋生出的方法）构建了一种无益或无效的挑战。我希望大家不要再用“打破坏习惯”这个短语，因为它有误导性。“打破”一词让人们对改掉坏习惯产生了一种错误的预期，它会暗示你，只要你在某个时刻猛然发力，习惯就会消失不见。但这种做法极少奏效，因为你通常无法仅靠一次发力就能摆脱一个你不想要的习惯。

我建议不要用“打破”，而是用一个别的词和一个隐喻：想象一条缠在一起、打满了结的绳子，压力过大、看屏幕时间过长和拖延等习惯就是这条绳子上的结。你无法一次解开所有结，并且从长远来看，紧拉绳子可能会让情况变得更糟。你必须逐一解开这些结，而且不需要一开始就专攻最难的部分。为什么呢？因为最难解的结是隐藏最深的，你必须有所规划，先找出最容易解开的结，从它开始。

朱妮先列出了甜食习惯绳子上所有的绳结，之后找出了一个最容易解开的，即晚饭后不吃甜点，先做到一天不吃，然后是两天不吃……接着，她又清理了休息室里的冰激凌。最后，她连冰箱里的冰激凌也全部清理了。解开绳结的进展使朱妮的动机高涨，以前觉得可怕的事情——难过时没有甜食可吃，开始让她不那么恐慌了。成功做到一晚上不吃，这让她看清了一件事：她远比自己以为的更坚强。更重要的是，她已经开始明白所有绳结之间的关联性，至此，一切开始迅速改变。如果朱妮用传统观念来打破坏习惯，比如把甜甜圈换成芹菜梗，或许她早就已经放弃了，因为有些事仅凭意志力是很难做到的，迎难而上通常都无法持续。而且，如果她从一开始就不想做这件事（比如不想吃芹菜），那么好习惯是很难养成的。然后，她就会因为失败而沮丧，结果一次失败导致更多失败。

无法改掉坏习惯会引起人们深深的羞愧感和内疚感，为什么呢？因为许多文化都很重视个人责任感，认为如果你无法做到“对”的事情，那必然是性格方面存在缺陷。在行为改变领域，这是一种过于片面且毫无益处的观念，但它已然在人们心中根深蒂固。

不过，请你首先要记得：如果你曾听从误导性建议来打破习惯，结果却没有成功，那么这不是你的错。你只是被灌输了有缺陷的思维和做法，因而陷入挫败和举足不前的循环。其次要记得：你可以用一种更聪明、更有效的方式来设计出你想要的改变。这正是我为你撰写本章的原因。

现在我要澄清一个事实：坏习惯和好习惯的基本要素并没有本质性不同，行为就是行为，它始终是动机、能力和提示这 3 大要素同时作用的结果。你要承认这一点。

行为改变系统方案的 3 个阶段

行为改变系统方案有 3 个阶段（如图 7-1 所示），来帮助你摆脱不想要的习惯。阶段 1，致力于创建新习惯。阶段 2，致力于终止旧习惯。如果做不到，那就进入阶段 3，致力于用新习惯来替代旧习惯。每个阶段还包含更多详细步骤，详见附录中的流程图，此处不再赘述。

一些有效的传统改变方法也契合我的行为改变系统方案。比如，动机式访谈，这是一种帮助客户厘清其动机的咨询方法，这也是少数几个我认为有价值的传统方法之一。通过动机式访谈，人们可以了解他们采取或不采取某个行为的原因。再比如，可以发挥多种不同作用的问责伙伴。表面看来，对某人负责似乎与动机有关，没错，动机的确作用很大，但若能善加利用问责伙伴，也能对能力产生很大影响。伙伴可以为你提供思路，让你不想做的行为变得难以做到，甚至是无法做到。比如，你正在努力减少看电子屏幕的时间，那么问责伙伴或许会建议你设一个定时器，将时间设为晚上 8 点自动关闭无线网络。这样一来，熬夜上网这件事就变得更困难了。谢谢你，问责伙伴！

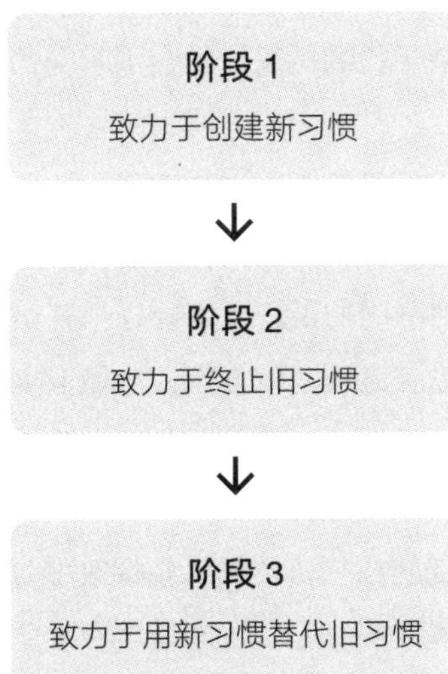

图 7–1　行为改变系统方案

行为改变系统方案是一个经过实践验证的有效方法，它系统化地清晰地指明了具体步骤，指引你一步一步地改掉坏习惯。它不只有一堆技能清单或一套指导方针，还包含更强大的功能：解除困扰你的坏习惯并改变你人生的演算法。那么，你准备好了吗？

阶段 1，致力于创建新习惯

先来分享一个好消息，阅读本书、演练微习惯策略，就已经是在向改变迈进了。建立新的积极习惯是行为改变系统方案的第一个阶段，专心从这一阶段入手，你已经学会改变的技巧，并看到了一些你可以改变的证据，于是有了更多动力去解除那些你不想要的生活习惯。

改变的技巧

你知道朱妮有多少新习惯是直接针对爱吃甜食这个习惯建立的吗？一个都没有。她从不会产生情绪负担的习惯开始演练，它们对朱妮来说是安全的、没有威胁性的。这让她在没有情绪干扰的情况下学会了改变的技巧。

假设你多年来一直因为体重问题而感到困扰，这或许是因为有人嘲笑你太胖了，或许是因为医生的不断劝告，所以，你可能会觉得减肥是你的头等大事。但我主张在阶段 1 用一种全然不同的做法：不要在一开始就把减肥或让你感觉痛苦的事情当成目标。相反，你应该从其他方面，比如卫生、人际关系、创造力或任何和体重无关的方面入手，建立一些新习惯。

最佳做法是先掌握改变的技巧，再熟练掌握改变过程本身。在阶段 1，你应该着重培养那些能让你发挥所长的习惯。这是学习改变技巧的最佳方式——为未来增加更多技巧和见解，以让你快速取得成功。不过，阶段 1 并不只有这些。

身份转变

当你做出一系列积极的改变时，就会更加接近你想成为的自己。如果在这些改变中你感受到了成功，那你自然会重新看待自己，并开始接受自己的新身份。我们在第 6 章谈到新身份会带来更多积极习惯，但它还有另一个作用：挤走那些你不想要的行为。它们已经不符合你的新身份和焕然一新的你。

苏库马尔拥有了更多运动习惯后，某些坏习惯慢慢地消失了。他现在上下楼都是走楼梯，而不是乘电梯，因为他觉得自己就是会走楼梯的那种人；每天晚上看电视的习惯也没有了，因为他现在晚上不是去和朋友打壁球，就是和妻子去遛狗。苏库马尔并没有为改掉坏习惯而特意做过什么，但在养成一系列积极习惯后，他接受了自己的新身份，也彻底改变了自己的生活，以前的坏习惯已经不适合现在的他。

如果在你的生活中，仅靠养成好习惯就能一劳永逸地摆脱那些你不想要的行为，那你可以到此为止。但即便是受到最精心照料的花园也会长出杂草，所以让我们继续吧。

把阶段 1 看作准备时段是有好处的。我知道“准备”这个词听起来可能有些枯燥乏味，但如果你能选择自己喜欢的新习惯并为成功而庆祝，你可能就会乐在其中。你的新习惯、新技巧，以及新身份对于进入阶段 2 都很重要。现在该是时候直面那纠缠不清的绳结并设计应对策略了。

阶段 2，致力于终止旧习惯

前几章已经提到了如何通过行为设计来培养新习惯，你也可以通过行为设计来改掉旧习惯，这个方法的基础仍然是福格行为模型。你可以削弱动机或降低能力，也可以移除提示，采用其中任何一种方式并坚持，都能如你所愿。听起来很容易对不对？也对，也不对。

大多数人都能轻松停止上山型习惯或者养成每天 5 点起床的习惯，但你可不是为了这些，让你不健康和不快乐的下山型习惯才是你真正想要终止的对象。

让你想终止的习惯更具体

在终止坏习惯上有一个常见的误区，即将一个抽象概念，如“不要让工作过于紧张”或“停止吃垃圾食品”当作目标。这两种描述听起来都很具体，但其实不然。它们是一堆习惯集合在一起的抽象标签，我称之为概括型习惯（General Habit）。如果只关注概括型习惯，那可能不会有多少进展，就像你想一口气解开整条绳索上的结，这是不大可能的。先锁定某一个绳结，然后再一一解开剩下的结，才能解开整条绳索。这意味着你要专心培养某个具体的习惯。行为集群可以帮助你做到这一点（如图 7–2 所示）。

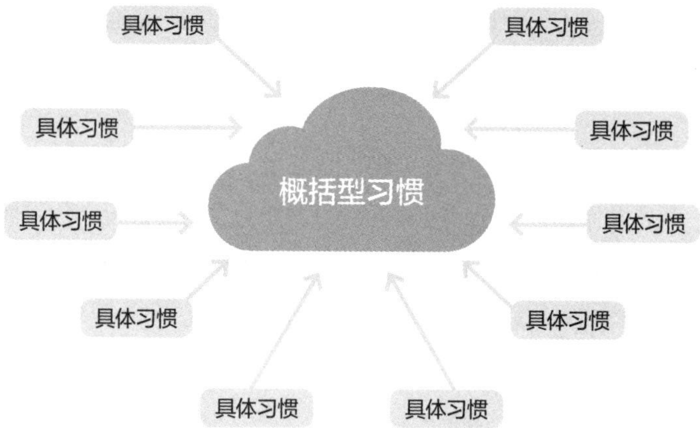

图 7–2 行为集群 – 拆解概括型习惯

首先，写下你想要终止的概括型习惯。其次，逐个列出有助于改变概括型习惯的具体习惯，把它们写在云朵四周的文本框里。我以“吃太多垃圾食品”为例画了一幅图，如图 7–3 所示。

图 7–3　行为集群 – 吃太多垃圾食品

如果你紧盯着概括型习惯不放，很可能就会产生沮丧或害怕的情绪，进而找借口逃避："我现在没有时间"或"我晚些时候再做"。不过，列出和概括型习惯相关的具体习惯之后，你就会觉得这个大的坏习惯更容易管理了。

我第一次用这个方法来终止自己不想要的习惯时，列出了超过 15 个具体行为，这让我很惊讶。它们都和我"到处乱扔东西"的概括型习惯有关。不过，我想先提醒你，在列出这么多具体行为后，我的感受有些糟糕。我没想到自己居然有那么多坏习惯。我真的这么邋遢吗？是的，这显然是真的。

你在应用这种方法时也会经历这种暂时性低沉情绪，我希望你不要受到它的影响。大多数人在使用这个方法时都会经历这种情绪，因为大家所面对的正是自己的坏习惯这一现实。不过，这种低沉情绪很快就可以消失。审视自己的这些具体行为时，我发现其中一些是可以轻松快速地改变的，比如，我可以不再把毛衣放在梳妆台上，也可以不再把书堆放在厨房柜台上。这样一来，我的低沉情绪就能一扫而光了。

这个系统方案让我觉得一切都尽在掌握。事实上，我开始感觉相当乐观。你也能同样如此。而且，早期的成功（不再在梳妆台上乱放毛衣），让你有能力去解开更难解的绳结。因此，我想表明的是：当你看到一大堆具体习惯需要改变时，请不要望而却步，也别感到不知所措，请你从中挑选一个并对它进行设计。不过，你究竟应该先挑哪些具体习惯呢？这个问题的答案至关重要，我用不同的描述来说 3 遍：

- 选择最容易的那个；
- 选择你最确信自己能做到的那个；
- 选择你觉得最没什么大不了的那个。

人们往往倾向于选择先解决最困难、最棘手的习惯问题，但这种做法是错误的，这就像是一开始就要去解一团乱麻中隐藏最深、系得最紧的那个结。正确的做法是，从最容易改掉的具体习惯开始。

你可以同时选择多个具体习惯。选择权在你，但不管做何决定，都别太勉强自己。请记住，你是在磨炼改变的技巧，加强学习。把更艰难的挑战留到你掌握了更多技巧、拥有更大动力的时候再去应对。你会发现，拥有了技巧和信心之后，其他烦恼很容易就能解决。而且，你可能并不需要刻意去做什么，有些习惯就会自动消失。

这些步骤其实就是本书前面部分提到的行为设计，只不过我们现在为了终止习惯，对这些步骤进行了逆向操作。这意味着，我们首先要把已存在的习惯找出来，然后再想办法改掉它。无论是开始培养新习惯还是终止旧习惯，都必须对具体行为（而非抽象概念）进行设计。当你选定要终止的具体习惯（福格行为模型中的行为要素）后，就可以进行下一步了。请记住一点，设计动机、能力或提示中的任意一个要素都可以达到终止具体习惯的目的。而且我的研究表明，终止具体习惯的最优路径，就是先从提示开始。这正是行为改变系统方案的下一步。

聚焦于提示以终止习惯

有时候，只需要解决提示问题就能终止习惯，具体的方法有 3 种：移除提示、规避提示或忽略提示。

1. **移除提示**。移除提示是其中最简单的，它的最佳方式就是重新设计周围环境。比如，你想终止在工作时刷社交媒体 App 的习惯，你可以关机、设置飞行模式，或关闭社交媒体 App 的通知功能，无论哪种方式，都可以移除情境提示。这样做或许可以帮助你解决这个习惯问题。如果为这件事写一个微习惯配方，那大概会是：在我坐下来开始工作之后，我会关闭社交媒体 App 的通知功能。

你也可以直接删除社交媒体 App。这是一种单次行为，通常会比每天关闭通知功能这种日常动作更有效，因为它只需要完成一次，不需要养成习惯。

MY RECIPE

微习惯配方

在我……	我会……	为了让大脑牢记这个习惯，我要立即：
坐下来开始工作之后，	关闭社交媒体 App 的通知功能。	☺
锚点时刻	**微行为**	**庆祝**
生活中某个可以提醒你执行微行为（你的新习惯）的既有日程。	你想要培养的且已经缩小到超微小、超容易完成的新习惯。	可以在你内心创造积极感受（我称之为“发光”）的事情。

在移除提示时，你既可以使用微习惯策略定期地移除提示，也可以一次性永久地移除提示。针对使用社交媒体 App 这个习惯，使用微习惯策略可能更好一些，毕竟通勤路上刷刷社交媒体 App 有时候也是在放松自己，所以彻底删除 App 可能并非最佳选择。

2. **规避提示**。如果你无法移除坏习惯的提示，那就尝试规避它。比如，你想终止早晨喝咖啡配高糖点心的习惯，那就不要再去咖啡店，而是在家里自己煮咖啡，这样就避开了咖啡店里的诱惑。规避提示的方式有 4 种：

- 不要前往那些会带给你提示的地方；
- 不要接近那些会带给你提示的人；
- 不要任由别人把提示植入你的周遭环境；
- 避免使用那些会带给你提示的社交媒体 App。

还记得那个帮助我避免在餐厅就餐时吃太多面包的微习惯配方吗？当服务员过来时，我就会说“我不需要面包，谢谢”。就是通过这种方式，我掌控了自己所处的情境，从而规避了在桌上出现面包的提示。不过，你可能无法避开每一个会带给你提示的场景。比如，你常常在咖啡店移动办公，或者提示你的人刚好是你的上司，你无法回避，那又该怎么办呢？

3. **忽略提示**。你最后还可以选择忽略提示，但这种做法依赖于意志力，所以你得付出额外努力才能忽略一个位于行动线上方的习惯的提示，这意味着你必须有足够的动机和能力。

也许你以前成功过，在接收到放纵自己的提示时，克制地忽略了它。但在意志力消退之前，克制的次数是有限的。参加聚会时，也许有一两次你没有喝酒，但如果大家不断地向你敬酒（而且你想喝），那你终究还是会妥协的。这是因为每一次拒绝别人的“要求”，都是在消耗你的意志力。焦虑的时候，情况就更是如此了。

例如，你出门上班时如果忘记带营养健康的早餐，但又不想空着肚子去开会，就会在咖啡店买蓝莓松饼当早餐。又或者，你在感到焦虑时，总是特别想刷社交媒体App。尽管从长远来看，忽略提示可能并非最佳解决方案，但如果你发现自己意志坚强，能够完成任务，那么当你成功地忽略了提示，终止了不想要的习惯时，一定要庆祝这些成功。

总而言之，你在提示层面可以选择的方式有3种：移除提示、规避提示或忽略提示。只要任意一种对你有用，那你就找到了最简单的解决方案，来重新设计你生活中的具体行为。当你成功解决一个具体习惯问题后，要重新审视你的行为集群，再从中选出你想要终止的下一个具体习惯。例如，你已经终止了在加油站买早餐的习惯，那下面可以选择解决拿公司前台免费糖果吃的习惯问题。不过，如果无法移除、规避或忽略提示呢？好吧，确实会出现这种情况。如果实在无法解决提示问题，那就利用福格行为模型的能力要素再试试看吧。

重新设计能力以终止习惯

行为改变系统方案阶段2的关键在于，让习惯变得更难以执行。我在第3章介绍过能力链的5大环节：时间、资金、体力、脑力和日程。当时我们的目的是让新习惯变得更易于执行，但现在我们将反其道而行之，即削弱或打破这个链条，让习惯难以养成（如图7–4所示）。下面我们就来一一探究，并探讨如何重新设计它们。

1. **增加所需时间**。如果你能改变环境让执行坏习惯变得需要更多时间，就可以打破能力链（如图7–5所示），让做出坏习惯的能力减弱。假设你想终止的概括型习惯是吃含糖零食，而你已经为此创建了一个行为集群，并从中选出了要停止的一个具体习惯：晚上看电视时吃冰激凌。你无法移除有关这个习惯的提示，因为这个提示是你内心深处的想法："嘿，现在吃冰激凌是最美味的了。"而且，你无法忽略这种提示，因为你对甜食的欲望总能战胜你的意志力。那你该怎么办呢？

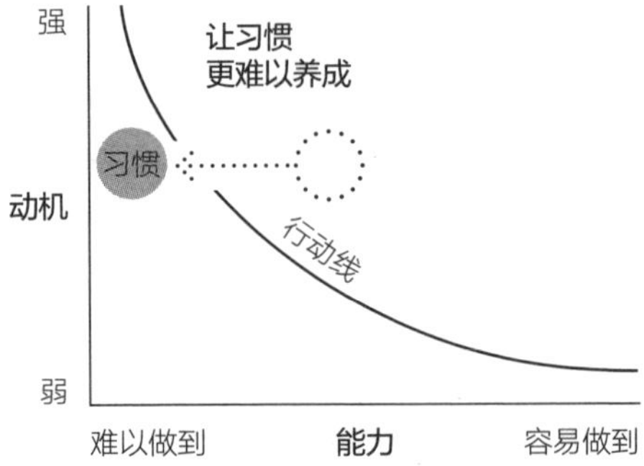

图 7–4 福格行为模型 – 让习惯更难以养成

一种做法是重新设计环境，不在家里存放冰激凌。大约 15 年前，丹尼和我制定了一条规则：禁止在冰箱里存放冰激凌，任何时候都禁止。你也可以制定这样一条规则，这样一来，当你下次想边看电视剧边吃冰激凌时，就没办法立刻吃到，因为你得换好鞋，走到车库，然后开车去商店里买，结完账后还要拿回家才能吃。这个过程很费时间，不出意外的话，足以让你觉得："嘿！那也太麻烦了，我只是想看《摩登家庭》而已。"重新设计能让晚上吃冰激凌这个习惯的执行次数越来越少，甚至再也没有。

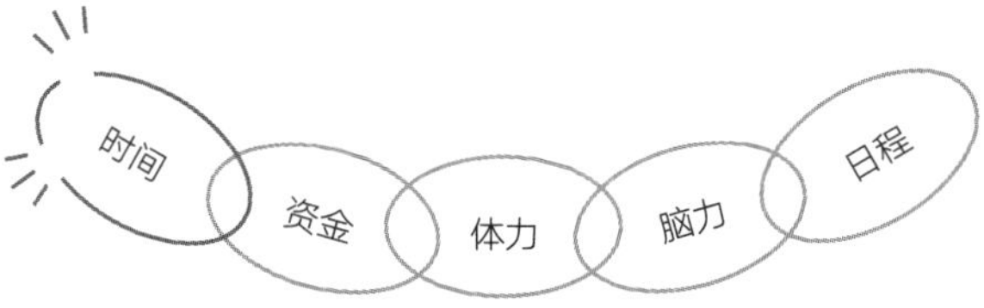

图 7–5 打破能力链，从时间入手

2. **增加所需资金**。下一个可利用的能力链因素是资金（如图 7–6 所示），所以要解决的问题变成了：如何才能让习惯的成本更高？

用这个方法来终止生活中的习惯，可能会有些奇怪。因为，大多数人应该不会为了吃一碗冰激凌而花费 10 美元。即便如此，你也可以考虑试试让习惯的成本更高，如果这样做确实没效果，再将重点转向能力链的其他环节。

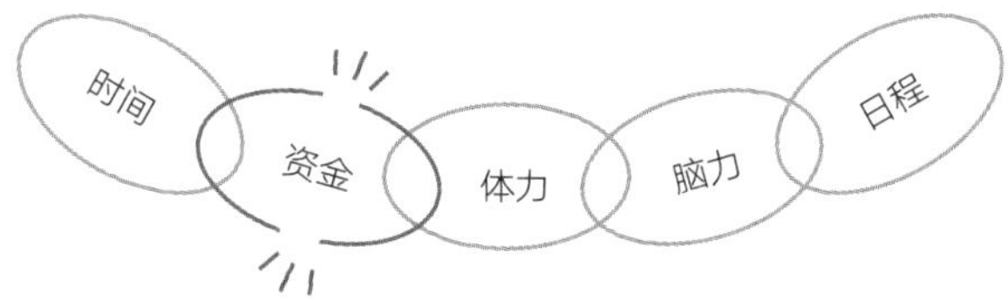

图 7–6　打破能力链，从资金入手

当你设计的改变对象是别人时，从资金入手或许是一个不错的选择。如果你想让孩子们少玩电子游戏，那你可以向他们收取每小时 5 美元的游戏费；如果你想让员工别喝那么多汽水，那你可以抬高自动售卖机里的汽水价格；如果你不想让学校职员都开车上班，那你可以提高校区里的停车费。这种方式应该不会令你感到陌生，毕竟香烟和汽水都要征税。一旦这类商品的价格开始上涨，人们就会减少购买量，总体消费水平就会下降。这种做法是有效的，因为收取更多费用会削弱一些人执行坏习惯的能力。

3. **增强所需体力**。要想增加习惯的执行难度，你还可以增强完成它所需的体力（如图 7–7 所示）。出门去买冰激凌就需要更多时间，也需要更多体力。“禁止在冰箱里存放冰激凌”的规则之所以能奏效，原因之一就在于时间和体力发挥了双倍的作用。

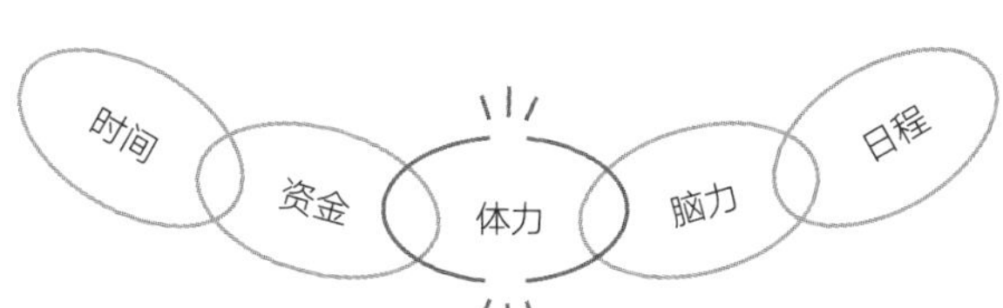

图 7–7　打破能力链，从体力入手

我位于加州的家里，书房是没有放办公椅的。我故意把椅子拿走，因为这样能让“坐一整天”这件事变得更困难。不过，我仍然可以在书房里坐着，我并没有禁止这种行为，但我得去另一个房间找一把椅子，再拖到书房才行，这很费力。因此大多数时候，我都是站着办公的。

我位于毛伊岛的那个家里，客厅是没有摆放电视机的。我有一台电视机，但把它放到了储藏室里，这也是刻意设计的。要想看电视，就得把它从储藏室搬到客厅，再连接各种电线。所以，我很少看电视，除非是在我认为值得如此费力的时候。

如果你想把这种理念发挥到极致，那么你可以试试我在 20 多岁时的做法。那时候我还在攻读硕士学位，我妹妹金要搬来和我一起住。我没有电视机，但她却带来了一台。我不希望我们俩看太多电视，而且我在电视机的嘈杂声中无法学习，于是我想了一个办法：我买了一辆旧的动感单车，并请一名工程专业的学生帮我改造了电视机的接线口，只有踩动动感单车的踏板发电才能打开电视机。我花费 65 美元获得了一个解决方案：单车电视机。要想看电视，就得有个人去踩动感单车；只要一停下来，电视机就会自动关闭。这个方案的效果好到让我意外，我们不仅看电视的时间变少了，而且还锻炼出了好体型。

在能力链的 5 大因素中，靠体力来终止坏习惯是我最喜欢用的方法。你可以重新设计习惯，增加行动的阻力，让自己在动机很强时也能不动心。这样一来，当你的心境发生变化，比如想吃冰激凌或看电视、喝红酒时，就会意识到这些事情很困难，而且或许根本就不值得费力去做。

4. **增加所需脑力**。对某些习惯问题来说，最佳解决方案是增加做这件事所需的脑力（如图 7–8 所示）。这个因素利用了人类懒惰的天性，换一种不那么粗鲁的说法，就是我们已经进化到尽量保存能量的状态。

想想脑力因素在社交媒体 App 上是如何运作的。假如你将 App 的密码重置为“1Lik3be1ng0uT51de”之类复杂的字符串，并禁止自动保存，那每次你想登录时都得输入这一大串字符。无须思考的行为才称得上真正的习惯，所以，让完成行为需要耗费更多脑力，不失为一个终止习惯或降低其频率的好办法。

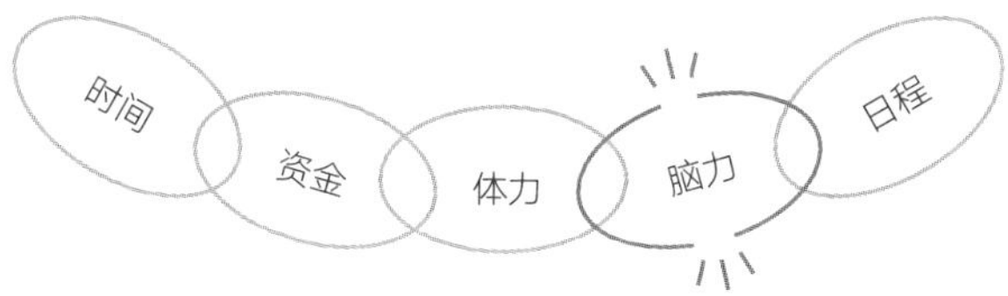

图 7–8　打破能力链，从脑力入手

当人们参照慧俪轻体的方式，开始计算卡路里时，他们往往会吃得更少，部分原因在于他们额外增加了一个需要思考的步骤。那么，这种方法总是有效的吗？并不。但记录卡路里需要消耗更多脑力，不是吗？是的。这正是脑力因素能起作用的原因之一。

5. **让习惯跟重要日程发生冲突**。日程是最后一个能力链因素（如图 7–9 所示），它是 5 大因素中最不突出且最难应用的一个，但它仍然值得考虑。具体的做法是，想办法让自己不想要的习惯和你重视的某个习惯日程发生冲突，而你重视的日程比你想要改掉的习惯更重要。

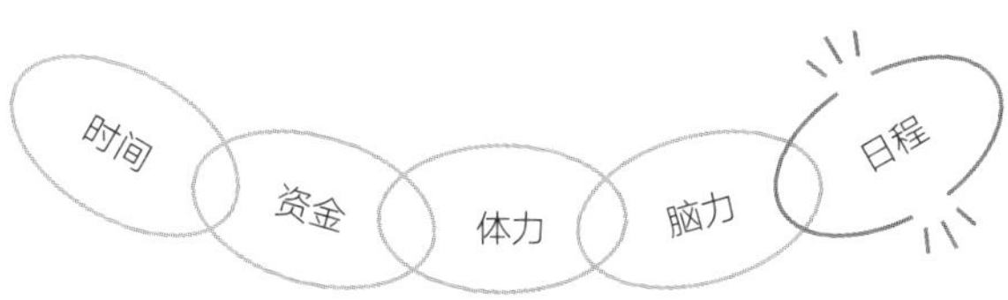

图 7–9　打破能力链，从日程入手

对我来说，黎明时分冲浪是一个重要的习惯，它已经变成了我的新身份的一部分。冲浪这个新的日程让我的一些晚间旧习惯变得难以执行，因为我需要保持警觉，准备好迎接一大早的海浪。我开始把晚餐时间提早，而且晚上会早早关机，上床睡觉。这些都是我创建晨间日程后所带来的良好改变，而我那些不健康的晚间习惯就是和这个晨间日程产生了冲突。

我们在前面一直都专注于通过改变提示和能力来摆脱不想要的习惯，但如果这两种方法都没有奏效，也无须着急，你还可以采取别的方法，即行为改变系统方案的下一步：调整动机。

调整动机以终止习惯

一提起要终止某个习惯，大多数人首先想到的就是去影响动机。但是，这在大多数情况下是错误的做法。为什么这么说呢？因为，很多下山型习惯的动机水平是很难调整的（而自由落体型习惯几乎不可能调整），所以，如果能从提示或能力入手来解决习惯问题，那最好还是不要去想依靠动机。当提示和能力都没有效果时，再去考虑动机也不迟。调整动机以终止习惯有两种方式：

- 选项 A，削弱动机，让习惯落到行动线以下（如图 7–10 所示）；
- 选项 B，增加去激励因素。

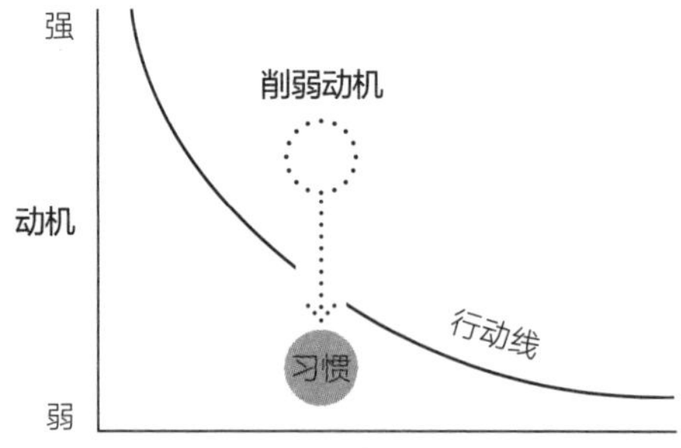

图 7–10 福格行为模型 – 削弱动机

首先，来说说选项 A：削弱动机。举例来说，如果你可以降低抽烟的欲望，那么你或许真的可以彻底戒烟。比如，你使用了尼古丁贴片，或说服了所有朋友一起戒烟，或通过催眠成功戒烟。这些都是值得使用的传统做法，有时候确实有效。再举个例子，假如你因为工作压力过大，晚上会借酒消愁。你或许可以改变白天发生的事情，以降低晚上喝酒的动机；你也可以在下班前进行冥想，平复情绪；你还可以在下班的路上听音乐来疏解压力，这些方法都有可能帮助你降低晚上喝酒的欲望。下面还有更多例子能表明，如何用其他行为削弱习惯的动机：

- 早点睡觉，以削弱自己早晨赖床的动机；
- 参加聚会前先吃点儿健康食品，可以降低你在聚会上狂吃不健康食品的动机；
- 每星期做一次针灸，可以降低你吃止痛药的动机。

有一个非常有趣的关于降低动机的案例，它发生在我以前的学生特里斯坦·哈里斯（Tristan Harris）身上。他呼吁人们停止无节制地使用电子产品。他说，有一种办法是把手机屏幕设置成灰度。因为，当屏幕上的色彩不再鲜艳时，那些五花八门的网络信息就不会对大脑产生较大的刺激，让大脑兴奋起来。

再来说说选项 B：增加去激励因素。这是终止习惯的另一种方式，但我不太建议你应用它。因为，虽然它在有些情况下的确有效，但我认为往往会弊大于利。下面这些就是通过增加去激励因素来降低总体动机水平的行为示例：

- 在 Facebook 上保证从此滴酒不沾；
- 发誓如果再抽烟，就捐款 1 000 美元；
- 想象常常熬夜玩电子游戏会让生活多么不顺心。

请注意，这并不能从根源上解决你的行为问题，只是增加了一个矛盾的动机，有可能让你终止某个习惯。这是一场压力和动力的拉锯战，它会导致频繁失败，让你在 Facebook 上颜面扫地、让你损失 1 000 美元，或是让你清晰地感知到未来将多么不顺心。

去激励因素还有可能导致自责。比如，如果你想减少卡路里的摄入，在冰箱上贴了一张纸，上面写着："停！你已经超重了！"这固然能降低你吃东西的动机，但也会影响你的斗志。成效最佳的改变，源自感觉良好，而非感觉糟糕。因此，要确保你的去激励因素不会演变成自责之旅。

创建去激励因素很容易，或许这也是它能成为一项流行技巧的原因。但如果这确实是一个成功的计划，那理应只有极少数人还拥有坏习惯才对。在大多数情况下，以惩罚或威胁自己的方式去终止习惯都是不好的，因为相对于那一星半点的收获而去承担这种风险是不值得的，尤其是在你还有其他选择的时候。在第 8 章，我们将探讨帮助他人做出改变时的道德规范问题，到那时我们再进一步探讨这个去激励因素的问题。

从改变一点点开始

如果前面介绍过的所有方法都无法帮助你停止某个具体习惯，那你也无须担心或是放弃，你还有更多选择。行为改变系统方案的下一步是降低标准，你可以采取的具体方法包括：

- 为终止习惯设定更短的时间周期（如戒烟 3 天，而不是永久戒烟）；
- 缩短不想要习惯的时长（如看电视 30 分钟，而不是 4 小时）；
- 减少不想要习惯的次数（如每天查看 1 次社交媒体 App，而不是 10 次）；
- 降低不想要习惯的强度（如放缓饮酒速度，而不是减少杯数）。

为什么"改变一点点"的方式可以有效？在终止习惯的时候，人们的心情往往是很矛盾的。他们一方面想这么做，另一方面又觉得这么做不对。而选择缩小规模的方式，就不会让自己望而生畏。比如，你想要戒掉 Facebook，但又担心会因此而失去和朋友们保持联系的机会，那你可以通过“改变一点点”的方式来应对这种焦虑。

告诉自己，你只是暂停使用 Facebook 3 天而已。你的具体习惯现在有了一个变体，你可能会发现，在有限的时间内戒除要比永久戒除更容易做到。这样一来，你就可以开始收获成果，并准备好做出更大的改变了。在停止使用 Facebook 的那 3 天里，你可能会发现这并没有那么难，改变的感觉也很不错。又或者，你发现停止使用 Facebook 并没有对生活产生太大影响，所以是否要改掉这个习惯对你来说也就变得不那么急迫了。无论是哪一种情况，你都能从中收获可以让其他改变变得更容易的技巧和洞见。

如果上述方法都不管用，那就请你转到行为改变系统方案的阶段 3：致力于用新习惯替代旧习惯。

阶段 3，致力于用新习惯替代旧习惯

用好行为替换坏行为是一种很常见的方式，有很多所谓的专家都会建议你从这种方式开始改变，但这并不是终止习惯的唯一方式。有很多习惯可以通过前面介绍过的那些步骤来终止，但对于某些习惯来说，替换确实可以解开你手中的“戈耳狄俄斯之结”（Gordian knot）[①]。如果行为改变系统方案的前两个阶段对你来说都没有用，那么欢迎你使用替换方式。你已经系统性地走到这一步，这意味着你正在关注着正确的事，你所投入的时间和精力也更有可能会得到回报。

替换具体的习惯

正如在阶段 2 所做的那样，你需要明确具体地描述你想制止的那个习惯以及用来替换它的新习惯，而明智地选择新习惯也是至关重要的。否则，替换就无法

① 隐喻，意思是用非常规手段解决不可解决的问题。——译者注

产生效果。如果只因为觉得某个新事物“对你有好处”就选择它，那么替换多半会失败。比如，你想要终止在工作中浏览政治新闻的习惯，那你可以尝试利用这段时间处理文书工作，但这样做恐怕不会有什么效果。为什么？因为处理文书工作这个新习惯的动机远比浏览新闻的动机低得多，而且很消耗体力和脑力。选择这样一个动机和能力都比旧习惯更低的替代习惯，一开始就注定了失败。在替换习惯行为时，需要善用习惯培养技巧，找到一个相比于旧习惯更容易执行、动机更强的新习惯。

在这一阶段，你可以参考第 2 章提到的创建行为集群的方法，找到和你相匹配的新习惯，然后再通过焦点地图来找出黄金行为。

假设我已经完成了替换旧习惯的这些步骤，那成功的效果会是什么样呢？就我来说，我会选择观看冲浪视频，而不是去阅读那些会导致我血压升高的新闻。我很有动力这样做，因为我喜欢冲浪，也想提升冲浪技能，而且看视频比阅读新闻更容易。所以，我已经找到了一个可以替换旧习惯的新习惯。我成功了！

我们来回顾一下第 2 章介绍的匹配黄金行为的 3 个标准：

- 这个行为可以实现愿望（影响）；
- 你想做出这个行为（动机）；
- 你可以做到这个行为（能力）。

当你确定了和自己相匹配的黄金行为后，下一步要做什么？

重新映射提示以替换习惯

重新映射提示意味着在得到提示时执行新习惯而不是旧习惯。比如，你想要终止总是斥责正值青春期的女儿这个旧习惯，提示就是你看到她做事粗心大意时油然而生的那股怒火。下一次再出现这种情况时，你需要把过去大声斥责的做法替换成真心实意积极劝导的新习惯。假如又一天晚上，她拿出酸奶后忘记关上冰箱门。你感觉到内心那股熟悉的怒火正在上涌，但现在它已经变成了你执行新行为的提示。相比于大声斥责“关门，关门，都说了几百遍了”，你或许会说：“我很高兴你选择了健康的零食。”

在养成新习惯的过程中，别忘了要庆祝、要感受“发光”，以便将新习惯固定下来。在你称赞女儿之后，你会感受到自己刚刚做了一件对她有益的事情。所以，请庆祝一下吧，庆祝自己支持了女儿、成为你想成为的那种母亲。如果她满脸震惊，但紧接着笑一笑并关上了冰箱门，那这同样也是值得庆祝的胜利。（虽然这并不是关键！）

排除障碍指南：如果你会忘记执行新习惯，那么你可以反复演练几次替换和庆祝的过程，在脑海中想象也可以，以强化旧提示和新习惯之间的联结。

如果无法将旧提示映射到新习惯上，那就意味着你所选择的并不是黄金行为。不过，那也没问题，毕竟一开始就成功有些不切实际。可能你想要替换的是一个异常陡峭的下山型习惯；可能你无法让旧习惯变得更难以执行，或是无法让它的动机不再那么强烈。如果是这样，那接下来比较好的做法是重新选择一个新习惯。如果还是有问题，那就继续进入下一个步骤。

同时调整能力和动机以替换习惯

如果重新映射提示还不能帮助你终止旧习惯，那你就走到了这一步。此时，你可以确信，相比于新习惯，旧习惯要么更有动机，要么更容易执行，要么两者兼有。用福格行为模型来分析旧习惯和新习惯，有助于你明晰情况（如图 7–11 所示）。旧习惯远远地超过了行动线，居于高位，这意味着旧习惯对你来说更有吸引力，所以你才会继续坚持旧习惯而不是去执行新习惯。

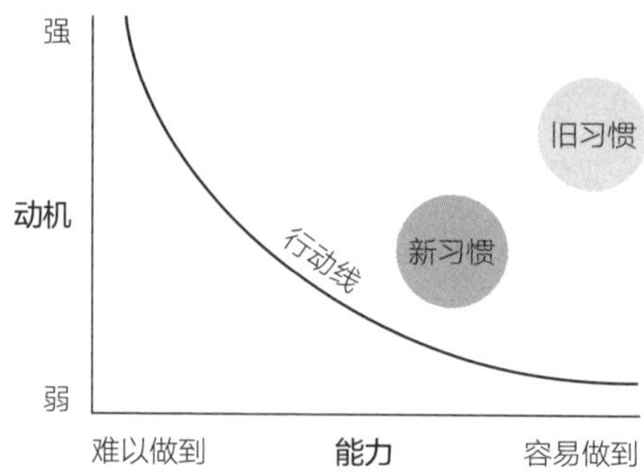

图 7–11 福格行为模型 – 旧习惯和新习惯

要想改变这个局势，你有如图 7–12 所示的 4 个选择。

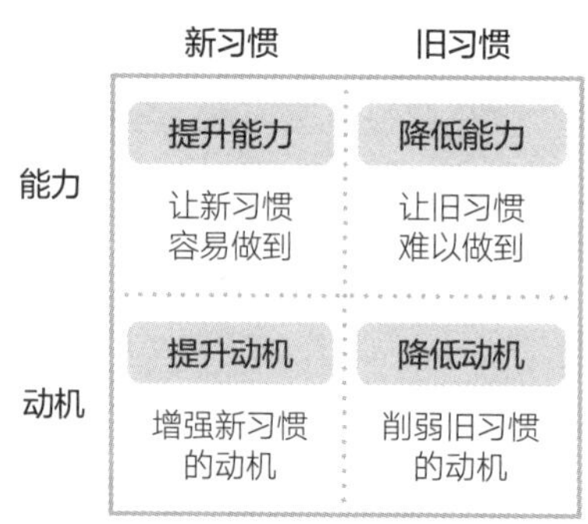

图 7–12 执行新习惯的 4 个选择

把精力聚焦于图中任何一个区域都有助于你完成替换，但如果你能够同时落实这 4 种调整，那你就能更彻底地做到用新习惯替换旧习惯。图 7–13 展示了理想的情况。

然而，并非所有调整都能生效，或许你就没办法降低旧习惯的动机。不过，那也没关系。只要你能让旧习惯更难以做到，让新习惯更容易做到、动机更强，那就很可能能成功地完成习惯替换了。如果上述方法都没用，请不要失望，你还有其他选择。

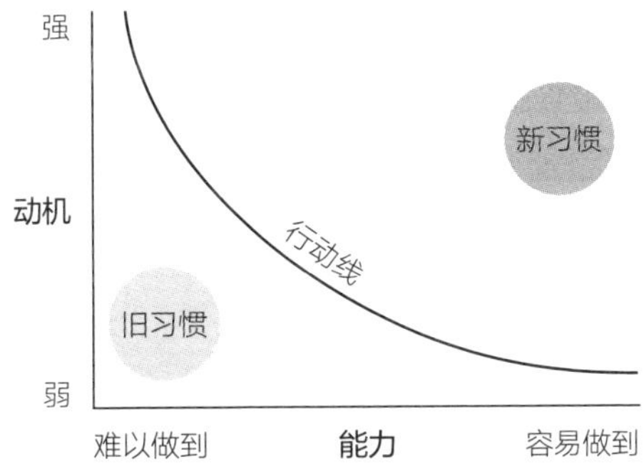

图 7-13 福格行为模型 – 成功替换旧习惯

重要的是找到替代坏习惯的新习惯

这一步的目的是找到适合你的新习惯。这就和你去买新鞋子的过程一样，你试穿的第一双鞋摆在货架上时看起来不错，但你穿上时却不太合脚。不要试图硬塞，也别怪自己的脚长得不好或是干脆不买了。事实上，你只要重新再找一双鞋试穿就行了。下面列举了 3 种你可以尝试的选项：

A. 找一个更好的新习惯，参照上述步骤进行替换；

B. 尝试以一种有限的方式进行替换。先尝试 3 天看看效果，再决定接下来怎么做；

C. 返回到行为改变系统方案的阶段 1，选择实践其他新习惯，继续打磨你的技巧、提升信心并转变身份，过些时候再来解决这个顽固的坏习惯。

一次只解一个结，关键是不断继续

没有一种万能的方法可以成功终止所有习惯，但现在有了一个通用的流程，你可以马上开始使用我的行为改变系统方案，并多加练习，将它的作用发挥到极致。久而久之，你会越来越擅长找出关键问题及其解决方案。

你或许有迟到的坏习惯，也或许有拖延的坏习惯，这些都是比较特殊的情况，因为这些坏习惯是由你没有做出的行为而形成的。在处理疏忽型或规避型习惯问题时，你要做的是让行为发生，而不是让行为停止。对于这些类型的坏习惯，经验丰富的微习惯实践者会专注于阶段 1，不断地循环创建新习惯，直到问题得到解决为止。

这个过程是一项技巧。只要能找到对你来说有用的方法，那么未来的挑战就会更容易应对。所以说，关键是要继续下去。在取得成果之后，接下来要做的就是重新审视行为集群，找到下一个想要消除的具体习惯。这就是逐渐摆脱不想要的概括型习惯的方式，它是一种稳定、结果可预测和可靠的方式。

逐渐地，你会找到适合自己的模式，就像我一样，我发现对我来说最有效的方式就是让不想要的习惯变得更加消耗体力。并且，你将能识别容易养成坏习惯的场景并学会避开它们。在生活中，你还能识别那些让你容易养成坏习惯的人。对于某些行为改变方式来说，这些人是绊脚石，绝对不能低看他们！玛莎的故事一直让我印象深刻，她是我几年前在慧俪轻体认识的一位女性朋友。玛莎参加慧俪轻体课程已经很多年了，她成功减掉了几千克，但过不了多久就会有些微反弹。总体来说，她无法获得持久的改变。有一天在小组会议上，有人提起了其他人制造食物诱惑的话题。于是，几乎每个人都能举出例子来，休息室里的生日蛋糕、同事分享的曲奇，而玛莎也分享了一个她的故事。在橄榄球赛季期间，每个星期天，她的家人都会聚在一起观看赛事直播，她的弟媳负责制作奶酪酱，她的丈夫负责订比萨。对玛莎来说，这是一个很大的障碍。

她解释说，上个星期天，她赶在比赛开始前先吃了一大顿健康餐，这样可能就不用担心聚会时食物的诱惑了。她很开心，和儿子一起坐在大沙发上为他们喜欢的球队助威。中场休息时，比萨送到了，她丈夫拿了很大的一块，走过玛莎身边时还特意放到她鼻子下面晃了晃，很嘚瑟地说：“噢，玛莎，闻着是不是很美味啊？”所有人都笑了，但除了玛莎。她一直都觉得丈夫很有幽默感，但这一次她很生气。丈夫经常会诱惑她吃掉自己面前的食物，以此来取笑她，这已经不是他第一次这样做了。有时玛莎会屈服，有时她不会。但这次不一样，因为这是在全家人面前让她难堪。她告诉我们，后来她惩罚丈夫连续睡了好几天沙发，但更重要的是这让她开始意识到，丈夫这种纵容她坏习惯的做法就是在破坏她所取得的减肥成绩。

每次都重新设计周遭的所有方方面面，这是不可能的。你不可能去重新设计一家影院，让它们不再出售碳酸饮料；你也无法重新设计一家酒吧，让它们放弃在欢乐时光提供廉价饮料；你可能也无法对你的丈夫或同事的行为进行重新设计，让他们不要再给你含糖零食。（或许你能做到，但那可能得另起一章来讲了。）然而，有了行为设计之后，你也就有了很多办法可以解开每一个绳结。虽然每个坏习惯问题都是独特的，但解决它们的方法却是相同的，即一套可以根据你的实际情况来设计的具体步骤和技巧。结果无须猜测，你只需投入一点点好奇心和持续“发光”。

从小改变中看到颠覆的美

看着自己所创建的积极习惯自然成长、发挥效用，这其中的乐趣，我们在前一章已经讨论过了。我可以保证，当你成功摆脱那些坏习惯时，你也会感受到同样的乐趣。这已经很棒了，但更令人振奋的是你在生活中创造出新空间之后突然出现的那些事物。摆脱坏习惯之后省下来的时间，可以用来做你喜欢的事，也可以用来提升工作效率，还可以用来加深人际关系，或是拓展一个新身份。具体如何做，一部分取决于你自己的选择，一部分则取决于你身边的人。

有一个很好的例子。朱妮改掉甜食习惯一个月后的一天下午，她听到窗口传来阵阵歌声。她循声探去，结果发现是她 11 岁大的儿子伊莱贾正在晒着太阳唱他自创的一首关于海豚的歌。自闭、安静的他，以前从来都没有唱过歌，至少她从来没有听到过。他回过头，看着站在门廊的朱妮，开心地笑了。朱妮强忍着泪水，坐到了儿子的身旁。她意识到，如果这发生在 6 个月以前，她应该是刚刚结束充满甜食的一天，瘫倒在沙发上睡觉，那她肯定就会错过儿子这美妙的歌声了。而现在，她却可以坐到儿子身边，鼓励他继续唱歌，和他交流，和他讲述自己以前唱歌的故事。

当朱妮和丈夫说起这件事并表示很惊讶时，丈夫提醒她说，其实在过去的几个月里他们都变了。儿子开始唱歌，丈夫戒掉了爱喝汽水的习惯，这些都绝非巧合。朱妮的改变和乐观，他们都看在眼里，这一切激发了他们跟随她一起改变。伊莱贾在更有规律的生活环境以及更多关爱中茁壮成长，他对妈妈充满了崇拜。朱妮取得的成就，已经从庆祝无糖餐食发展到了参加并完成了她的第二场马拉松赛，就在得克萨斯州的奥斯汀市。朱妮的改变对身边所有人都产生了或大或小的影响。这是对朱妮的努力送来的一份意外的礼物。

行为设计追求的并非某个独立的结果。行为设计中的每一个习惯、每一项改变，都是可以引起涟漪的一滴水。我们通过行动来塑造我们的家庭、社区和社会，而它们反过来又塑造了我们。这些经由我们之手建立和长久延续的习惯至关重要。这本书主要关注行为对个人的重要性，但这只是行为设计领域的一个方面。**行为设计不只是为了减肥或是在晚餐时放下手机，它是为了创造改变，以及向着成就更好的自我的方向持续探索。**没错，它的确是为了我们自己，但它也是为了我们所爱的人，以及我们希望创造的世界。这就是第 8 章可能是最重要一章的原因。在第 8 章，我们将一起了解改变的真正意义。

TINY EXERCISES

逐步消灭坏习惯

你可以按照任何顺序开展下面的 3 个练习。

练习 1：创建用以终止坏习惯的行为集群

选择一个你自己没有的坏习惯。为什么？因为这样能削弱它带给你的威胁感，你也能了解更多事情。

1. 假装你拥有这个坏习惯。
2. 绘制行为集群。
3. 在云朵中间写下概括型习惯。
4. 在云朵的周围写下至少 10 个具体习惯。这需要发挥想象力。
5. 检视行为集群，从中选出两三个最简单的具体习惯。

注意：通过创建虚构行为集群的方式，你可以打磨技巧。这样等你将这个方法真正用于生活中的真实挑战时，你将会更加自信、恐惧感更弱，且更加高效。

练习 2：在一天内移除提示

1. 选一个你常用的社交媒体 App 或体育 App。
2. 找到设置菜单，关闭通知功能。
3. 观察接下来的 24 小时内会发生些什么（以及没有发生什么）。

注意：如果你发现没有消息通知让生活变得更好了，那就继续关闭通知功能吧。如果情况变糟糕了，那就再把通知功能打开。无论是哪种情况，你都能了解一些事情。

练习 3：替换习惯，并用庆祝的方式来促进坚持

❶ 找一个新垃圾桶。

❷ 把新垃圾桶放到办公室里，摆在和你惯用的垃圾桶位置不同的地方。

❸ 告诉自己，要使用新垃圾桶，而不是惯用的那个垃圾桶。

❹ 当你收到提示要丢弃或回收某些物品的时候，使用新垃圾桶，而不是旧垃圾桶。一开始，你可能无法自如地做到这一点。如果你想快速促成转变，那请跳到步骤 5。

❺ 反复演练使用新垃圾桶 7 ~ 10 次，而且每一次都要进行庆祝。要感受到“发光”。

❻ 结束练习后，注意观察新习惯的执行情况。留意习惯转变的方式，替换习惯时的感觉至关重要，因为这个练习的目的就在于此。

注意：如果你忘了使用新垃圾桶，那就结合庆祝环节多演练几次。(在你演练了几天之后，如果你想回归到旧习惯，那也是可以的。)

08

群体行为设计，帮助其他人感受成功

HABITS

行为设计不是孤独的修行。

我们设计的每一个习惯、

庆祝的每一个微小成功、

做出的每一个改变，

都超越了个人的生活。

迈克和卡拉很迷茫。他们的儿子克里斯已经 21 岁了，仍然和他们生活在一起，但他一点儿大人的样子都没有。克里斯 18 岁被大学开除后，迈克和卡拉还以为他会找一份工作，或是努力重回学校，但他没有。不管他们在经济和情感上给了克里斯多少支持，克里斯几乎从未改变过自己的行为方式。尽管他后来找了一份兼职，但他无法妥善打理自己的生活，比如打扫卫生、支付账单，他和弟弟的关系也很紧张，这让家里的每个人都常常感到压抑。

克里斯待在家里的时间越长，迈克和他的关系就越糟糕。在最好的情况下，克里斯也是冷漠和疏离的；而在最糟糕的情况下，他就会大发脾气。如果想让克里斯打扫卫生或洗碗，那他必定会喋喋不休，甚至情绪失控，这也必定会让一家人都很苦恼。一开始，迈克会提一些比较简单的要求，比如让克里斯打扫自己的房间，但克里斯往往好几天都没有行动。于是，迈克会再提一次，语气稍有严厉。克里斯会说些“好的，好的，我会做的”之类的话来应付，但还是不行动。

迈克的书房就在克里斯的卧室隔壁，所以他经常能看到儿子的房间一片混乱，这总让他觉得：“儿子不听我的。他既不尊重这个栖身之所，也不感激我为他所做的一切。他根本就不在乎。”于是，迈克会向克里斯提出警告，强制要求他遵守家规、找份好工作、重视他们的财物，以及按时支付自己的账单，这样他们就不必借更多贷款让他拿去支付滞纳金。结果是，克里斯气冲冲地离开，最终还是没有打扫房间，也没有做他被要求做的其他任何事。他会戴上耳机，沉浸在电子游戏世界之中。

迈克和克里斯经常好几天甚至好几个星期都说不了几句话。他们的每次互动都涌动着敌意和失望的暗流。迈克开始想离开家办公。迈克的另一个儿子在被要求打扫房间时，总会说："克里斯都不打扫，为什么我就必须打扫呢？"那时候，迈克一般会穿上跑鞋，冲出家门全力奔跑，幻想自己永远不用再回来。

他们想方设法地让克里斯回来和家人共进晚餐时，看着儿子，迈克有一种绝望的悲伤和深深的内疚。克里斯出生时，迈克和卡拉还在读大学一年级。他们当时完全搞不清状况，实际上，克里斯几乎是和他们一起成长的。克里斯一直是一个很特别的孩子。他的思想很早熟，还能参与到他们的谈话中。克里斯跟着迈克和卡拉一起上课，一起参加派对，甚至一起自驾旅行。能够拥有克里斯这样一个聪明伶俐的小家伙，他们感到很幸运。然而，那时候的克里斯就已经有了这副坏脾气，并且经常爆发，他总是无法控制情绪，这让迈克和卡拉很是困扰。

克里斯在学校的表现非常好，他只需要按时上课，但他在其他生活方面却缺乏学习。克里斯没能学习一些和数学、英语一样必要的处世技能。迈克曾试图让克里斯理解，生活不是只有考试成绩，与人相处、有职业道德、可靠和责任也是生活中很重要的一部分，而这些全都是克里斯所抗拒的。

克里斯在智力方面的成长速度远比他在情感能力方面的成长速度要快得多。经过几年的家庭治疗，迈克才意识到，克里斯会对事物产生深刻的感触，但他不知道如何处理这些感触。尽管迈克很清楚，克里斯的冷漠和疏离只是一种自我防卫，但迈克还是觉得很伤心，因为他想亲近自己的儿子，并且觉得自己作为一个父亲，没能帮助克里斯更好地管理情绪，这让他感觉自己是一个失败的父亲。

现在，迈克和克里斯的关系如何？毫无意外，他们生活在痛苦的紧张气氛中，冷漠而疏离。迈克和卡拉的婚姻关系也变得越来越紧张。刚开始，他们是有共识的。他们接受过心理咨询，尝试过激励措施，参考一些书中的内容精心制订过计划，但都没有效果。现在他们对接下来该做什么产生了分歧。他们应该把克里斯赶出去吗？卡拉犹豫不决，而迈克一直在提醒她克里斯高中时期发生的事情，当时他们让步了，结果克里斯开始为暴徒工作。克里斯当时就读的是一所男子私立高中，很多暴徒子弟也在这里读书，所以当克里斯成为他朋友父亲的“信使”时，迈克立刻了解了状况。他和卡拉把克里斯拽出了学校，但他们很担心克里斯会为了赚钱而走“捷径”。这就是迈克和卡拉感到迷茫的原因，你无法惩罚一个 21 岁的孩子，你只能把他赶出去，但如果你觉得自己不能这么做，那还有什么别的选择呢？怎样才能让已成年的儿子自救？怎样才能让他改变？克里斯是个好孩子，他既幽默又睿智，迈克知道自己的儿子一定可以有所成就。克里斯只是不想和父母亲住在一起，他想拥有自己的空间、自己的生活，但他只是不知道该如何去实现。

迈克绞尽脑汁依然无计可施，这让向来能干的他很抓狂。无论在家庭中有多么失败，迈克在工作中的表现都极为出色。他是一位成功的战略家，在他的管理下，他的营养公司从小公司发展成了行业领导者。他擅长以创新的方式解决重大挑战，并且始终在寻求进步。后来，迈克最终找到了福格行为设计训练营。

迈克是那种“一点就透”的人。他具备系统思维，能很快消化新知识并将它用于解决旧挑战。一开始，我以为迈克渴望学习复杂的行为设计是为了提升自己的专业能力。但后来我才发现，他之所以如此兴奋，是因为他觉得自己终于能帮到克里斯了。福格行为模型对迈克来说非常有意义，它使得克里斯的很多行为突然间变得可以解释，也让迈克明白了自己的干预为什么没有效果。迈克意识到，他需要将注意力从动机转移到能力上。动机是不可靠的，对于青少年来说更是如此。他还发现，相比于他一直以来的那种不清不楚的唠叨方式，给儿子一个难忘的、即时的提示要有效得多。

迈克很高兴地开始尝试现学现用，考虑到从小处着手的重要性，他决定从解决咖啡机问题入手。这个问题看似只是一个很小的家庭矛盾，但它足以让人心烦意乱。迈克为自己买了一台高档咖啡机。他事先做了很多调研才入手购买，并格外珍惜，他喜欢让咖啡机保持干净、机能良好的状态，这意味着每次使用完都要冲洗干净精致的滤网，以免堵塞。但克里斯总是做不到这一点。迈克现在能对此一笑而过，但在过去这足以让他抓狂。每当他下楼准备再打一杯咖啡，却发现咖啡机里残留着咖啡渣时，他会先替这个已成年的儿子刷洗干净咖啡机，然后在路过克里斯房间时严厉地批评道，“我还需要说多少次，你才会去清理滤网”，或是“如果你不懂得珍惜我的东西，那就别想用了”。而克里斯则会回以一记白眼或一句讥讽。这种互动方式只会让一切在开始就不顺利，还会让他们陷入沮丧和相互怨恨的恶性循环。

不过，迈克现在有了重要的行为设计工具，他可以解决这个问题了。他的愿望很明确，他希望克里斯珍惜他的东西。在这种情况下，其具体行为是维护咖啡机。于是迈克提出了一个突破型问题：如何让这件事变得更容易做到？他仔细想了想，他想让克里斯完成的实际上是一个包含 3 步的流程：取出咖啡机滤网，清洗干净，放回原位。让克里斯一次完成所有步骤显然是行不通的，于是迈克决定让这件事简单一些，他把任务分解，只让儿子完成第一个具体步骤。

“嘿，克里斯，下次你用完咖啡机，可以把滤网拿出来放在吧台上吗？”

克里斯表情搞笑地看了他一眼，回答道：“没问题。”

第二天早上，迈克下楼打咖啡时，不由笑了。滤网就放在吧台上。虽然它歪在一边，咖啡渣也洒出来了，但它确实被放在了吧台上。迈克感到一阵自豪。端着咖啡上楼时，他想起了我的原则：帮助人们感受成功。

“嘿，克里斯，谢谢你把滤网放在了吧台上。那对我来说很重要。”

克里斯一脸“爸爸你真奇怪”的表情，回答了一句“没什么啦”。

第二天，滤网又被放在了吧台上。迈克大吃一惊，因为他并没有提醒克里斯要这么做。在回书房工作之前，迈克又顺便向克里斯说了声谢谢。克里斯开始持续完成这个小任务，而迈克也开始相信他的方法是有效的，这不是侥幸。几星期后，迈克让克里斯清洗完滤网之后再放到吧台上，克里斯同意了，因为取出滤网对克里斯来说已经很容易就能办到，还能让父亲格外开心。

又过了一星期后，吧台上不再出现滤网了，迈克心里一沉，觉得克里斯又回到老样子了。但迈克提醒自己，儿子还在培养这个习惯，而且他也已下定决心不再唠叨克里斯了。然而，当迈克取下滤网时，滤网竟然是干净的。克里斯取下滤网之后，把它洗干净并装了回去！没有人要求他这样做。

迈克默默地欢呼了一下："啊哈！"

已经成年的儿子所完成的小小任务原本没什么大不了的，但他感觉自己就像是得到了一次意外的晋升或收获了一份很棒的生日礼物。迈克后来告诉我，这无关乎咖啡机滤网，而是关乎希望。多年来，这是迈克第一次感觉到他和克里斯改善关系有了希望。早晨的氛围完全改变了。开始工作前，迈克不会再对儿子恶语相向，而是为他感到自豪。他开始帮助儿子培养自信，而不是对儿子发牢骚或跟儿子针锋相对。他终于觉得自己是一个好爸爸了，一个能帮助所爱之人变得更快乐并学会与他人和谐共处的人。

咖啡机问题很快就影响到其他容易引起矛盾的行为。迈克和卡拉发现，克里斯的愤怒和沮丧其实是他不知所措时的表现。当他们要求克里斯做一些大任务时，比如打扫房间或按时支付订单，克里斯不知道该从何做起，他感到羞愧和生气，觉得自己无能为力。但是，当迈克和卡拉将具体的事情拆解成微小的行为，并提出诸如"你能把用过的毛巾放到洗衣篮里吗"或"你能把餐盘放到水槽里吗"之类的问题时，克里斯就得到了可以支撑他完成更大任务的立足点。通过完成这些小任务所带来的成功，克里斯获得了完成更多任务所需的自信心。在这个过程中，迈克和卡拉一直陪伴着克里斯，小心地庆祝他所取得的胜利。这让所有人都感觉很好。没有哪对父母想成天唠叨孩子或是对孩子感到失望，我们想要为他们而庆祝。当你能保持行为微小化并帮助他人感受成功时，好的改变是很容易实现的。

最近，我和迈克聊起了他的生意，但他显然更愿意谈论他的家庭发生的那些变化。克里斯还住在家里，但他找了两份兼职，正在为出去租房攒钱。父子俩的关系处于自克里斯出生以来最好的状态。紧张的气氛已经被打破，他们都觉得更亲近彼此了。克里斯会和家人一起进餐，他的笑容更多了，并且更愿意和家人吐露心声了。他的弟弟再也不能拿他当借口不做家务了，因此唠叨现象总体变少了。克里斯感觉自己得到了更多的理解，而他的父母也觉得更有能力帮助他驾驭生活了。有时候，迈克环顾四周，不敢相信他们已经实现了曾经那么遥不可及的家庭和谐。

后来，迈克这么多年来第一次收到了克里斯送给他的生日礼物（虽然晚了几天，但谁还会计较这个呢）。那是三张黑胶唱片，史蒂维·旺德（Stevie Wonder）、雷·查尔斯（Ray Charles）和詹姆士·布朗（James Brown），刚好可以充实他的收藏集。迈克强忍着泪水，给了儿子一个大大的拥抱，并不停地向他表示感谢。

克里斯笑了笑，说道："没什么啦，爸爸。"

改变他人必须坚持两项原则

众所周知，社会动力是行为的强大驱动力。社会动力对我们的影响无处不在，包括我们如何看足球赛、如何谈论政治、如何与人相处（无论是在网上，还是面对面接触）。人们几乎始终生活在社区中，社会影响也始终伴随着人们。社交媒体强化并扩大了这些影响，使我们的生活变得越来越紧密。因此，我们亟须深入思考社会力量是如何塑造我们的个人行为和集体行为，进而影响地球上所有生命的，这比以往任何时候都重要。

通过本书，你将学会如何让自己免受那些负面影响，以及如何设计新习惯，给周围的人带来更和谐健康、更有意义的生活。

现在，你应该可以明白是什么塑造了你不想要的习惯，包括那些由社会压力造成的习惯。或许，你和家人无法做到一起吃饭时都不看手机；或许，你的公司竞争异常激烈，谁都不肯休假；或许，你所在的读书俱乐部更像是葡萄酒俱乐部。相比于个人习惯，任何集体习惯和规范都更加根深蒂固。但是，我们可以一起改变。牢记这一点至关重要。

了解了行为是如何起作用的，就可以明确是什么在支撑着你想要或不想要的那些习惯。在改变群体行为方面，主要有 3 种方法：

- 设计改变自身行为，从而让自己远离群体的负面影响；
- 与其他人一起设计改变你们的集体行为；
- 为他人设计一个对他们有利的改变，就像迈克为克里斯所做的那样。

最后两种方法正是本章所要介绍的重点内容，我们将在后文逐一探讨它们的含义，以及如何调整流程以适应具体情况。

通过微习惯策略和行为设计，你可以成为他人生活中的正能量。一个具备相应技巧并充满爱心的人（就是你），足以促成一个群体的改变。尽管行为设计可以帮助你改变文化，但我还是建议别一开始就试图改变整个国家。多打磨打磨改变技巧，先从身边人，比如工作团队或家人入手。我一直主张要将家庭而非个人作为改变的主体。因此，作为行为设计师，我们需要做的是设计产品和服务，来帮助家庭中的每个人一起改变。

在帮助克里斯培养日常习惯之前，迈克首先改变了自己的行为并做得很好。迈克调整了对克里斯的具体要求，包括他要克里斯做什么以及怎么做，他将那种失望和不看好的语气和态度转变为一种赋能和支持的语气和态度。他所取得的成功不仅对克里斯的行为，而且对他自己的行为都产生了巨大的影响。我们与他人一起生活、工作，每一个改变都会对周围所有人产生整体的影响。无论我们有没有设计，我们都一直是一起在改变的。

不过，你并不应该把改变交给运气。精心且高效地设计你的未来，才能让生活的方方面面都变得更好。

在你开始改变家庭、工作团队或社群时，在理想情况下，你应该能得到全面的支持和配合，但实际上这很难。当我在斯坦福大学研究实验室启动为期一年的共同改变研究项目时，天真地以为所有家庭都和我的家庭一样，任何时候我或伴侣想要做出改变时，比如改变饮食方式或是使用电子产品的方式，我们一定会彼此支持。当我还是个孩子的时候，妈妈就曾为了帮助妹妹克服学习障碍而彻底改变了家庭饮食习惯。大家都不愿意放弃神奇面包（不含纤维）和果珍（全是糖分），但我们作为一个家庭做到了。

当我跟斯坦福大学实验室的研究员们分享自己的例子时，他们很快就拿出了自己的例子来反驳我。有一位家长在儿子表示想练习冥想时，他的回答是："你只是三分钟热度，热度过了记得告诉我。"另一位研究员说，她的配偶对她说："亲爱的，可以先推迟一下你的小计划，等孩子返校之后再说吗？"通过这些故事，我发现，家庭成员既能支持你达成愿望，也能阻碍你达成愿望。

如果你在家庭中进行改变时曾遇到过困难，那么行为设计的原则能够为你提供一些帮助。你可以应用福格原则 1：帮助人们做他们已经想做的事。你的配偶想要达成什么目标？你的工作团队现在有什么愿望？如果你不知道，那可以问问他们，然后再帮助他们达成目标、实现愿望。

或许，你的配偶现在并不想改变饮食方式，但他想要一间更整洁的房子。那就从这里开始吧。请记住这个真理：改变会带来改变。改变要从人们想改变之处开始。我保证，随着自信和技巧的不断强化，他们将会敞开胸怀拥抱其他改变。请不要放弃改变家人的饮食习惯，或许入手之处并非你所想的那样。或许，你可以从维持更整洁的居住环境，或者任何你和伴侣的共同愿望开始改变。你的伴侣很有可能会受到积极改变的感召，开始自发养成更符合你预期的那些习惯。我想，或许我们应该少喝点儿饮料。

即使你不能引领改变，也别放弃。行为设计和微习惯策略适用于任何情况下的任何群体改变。它们提供了一个可行的框架，即便是在你没有得到所需职权或支持的情况下也很有效。毕竟，每个群体的情况都是独一无二的，而且就和个体改变一样，成功实现群体改变的最佳方式也是靠流程，而不是靠规则。

“改变他人”是一个让人一听就会有点紧张的概念。我们必须明白，其实我们一直都在影响他人的行为，而且往往没有意识到这一点（这就是社区生活的本质），但没有人会对此感到过于担心。很多人都曾为家庭成员制订新饮食计划，或帮助同事解决工作效率问题，但如果想让人们去挑战一些很困难的事情，他们很可能就会失败，而这种失败会导致未来更难做出改变。我认为最合乎道德的方式，是在用最佳方法帮助他人时留意自己对他人的影响。

当你使用行为设计和微习惯策略时，你可以相信，自己就是在帮助他人取得成功。在帮助他人完成改变的过程时，福格原则可以成为你的向导：

- 福格原则 1，帮助人们做他们已经想做的事；
- 福格原则 2，帮助人们感受成功。

如果你正在帮助伴侣、同事、老板、客户或孩子完成他们想做的事情，那你很可能已经站在了坚实的道德基础上。帮助他人感受成功从来都不是一件坏事。

如果你对你试图帮助他人实现的改变感觉良好，那么你就已经做好准备了。

引导群体行为的两种身份

前文已经提到过，我们将在本章探讨群体改变的两种方式。我为它们起了两个很有趣的名字——头目（Ringleader）和忍者（Ninja），这样更加明确、好记。

明确自己在群体中的身份

头目

作为头目，你需要分享自己所学到的微习惯策略和行为设计方面的知识，积极发挥带头作用，以帮助群体做出改变。这种情况常见于家庭或非正式工作场合之中。例如，在休息室里，大家正在探讨如何解决棘手问题，你灵感乍现：我们需要画行为集群和焦点地图！你向同事们介绍了这些方法，第二天回到休息室，大家都已经做过了问题映射，想出了很多可以创造改变的点子。作为头目，你还需要帮助他人学习微习惯策略和行为设计。你可以分享这本书，这既简单又有效，或者你也可以选择一种更隐秘的方式。

忍者

作为忍者，你需要以一种巧妙的方式将行为设计融入生活或工作中，而你的家人或团队甚至都没有发觉你正在进行行为设计。这正是迈克处理他儿子和咖啡机问题时所采用的方式。他并没有告诉克里斯他正在拆解那些步骤好让它们变得更容易完成，也没有告诉克里斯他会特意为成功而庆祝，但他的做法确实产生效果了。无论何时，你都可以用行为设计技巧，如用行为集群或简化行为来帮助他人做出改变，而无须事先声明。

无论你是头目还是忍者，你都需要按照特定的步骤来进行行为设计。

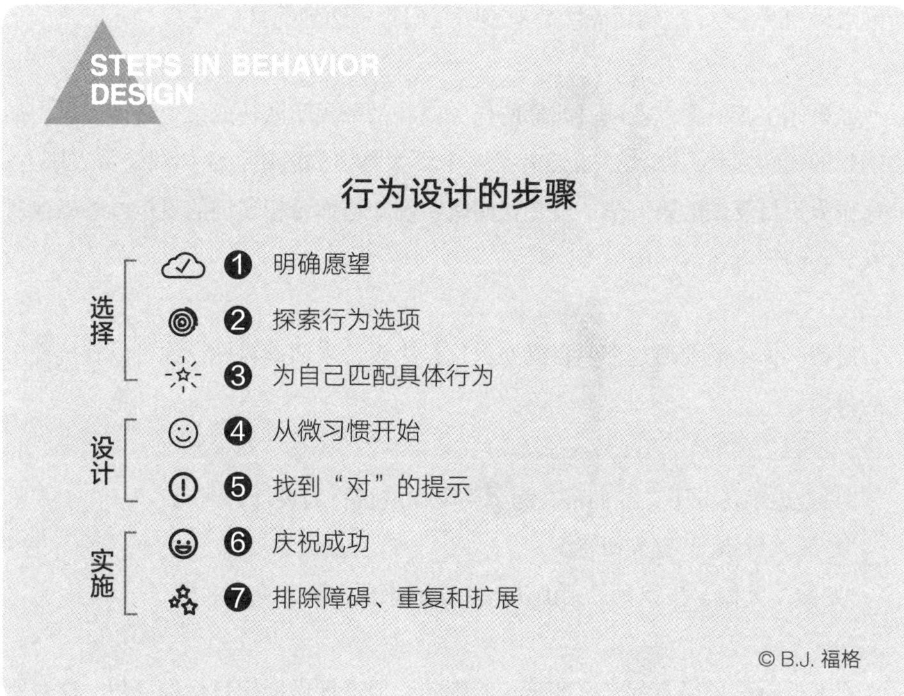

群体行为的设计流程

虽然创造群体改变的方法跟创造个人改变的方法本质相同，但将这些方法付诸实践的方式可能会有所不同。

1. 共同明确愿望

行为设计的起点始终是明确愿望。无论是设计产品、设计自己的习惯还是帮助群体共同改变，它都是第一步。

头目。如果你正在尝试帮助家人改变饮食方式，那你可以先提出一个愿望，然后再看看他们是否会接受。你可以向他们询问：“‘作为一个家庭，我们想多吃新鲜水果和蔬菜’，这句话能清楚地表明我们希望达到的目标吗？”

如果你主管一个商业项目，你的任务或许是带领团队达成某个具体成果，如将明年的销售额提升 20%，也或者是一个不太具体的愿望，比如减轻员工压力。而你作为头目要做的第一步，就是让团队明确知道你希望实现的目标，并确保所有人对它的理解达成一致。

忍者。你不需要通过声明自己在进行行为设计来明确目标，你可以直接说出你的目标。

“只是想确认一下，我们是在为了某事而进行行为设计，对吗？”
“是的，没错。”有人回答说。
“好的，太棒了！我只是想确认一下我们想法一致。谢谢！”

忍者的行为风格看起来有些笨头笨脑的，但这样做能把目标说清楚，这对所有人都好。

2. 共同探索行为选项

明确了愿望之后，就可以探索行为选项了。

头目。在领导群体进行行为设计时，你可以选择开展一场第 2 章提到的挥舞魔法棒会话，也可以利用行为集群，让人们找出有助于实现愿望的不同行为。

在小团队中，使用挥舞魔法棒方法并精心引导，很容易就能了解更多成员的行为。但如果团队超过 20 人，这个方法就不那么顺畅了。对于大团队，你可以把行为集群表发给团队成员。只需要简单引导，就能收集到整个家庭、团队或整个公司的行为集群。我曾经最多领导 1 000 人实践过这个方法。总之，最终选择哪种方法，取决于你的团队和领导风格。

忍者。你可以悄悄挥舞魔法棒，在恰当的时机提出一些问题，比如：

- 你希望发生什么？如果我们拥有魔力，会做什么？
- 如果我们可以让任何人做任何事，那我们想让他们采取什么行动？

请想象这样一个场景：你是一名志愿者。你正在参加一场与当地公园有关的会议。主管希望增加公园的客流量。你认为这就是她的愿望。为了让会议取得成效，你先肯定了她的愿望，接着又挥舞魔法棒进行了提问。

当你让团队以这种方式进行思考时，会议变得对每个人来说都更有趣了，因为你做到了两点：一是通过让会议聚焦于一个特定目标，帮助大家超越了抽象的感知；二是你帮助大家发现了许多潜在的解决方案，这样一来，团队就不会在得出第一个想法后止步不前了。多亏了你隐秘地挥舞魔法棒，5 分钟前还非常棘手的问题，现在已经让人感到可以解决了。

3. 为群体匹配黄金行为

在有了大量潜在行为后，你就可以考虑要把哪些行为付诸实践。你需要为人们匹配有影响力、容易做到或有动机的行为。在理想情况下，如果你选择的那些行为具备这三个特征，它们就是黄金行为。

为群体匹配黄金行为的最佳方法就是使用焦点地图（如图 8-1 所示）。你可以让团队作为一个整体来使用这个方法。作为一个家庭或一个工作团队开展协作会让你们受益匪浅。一旦在绘制焦点地图过程中达成共识，集体就做好了准备，共同将黄金行为付诸实践，并彼此支持。在行为设计的所有方法中，群体焦点地图是我最喜欢用的。

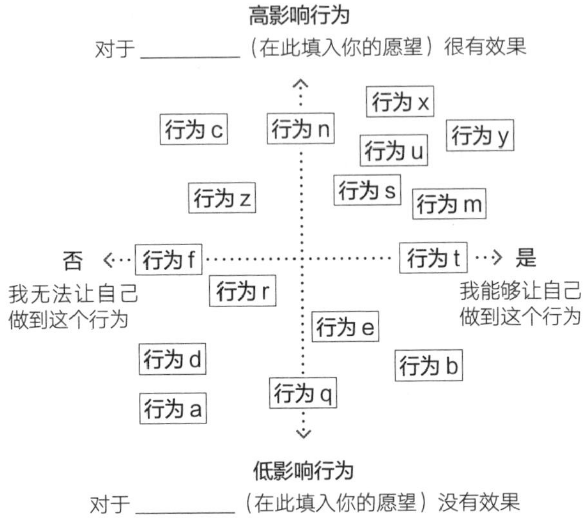

图 8-1 焦点地图

头目。我已经在数百个团队中教授过焦点地图，帮助他们找到了与项目或自我提升相匹配的黄金行为。

群体焦点地图除了第 2 章介绍的整体框架之外，还有一些重要补充。和个体焦点地图一样，运用群体焦点地图也是从用卡片记录一系列行为开始，而这些行为来自挥舞魔法棒或行为集群。

头目在介绍说明焦点地图时需要经过多个回合，第一个回合是把卡片按照纵轴排列，将影响力最大的行为放在图的顶部，将影响力最小的行为放在底部。

首先，让团队成员轮流上前，各取一张卡片放到焦点地图上，直到所有卡片都放好为止。其次，让大家轮流上前调整卡片的上下位置，此时不需要解释为什么他们要移动那张卡片。每个回合每人只可以移动一张卡片。大家只要阅读卡片并移动它即可。有时候，一张卡片会被不同的人分别移动好几次，这是因为人们对其位置有不同见解。这很正常，无须担心，只要让过程继续下去就好。

继续这个过程，直到所有人都对卡片的排列感到满意为止。当大家达成共识后，第一回合就可以结束了。

在第二回合，团队将沿着可行性维度横向移动行为卡片。首先，让大家把他们觉得自己可以做到的行为放在右边，把那些自认为做不到的行为放在左边。其次，同样是让群体成员轮流上前，每个人每次只可以将一张卡片左右移动，直到所有人都满意为止。

至此，对这些行为进行简要点评和调整之后，你就可以在这个完整的焦点地图的右上角找到你们的黄金行为（如图 8–2 所示）。请和团队一起探讨你们希望将多少个黄金行为付诸实践。你们可以只选择一到两个，不宜超过 5 个，否则就太激进了。

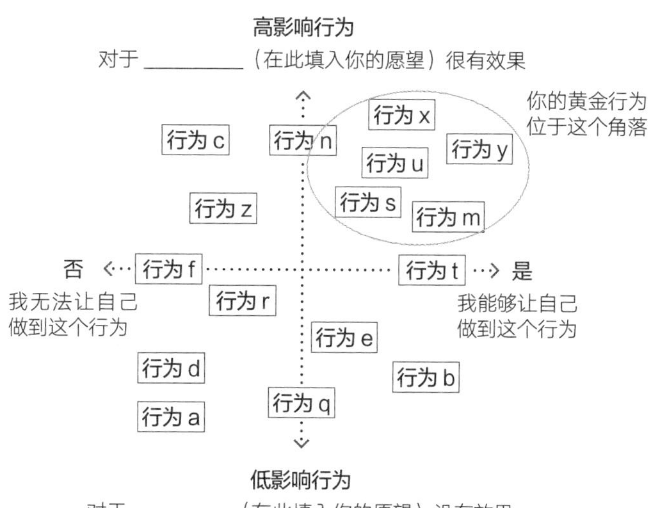

图 8–2　焦点地图 – 找到黄金行为

大多数团队都会感到惊讶，自己居然能如此快速、轻松地对要聚焦于哪些行为和要暂时搁置哪些行为达成共识。原本漫长又紧张的过程变得简单且流畅，一个头目只需 30 分钟就能引导完成。而且在大多数情况下，人们对最终结果都是满意的。

请注意：如果群体找出的黄金行为是一个习惯，那么只要在接下来的步骤中切换到微习惯模式即可。但并非所有黄金行为都是习惯，有些黄金行为就是单次动作。

忍者。假设你正在参加一个家庭会议或公司会议，你需要让大家集中注意力，并达成共识，但你却无法进行正式的焦点地图活动。针对这种情况，你可以选择忍者模式。在大家提出不同想法之后（或许这就是你采用忍者模式挥舞魔法棒所带来的结果），你可以询问：我们能让自己实现哪个想法？这个问题结合了福格行为模型的动机和能力两大要素，这是找出潜在黄金行为的最快方式。

4. 让黄金行为变得对每个人来说都“容易做”

如果群体的黄金行为是一种需要坚持的习惯，那就切换到微习惯模式，并让行为尽可能容易做到。同样，单次行为，比如让所有人去参加培训研讨会，也要尽可能容易做到。

头目。向群体提问，是什么让预期行为（或习惯）难以做到，以及怎样才能让这个行为（或习惯）变得容易做到。假设两星期之前你和项目团队一起启动了一项新工作。作为管理者，你希望每人每天发一封电子邮件给你，汇报他们当时所面临的最大的项目障碍：可能是法律部门没有审查新协议；也可能是没有足够的预算，无法高质量地完成用户调研；还可能是网络一直无法恢复，任何障碍都可以汇报。作为管理者，你需要知道有哪些障碍，然后才能去解决这些问题并帮助大家取得进展。这听起来是个很不错的计划，团队成员看起来也很有热情。但两星期过去了，结果并不是很好。这个时候就要提出探索型问题了。

下一次召开项目会议时，你可以向团队问一问发电邮的事情：是什么让这个日程难以执行？你甚至可以更具体一些，直接针对能力链的各个环节提问，比如，你有足够的时间来完成这个日程吗？资金呢？脑力呢？体力呢？它和你的现有日程冲突吗？通过这种合作的方式，群体就能帮助你、帮助彼此发现能力链上的薄弱环节。事实证明，这实际上并不是时间问题，而是团队的大多数人都不知道如何理解“障碍”。了解到这个情况后，你明白了，这是脑力方面的问题（但千万不要大声说出来）。你有多种选择，比如提升团队识别障碍的技巧，从而让完成日程变得更容易，或者可以制作一个包括项目清晰度、法律问题、预算约束、协作问题、技术问题等的检查清单，让他们从中选择。处理妥当之后，能力链的薄弱环节会变得强韧，能帮助所有人更成功地用好电子邮件。

忍者。假设你想让伴侣每天和你一起运动，但他并不是很想。那么，你可以向他提一个探索型问题：你认为是什么让每天运动这件事变得困难呢？大多数人会说：“我没有时间。”作为一名技艺娴熟的忍者，你知道，时间或许是也或许不是真正的问题。但先假设它就是问题，然后再问：如果你有办法每天就和我一起运动 10 分钟，你觉得你能做到吗？如果他说能，那就找出那个 10 分钟的练习。然而，他或许又会提出另一个问题：“我太累了，没力气运动。”

这表明，阻碍运动的问题不是时间，而是体力。如果是这样，那你可以提议选择消耗小的运动，比如每天早上跳一曲迪斯科或是做一个简单的瑜伽动作。别忘了重新设计环境，比如睡觉之前先摆好瑜伽垫，从而让运动对他来说变得更容易做到。不用担心只做一次拜日式动作对健康似乎没什么影响，不管是多么微小的进展，只要能让人开始遵守健康习惯就是意义重大的。如果你的伴侣在做拜日式动作时感受到了成功，他自然而然地就会扩展运动习惯。

在忍者模式下，你可以以一种非正式但很系统化的方式找出阻碍行动的原因，然后再采取措施以加强能力链上的薄弱环节。

做得好，忍者！

5. 找到黄金行为的提示方式

第 4 章已经提到过，提示有 3 种类型：人物提示、情境提示和行动提示。在这个步骤中，你需要找出对群体来说最有效的提示。

头目。如果你正在帮助群体培养习惯，请先使用微习惯策略，然后再向群体提问：把这个习惯放到你们日程的哪里最适合？如果你正在帮助团队养成每天发送电子邮件汇报障碍的习惯，那你可以向他们提问：现有日程中有什么可以提示你们要执行这个新习惯吗？

群体可以一起探索选项，但每个人都可以选择自己的锚点。有些人的配方可能是：在我午休结束后，我会拿出障碍清单，写一封简要的电子邮件。

如你所知，设置提示行为还有其他办法。你可以让新来的实习生跑腿，提醒大家发邮件。但长远来看，这并不是一个很好的解决方案。或许，你可以每天发一封电子邮件来提醒大家？虽然这个方法也可行，但还是不如将现有日程作为提示那么从容。

忍者。在此步骤，忍者的做法和头目的做法一样，也是询问那个问题。如果这没有用，那可以直接询问："你认为将什么作为这件事的提示比较好？"

我喜欢先找到有效的方法，然后再扩展它。再以发送障碍电邮习惯为例。让任务变得容易执行之后，看看会发生些什么。找到成功完成了这个任务的人，问问他们的提示是什么，他们肯定有提示（即便他们自己没有意识到）。当你找到一个成功的模式之后，你可以建议大家都使用相同的提示。

MY RECIPE

微习惯配方

在我……	我会……	为了让大脑牢记这个习惯，我要立即：
午休结束之后，	拿出障碍清单，写一封简要的电子邮件。	
锚点时刻	**微行为**	**庆祝**
生活中某个可以提醒你执行微行为（你的新习惯）的既有日程。	你想要培养的且已经缩小到超微小、超容易完成的新习惯。	可以在你内心创造积极感受（我称之为“发光”）的事情。

假设你四处找人谈话，发现团队里有 10 个人试图向你发送障碍电邮，其中有 5 个人成功地做到了，而且这其中有 4 个人在去吃午饭之前会把障碍清单放在键盘上。吃完午饭回来的时候，这个检查清单会提醒他们要写电子邮件。这个方法大致如下：在拿起钱包准备去吃午饭之前，先把障碍清单放在键盘上。你和所有人分享了这个技巧。你已经找到了有效方法并将它分享给了整个团队。

6. 庆祝成功以巩固习惯

这一步骤仅适用于想在群体中培养习惯的情况。如果你的解决方案是一次性的行为或决定，那么可以跳过这个步骤。

头目。我对这本书有很多期望，其中之一是改变领导者和团队的互动方式、父母和孩子的互动方式、医生和患者的互动方式。当你理解了我的关键观点之一——“人们在感觉良好而非感觉糟糕的状态下才能获得成效最佳的改变”后，你就可以将它用于改变自己的生活了，你同样也可以将它用于帮助身边人做出改变，无论是你的员工、孩子、伴侣还是患者，都可以。

来自权威人士的反馈是很有影响力的，来自权威人士的认可能够打开改变之门。如果你能在适当的时机提供反馈，帮助人们感受成功，你就能建立良好的行为习惯。不仅如此，感受成功的效果会产生连锁反应。对某些人来说，没有什么比受到钦佩与信任之人的赞美更加激励人心了。也许，你就是那个人。

作为头目，你有 3 种方式可以利用“发光”的力量，以建立群体习惯，并最终促成文化的改变。

第一，让群体理解情绪是如何促成习惯的。向他们说明你已经找到了一种巩固新习惯的方法，那就是通过庆祝和感受“发光”来激发积极情绪。第 5 章文末提供了一些练习，有助于群体成员找到属于自己的庆祝方式，并鼓励他们发展和应用这项技巧。

第二，你可以成为群体中的“发光”之源。对于帮助婴儿学步的父母和优秀教师来说，这是自然而然的。在日常生活中，这样的案例有很多。比如，毛伊岛上有一个学习冲浪的地方，当新手第一次成功驾驭浪花时，观众们（主要是朋友和父母）会为他们欢呼庆祝。

大多数人在此领域的水平都还有待提升。我们可以更多、更即时地给出积极反馈。如果当别人达成了某个重大里程碑时才给予反馈，那就错过太多可以帮助人们感受“发光”的机会了。

第三，这是在学习微习惯策略的家庭中自然演变而来的做法：群体会为某个人的好习惯而庆祝。孩子们很快就能掌握其中的秘诀。当妈妈抵在厨房柜台上做完两个靠墙俯卧撑后，女儿会一边鼓掌一边对她说："太棒了，妈妈！"

忍者。作为忍者，你也可以像头目那样成为为他人庆祝"发光"之处的发起者。然而，你也可以采取更隐秘的方式。比如，用提问的方式来巩固习惯，当有人做出良好行为的时候，你可以说："哇，那真是太棒了！清理办公桌让你有什么感觉？"通过这个问题，你可以帮助同事在下一次清理办公桌时更接近"发光"时刻。你还可以采取重新定义成功的方式，帮助他人意识到虽然尚未有成果，但他们也已经成功取得了进展。每当有人选择喝水而不是喝饮料时，即便他的体重没有发生任何变化，也是一种成功。在练习冥想的时候，不是非得静下心来才算得上成功，能够安静地坐着就是一种成功，他们应该为此而感觉良好。

我在研究中发现，用于确认成功的消息可以分成 32 种不同类型（这是一个 4 行 8 列的网格框架）。例如，认可人们取得了个人最好的成绩就是其中一种类型。你取得了自己的历史最佳成绩！还有一种是帮助人们发现自己比别人更擅长做某事。有些人更能够从前者中感受到"发光"，而有些人则更能从后者中感受到"发光"。如果你能知道哪种消息类型为你的群体成员创造了最多"发光"点，你就可以据此来帮助他们巩固习惯，并不断提升表现。

下面这些框架中的反馈适用于学生：

- 你总是能很好地完成家庭作业。
- 你考试得了满分。
- 尽管前一次考试成绩不好，但这一次你考得非常好。
- 你比班上其他人学得更快。
- 你的进步比班上其他人更大。

本书附录部分列出了更多示例，你可以参考它们，但也要留意在日常生活中学习。在你给出积极反馈的时候，最大的影响是什么？多尝试些不同方式，看看会发生些什么。

对于反馈信息的表达方式，不同人的反应也会有很大不同，而我找到了一种适用于所有人的方式。我接下来要分享的内容，不管是以正面的方式还是负面的方式使用，都可以产生极大的威力。这是我第一次在书中和大家分享。请仅将接下来的方法用于实现最崇高的目的。

最具情感力量的反馈有如下两个特征：第一，它和你所关心的领域有关；第二，它和你感觉不确定的领域有关。两者相互重叠的区域，我称之为强力区（Power Zone），我还专门创造了一个图形来展现它，如图 8-3 所示。

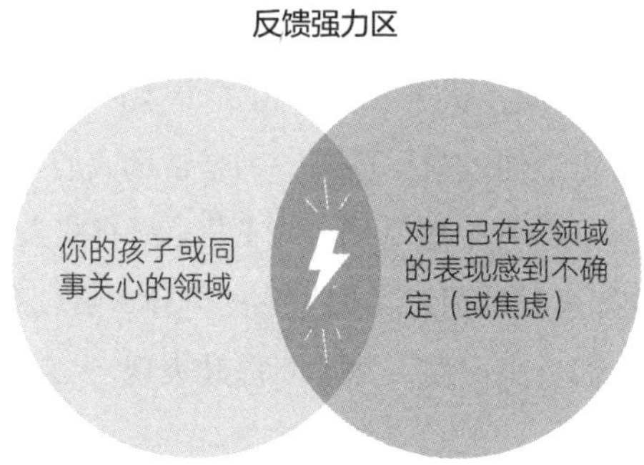

图 8-3 最具情感力量的反馈

在强力区，提供任何反馈其效果都会被放大，因为人们既关心该主题又不确定。这意味着你可以激发出巨大的“发光”点，抑或是投射巨大的阴影。比如，你看到一位新手妈妈试图安抚孩子。她想成为一个“好妈妈”，但由于才刚当上妈妈，所以她又很不确定什么是“好妈妈”。如果你对她说，“那样做很对！我姐姐过去就是那样照顾孩子的，她是我见过的最棒的妈妈”，那她一定会开心到“发光”。

请再想想“要不我来试试？你家宝宝看起来很不高兴啊”这句话，会产生什么影响。对新手妈妈来说，这明确意味着“你是错的”。这个反馈也在强力区，但它是负面的，还有可能会产生额外的伤害。而且这位妈妈会牢牢记住你，但记住的全都是你的不好。

我自己去年的愿望之一是“在和他人的任何互动中都要帮助他人进步”，我甚至还在书房里挂了一幅画，上面就写了几个字：谢谢你，斯蒂芬妮。我将从研究中洞察的一切也都用于实现这个愿望，并尝试通过提供适时反馈的方式帮助周围的人们进步：当某个学生在课堂上首次发表演讲的时候，当我的伴侣烹饪了一款新菜的时候，当某人打电话向我请教工作问题的时候。在所有这些情况下，我都有极大的机会可以帮助他们进步，他们关心自己的问题而且对此不确定。我说的都是真心诚意鼓励他们积极向上的话语。但人们往往却选择在别人处境脆弱时给出负面的反馈。比如，你的演讲开场太慢了；鱼有点干，你煮多久了？从你的问题我就可以看出你没有认真读过我的作品……千万不要这样做，请做个好忍者。

7. 共同排除障碍和重复

现在我们已经来到了行为设计的第 7 步，最后一个步骤。无论你设计的是一次性的行为还是习惯，都要持续重复。如果效果不如预期，那么你可以针对具体步骤去解决问题。

头目。在领导群体进行改变时，要提前告知他们，首次尝试养成习惯可能会失败，向大家解释说明创造持久的改变就和买鞋一样，试穿的第一双鞋并不一定合脚。使用比喻的方式能够设定正确的预期，这样一来，即便你作为头目的首次设计没有成功，也不会失去大家的信赖。要始终做好在过程中调整方向的准备。

在此，我想强调一下基于行为模型排除障碍的顺序。如果努力没有用，那可以从提示开始。不要责备自己缺乏动机或意志力，我们所做的一切就是设计和重新设计。如果涉及意志力，那我们就做错了。

如果我们已经修改了提示，也做到了让行为尽可能容易做到，但还是没能成功，那就需要向后退，重新选择一个不同的行为，一个我们真正想做到的行为。

忍者。如果你正在以忍者模式解决群体行为问题，那你可以以一种新的方式引入行为模型，还是从提示入手，然后再审视能力。接着，作为一种不得已的手段，拿动机做文章试试。在理想情况下，你会略过动机，给团队重新匹配一个他们已经拥有动机的新行为。

福格行为模型图可以阐明忍者应该采取或避免的那些步骤。假设你是公司举办的步行活动的负责人，你需要邀请员工参加为期 30 天的步行挑战，但反响很差，参加的人不到全体员工的 2%。

解决这个问题的第一步是检视提示。员工都有收到你的邀请邮件吗？或许邮件被当成垃圾邮件过滤了，也或许是收件箱已经满了，有人没有收到邮件。你可以换一种方式来提示大家采取报名行为，比如打电话或亲自发放邀请卡。如果你可以确定大家都有收到提示（你亲自分发了那些邀请卡），但结果还是不理想，那就进入下一个步骤。在这种情况下，我喜欢用福格行为模型上的离散空间来标注当前处境（如图 8-4 所示）。

右上角区域代表那些回应了你的提示并加入了挑战的员工。我将这个区间称为海豚区。他们既有行动的动机，也有能力。他们做出了行动，收到提示后立刻报名参加了挑战。左上角区域代表收到提示后没有报名参加挑战的那些人。他们有动机，但出于某些原因，步行挑战在他们看来太难做到了。我将这个区域称为海龟区。

左下角和右下角区域代表对参加步行挑战毫无动机的那些人：螃蟹区和贝壳

区。螃蟹有能力，但没有动机；贝壳既没有能力，也没有动机。当你试图让海豚区之外的更多人参与进来时，请先关注海龟区，并使用能力链找出让他们觉得更容易做到的行为方式。暂时忘记那些螃蟹和贝壳吧。他们基本不太可能会参加，你不应该在他们身上浪费时间。

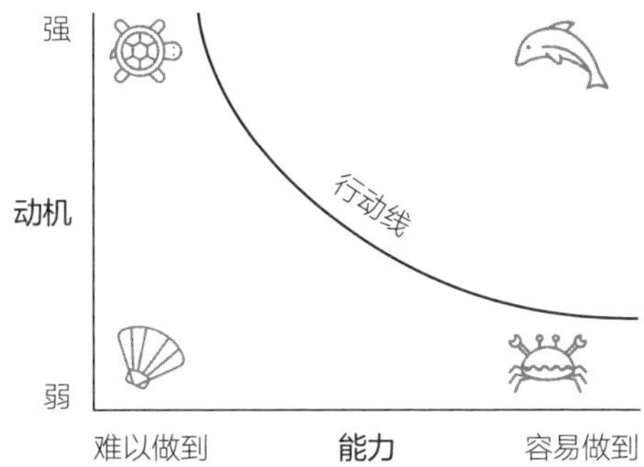

图 8-4　福格行为模型 – 离散空间

在行为设计训练营讲课的时候，我发现，对于行为设计的学习者来说，这个分区模型可谓是最具启发性同时也最具破坏性的一大见解。创新者往往会试图同时掌控所有 4 个分区。或者，他们认为应该聚焦于最艰难的区域，贝壳区。这两种方式都是错误的。在行为设计中，你要帮助人们做他们已经想做的事情，而螃蟹和贝壳根本就不想加入步行挑战，只有海豚和海龟想参加，因此你应该先去帮助海豚和海龟。捕捉到海豚和海龟后，再为螃蟹和贝壳找找他们喜欢的其他活动，比如打乒乓球、烹饪或骑行之类的活动。或者，干脆不管他们，只和海豚、海龟一起尽情漫步好了。

不过，有一种例外情况你也许可以触达螃蟹（甚至可能还包括贝壳）。这种例外情况就是当人们必须做某种行为时，比如接种流感疫苗这种非常重要的行为。在且仅在那种情况下，你可以换一种方式来吸引螃蟹参与。

如果出于某种原因，你必须让螃蟹也来参加步行挑战，那就要找到和他们的加入行为相符的某个愿望。如果你在一开始把挑战描述为“在保持健康的同时收获快乐”，而这和螃蟹没有共鸣，那就找一些对他们来说有意义的事情。这可能要花些时间，而且最后未必所有螃蟹都会对这个愿望产生共鸣。总之，先多想几个备选宣传语：

- 加入步行挑战，赢取星期五音乐会系列免费门票。
- 加入步行挑战，获得和高层面对面交流的机会。
- 加入步行挑战，获得免费步行鞋。

在这些例子中，你不需要重新审视行为集群并找到和人们匹配的其他行为。我将这种做法称为“女王 B 解决方案”。保持行为不变（因为你必须这么做），再用其他愿望来塑造它。后文提供了一个真实的案例。

以这种分区的方式来应用福格行为模型，能带给你和你的团队惊人的清晰度。把这种思考方式分享给你的同事，你可以把他们都提升到忍者水平。这样一来，他们就可以把精力投入能够取得成果的领域，而不用再把时间浪费在螃蟹和贝壳身上了。

共同改变流程有时候会以一种简单明了的方式展开，你和你的团队成员们要实行我所列出的所有步骤。行为设计和微习惯策略的美妙之处就在于它们是灵活的。既然你已经见识了共同改变流程的大致过程，接下来就让我们看一些实例。我们将这两个实例称为“两个转型记”。第一个实例讲述了曾经和我们一起进行行为改变的模范生的故事；第二个实例是关于在医院这个充满压力的场所中应用微习惯策略以提高韧性的故事。

群体行为设计的场景实践

家庭，成功应对学习障碍

埃米的女儿瑞秋上幼儿园时被诊断出患有多动症。一位神经心理学家说瑞秋是他见过最聪明但注意力最分散的孩子。埃米知道她的女儿是一个深度思考者，但任何细小动作都会让瑞秋放慢速度，她很难遵循指示，因为她经常会陷入沉思，很难做出决定。瑞秋的所有老师都认为她可以成功，只要她能控制自己的注意力，不让思绪过于分散，同时还能完成家庭作业或直接回答问题。四年级时，瑞秋开始接受特殊教育，埃米每天都要挣扎着帮她完成家庭作业，而瑞秋则只想玩电子游戏或是出去玩。

埃米曾用微习惯策略和行为设计成功解决了发展业务问题并改善了与前夫的关系，她觉得自己完全可以用这些方法来帮助瑞秋。她做的第一件事就是明确瑞秋更大的愿望是什么，埃米需要为此投入一些时间，还得想出有创造性的问题。原来，取得好成绩、得到老师认可、学习乘法表等，对于瑞秋来说并没有她自己想做的事情更重要。埃米一直想要努力找出潜藏在瑞秋想做和不想做的行为背后的特别原因。埃米知道找出正确愿望是关键，于是，她使用了女王 B 解决方案：她将完成家庭作业的任务（一项要求）和瑞秋的一个愿望关联在了一起。

埃米告诉我，真正令她最兴奋的时刻，是她向瑞秋询问“我知道做作业的过程很煎熬，但你觉得如果不做作业会发生什么呢”的时候。

“嗯，我猜我会有更多的空闲时间。”瑞秋说。

“没错。但如果到了四年级结业考试，其他人都升到了五年级，就你没能升级，你会有什么感觉？”

瑞秋的眼睛都瞪大了：“你说什么？”

“如果你还留在四年级，而他们都升到了六年级呢？”

女儿开始认真思考，对她来说这是一个新概念。"我不喜欢那样。"

"好吧，我理解你想要完成四年级学业、和同学们保持步调一致。那很好，现在我们知道了你想要什么以及你想达成什么目标，那我们可以找到实现它的好办法。"

事实证明，这次谈话对埃米和瑞秋来说都很重要。她发现瑞秋对于完成家庭作业并不感兴趣，那是自己的愿望。瑞秋真正关心的是跟上同学们的步伐。于是，埃米围绕这个愿望重新绘制了一个行为集群，这样一来，她就可以和瑞秋探讨有助于取得成果的具体行为了。由于放学回家做作业就是行为集群中开启她们共同改变之旅的具体行为，所以埃米和瑞秋就由此开始。下一步是要让行为变得对瑞秋来说容易做到，其中最大的绊脚石是专注力不足，特别是在瑞秋结束一天的课程回到家之后。于是，埃米尝试将家庭作业拆解为更小的任务。她们会按照10分钟的增量来做事，比如整理课桌上的学习用品，或是制作任务计划表。她们还尝试在学习间歇休息5分钟时去玩蹦床；使用识字卡和视频录像；用电脑和纸笔来做作业。一路上，她们发现并填补、强化了能力链上的所有薄弱环节。

所有这些事情，埃米都向女儿清楚地解释了自己的考虑，也都有征求瑞秋的意见。如果某件事情被瑞秋拒绝了，那埃米也会和她达成协议，她们会先用5天时间来尝试瑞秋的方式，再用5天时间来尝试埃米的方式，然后再比较哪种方式效果更好。埃米明白，她不只是在帮助瑞秋完成家庭作业，而且是在让瑞秋学习如何尝试和管理自己的行为。她正在教瑞秋学习改变的技巧。

在瑞秋放学后的日程中给家庭作业找到"对"的提示是至关重要的。在晚饭后再做作业的方式注定会失败。她们尝试过许多种"让做作业变得容易"的技巧，但瑞秋都难以集中注意力。后来她们发现，家庭作业需要在放学后尽快完成。以此作为起点，她们越来越精细化。针对每一个家庭作业行为，埃米还使用了"在……之后，我会……"的微习惯配方格式来进行描述。遇到干扰时，她们会尝试调整家庭作业的微习惯配方，反复迭代，直到找到有效的配方：在我玩了

5 分钟蹦床之后，我会从背包中拿出计划表。通过共同探索，她们懂得了将家庭作业拆解为更小的习惯的重要性，比如整理学习用品、制作待办事项清单以及在这些任务中间穿插一些有趣的活动。

埃米还确保在她们的家庭作业微习惯配方中有大量的庆祝活动。她们尝试过击掌庆祝、跳舞、贴纸图，以找到适用于所有成功的庆祝方式。瑞秋是一个单纯可爱的孩子，庆祝时全身心投入。埃米也确保让庆祝和女儿刚完成的行为非常清楚地关联起来，这带给了女儿强烈的“发光”感，也更有效地巩固了新习惯。

埃米和瑞秋不断地回到行为集群中，纳入有助于完成家庭作业、认真听课的更多新习惯，有一些习惯最终融入了瑞秋的学校生活。四年级时培养的一个习惯让瑞秋能很好地管理时间、处理事情，其微习惯配方是“在我放学回家之后（最后动作：放下背包），我会检查家庭作业清单并预估完成作业所需时间，把它写下来”。她的庆祝活动非常自然，预估出完成作业所需时间之后，一想到当晚剩余时间都属于自己，瑞秋就感到很兴奋。那只不过是写在清单顶部的一个数字而已，但它却帮助瑞秋学会了管理时间。瑞秋越来越有把握评估完成作业需要花费的时间，并相应地安排待办事项的优先顺序。起初，埃米会每隔几天帮她检查一下预估时间，分析哪里估计不准、为什么不准以及如何修正。这样的方式有助于瑞秋学会掌握自己习惯的主动权，很快，埃米就可以退居幕后了。这也缓和了两人的紧张关系，因为瑞秋越来越能掌控自己的能力和动机，所以埃米参与干涉的情况越来越少。埃米还发现，这种做法也从整体上改善了女儿的时间管理能力，包括准备上学和打扫房间等各个方面。她在课业上养成的习惯也渗透到了生活的其他方面。到了六年级的时候，瑞秋已经不需要上特殊教育班了。她不仅跟上了学校的教学进度，还参加了进阶先修课程，并以优异的成绩毕业。

刚开始用微习惯策略帮助瑞秋的时候，埃米并没有期望能够达成这样的改变，她只是想让女儿能发挥自己的天赋所长。如果埃米没有帮助女儿充分发挥潜力，那瑞秋就极有可能会在四年级留级，从而演变成一场学业危机，还会变成埃米长久自责的痛苦之源。埃米选择具体方式时也很谨慎。如果当时她采取的是强硬措施，可能就会适得其反，只会持续产生焦虑和紧张气氛，这种措施最后极有可能会以失败告终。

在共同改变的过程中，埃米收获了很多快乐，而瑞秋取得了很大的进步。埃米真希望自己能更早知道微习惯策略，这样她那两个更年长的孩子也能从中受益。

工作场所，减轻在医院工作的压力

几年前，一家研究型大医院聘请我帮助他们解决护士的倦怠问题。我邀请了已成为微习惯教练和培训师的琳达来协助我。医院领导在项目简报会上说，他们的愿望是“帮助护士养成新习惯、变得更坚韧”。从好的角度讲是“坚韧”，但其实大家心里都清楚，实际上是为了解决存在于护士、医生和其他医务人员之间已然很严重且仍在恶化的员工倦怠问题。

我知道在医院工作压力很大。护士照顾的都是病人，但照顾得再好，也仍然会有病人死亡，而医生、病人和家属很有可能会因此苛责护士。而且，深入了解护士群体以及她们工作的真实情况之后，我发现，轮班工作带来的压力非常大，这对护士产生了很大的影响，甚至还会影响到她们下班之后的生活状态。

琳达和我是通过视频会议的方式给大家上课的，上课时我可以在屏幕上看到每一位护士。有的人在家里，穿着睡衣，一副睡眼惺忪的样子，窝在沙发里正在吃外卖，她们看起来一点儿也不像护士，更像是一群刚刚结束狂欢夜聚会的人；还有的人坐在桌子旁边听课，面露疲态，一脸茫然地盯着摄像头。

琳达和我都非常想帮助她们，琳达非常适合做助教，因为她自己就是应用微习惯策略以减轻压力的专家。护士们都明白照顾好自己（和彼此）才能更好地照顾病人这个道理，但她们就是不知道怎样才能实现这一愿望。

在接下来的一个月里，我们每星期会为她们上一节时长一小时的微习惯培训课，这一星期的其他时间都留给她们实践练习如何将习惯拆解成微小的行为、如何创建微习惯配方、如何安排锚点习惯的顺序、如何庆祝，以及如何解决问题。

我们把护士当成普通人来看待。我们了解了她们既有的一些工作习惯。她们几乎没时间休息。她们使用的是老旧过时、难用烦人的电脑软件。最让我感到惊讶的是，在整整 12 小时的轮班工作期间，她们通常几乎滴水不进。护士们都知道这是一个不健康的行为，但医院的某种文化导向就这样把她们逼到了极限。不喝水，那就不需要上厕所。她们觉得，这样一来自己就可以照顾更多病人，而同事们也都会钦佩她们的这种奉献精神。但这种奉献的代价很大。很多人结束长时间轮班工作回到家后，已经没有精力和家人们互动了，很多人甚至会头疼，还有人会失眠。

为了让她们参加微习惯培训课时可以轻松一些，我创建了配方生成器。琳达和我让护士们在工作表的左边写下一份锚点（她们的工作日程）清单。

- 在我停好车之后……
- 在我打开电脑之后……
- 在我巡视完病人之后……
- 在我做完心电图之后……
- 在我处理完呼唤铃事宜之后……
- 在我洗完手之后……

琳达和我同护士们一起探索她们可以用于减轻压力的微行为。我们先罗列出了一个长长的清单，然后从中选出了一些，并按照微习惯配方格式填在了工作表的右边：

- 我会深呼吸一次。

- 我会对最亲近的人微笑。
- 我会喝水。
- 我会寻求帮助。
- 我会说“谢谢你”。

MY RECIPE

微习惯配方

在我……

到医院停好车之后，

我会……

闭上眼睛深呼吸 3 次。

为了让大脑牢记这个习惯，我要立即：

锚点时刻

生活中某个可以提醒你执行微行为（你的新习惯）的既有日程。

微行为

你想要培养的且已经缩小到超微小、超容易完成的新习惯。

庆祝

可以在你内心创造积极感受（我称之为“发光”）的事情。

确定了这两部分的内容之后，护士们只需要选择并进行组合即可。通过这种将左侧锚点和右侧微行为配对的方式，护士们很快就创建出了可以在轮班工作期间尝试使用的微习惯配方。护士们互帮互助，有效的微习惯配方都会互相分享。下面是她们创建出的一些微习惯配方：

- 在我到医院停好车之后，我会闭上眼睛深呼吸 3 次。
- 在我到岗打卡之后，我会想“今天我在帮助真正需要我的人”。

- 在我见到病人之后，我会和她们进行眼神交流并保持微笑。
- 在我把扩展坞插回电脑之后，我会去喝水。
- 在我们团队聚在一起之后，我会向替换我的第一个夜班同事表示感谢。

在护士们学会将微习惯策略应用于繁忙且高压的工作中之后，我们发现，尽管很疲惫、时间很紧迫，护士们还是在共同改变。

这并非全部。护士们还很喜欢庆祝。我们用了整整一节课来帮助她们了解应该如何庆祝那些微小的成功，以及为什么要庆祝，效果非常好。正如我们期待的那样，护士们开始为自己的成功进行庆祝，也开始为彼此庆祝，用片刻的掌声庆祝某位护士喝了一口水，击掌庆祝同事来到休息室休息，用一句“不错哦”来庆祝某人的深呼吸放松。

我们后来又为医院里的不同人群进行了培训，包括急诊室工作人员和医院管理人员。为了评估微习惯策略对护士们产生的影响，我们还专门开展了一项正式研究。在开始参加培训之前，护士们需要填写一份有关压力和坚韧的匿名调查问卷。培训结束三个月之后，护士们再填写一次这份问卷。数据表明，在下面这些方面，他们有统计意义上的显著提升：

- 我每天都在实践减轻压力的习惯。
- 我很好地掌控了工作压力。
- 我全天都有在练习构建韧性的技巧。
- 我每天都在实践工作中的健康习惯。
- 我能够看出来什么时候工作进展顺利。
- 我能够通过行为设计来培养积极的生活习惯。

看到微习惯策略有助于解决这么棘手的工作场所问题，琳达和我感到很欣慰。但更让我们高兴的是，我们的付出帮助这些医护人员减轻了压力、拥有了更健康的生活方式，让他们能够以更好地状态去服务有需要的人。

我自己还收获了一个大惊喜，这和研究数据无关，是因此而形成的一种整体印象：精疲力竭、时间紧迫或不知所措的人们是不可能做出大的改变的，他们甚至都不会去尝试改变。我认为对这些人来说，微习惯就是唯一的现实路径。或许它也是你和你身边之人唯一的现实选择。

行为设计能够应对任何挑战

通过行为设计的“行为是有待解决的谜题”视角来看待世界，你会发现，在家庭和办公室之外还有更广阔的可利用空间。我们所生活的世界充满了各种各样、大小不一的问题。我相信，只要能掌握行为设计原则、微习惯策略和改变技巧，就可以成功克服各种挑战。我的学生们和那些接受过我培训的专业人士就曾应用行为设计解决了看似是顽疾的难题，这毋庸置疑。无论共同改变意味着什么，是加深你们的关系、帮助孩子发挥最大潜能还是改善高压工作者的工作条件，我都希望你能够理解，只要选对方法，几乎任何改变都是可能的。

行为设计不是孤独的修行。我们设计的每一个习惯、庆祝的每一个微小成功、做出的每一个改变，都超越了个人的生活。我们是在用自身行动塑造家庭、社区和社会，而它们同时也在塑造我们。我们所延续的行为很重要。行为设计不只是减轻几千克体重或在吃饭时放下手机，它关乎成为你想要成为的那个人，并创造出我们想生活在其中的那种家庭、团队、社区和世界。

TINY EXERCISES

群体行为设计

练习 1：分享行为设计的基础知识

❶ 让工作团队或家人给你 30 分钟时间，听你讲讲斯坦福大学的科学家发明的新事物。

❷ 分发行为集群工作表，或者让他们自己画一个。

❸ 让大家在云朵上写下一个愿望。

❹ 让他们想出至少 10 个有助于实现愿望的行为。给他们大概 5 分钟时间，但你或许需要引导他们。

❺ 让大家给最有助于实现愿望的 5 个行为评星级。

❻ 让大家给他们能做到的那些行为画圈。又有星又有圈的就是他们的黄金行为，解释清楚其含义。

❼ 让大家分享他们的黄金行为，一起探讨怎样付诸实践。如果要继续设计新习惯，那就帮助团队学会使用微习惯策略。

练习 2：用行为设计共同解决问题

❶ 让工作团队或家人给你 30 分钟时间，听你讲讲斯坦福大学的科学家发明的新事物。

❷ 让大家想出他们共同的愿望。比如，工作团队可能想要更高效的会议，家人可能想要更高质量的晚间时光。

❸ 从步骤 2 中选出一个愿望，确保所有人都能理解它的含义。

4. 让所有人按流程找出群体愿望的黄金行为。（参考上一个练习的步骤 2 到步骤 6。）
5. 让大家分享一到两个黄金行为。（写下来以便所有人都能看见。）
6. 审视你们写下的这份清单。向团队或家人询问：作为一个群体，怎样才能让每个黄金行为都变成现实。进行讨论并制订计划。

练习 3：凝聚团队共识，选定要改变的行为

1. 在召集团队之前先明确你们团队的愿望是什么。对工作团队来说，愿望可能是更积极的沟通，或是在真正重要的项目上取得进展。
2. 自行挥舞魔法棒，找出一组行为（或者找人帮你出主意）。
3. 仔细检查确认这些行为足够具体，再把它们写下来，每张卡片上只写一个行为。
4. 召集团队，并向团队阐明愿望。
5. 分发行为卡片，尽量平均分配。
6. 参照本章所述，带领大家完成焦点地图环节。
7. 等团队明确划出右上角的那一小组行为（黄金行为）之后，询问团队如何将这些行为付诸实践。
8. 进行讨论并制订计划。

改变一切的小改变

2008 年，我到阿姆斯特丹参加一场会议，我在上午发表过开幕演讲后，剩下的时间一直在享受难得的闲暇时光，还参加了一场愉快的晚宴。但是，我和同伴离场后，刚回到酒店房间，我的电话就响了。是弟弟发来的一条短信，只有短短几个字：加勒特死了，死于服药过量。我眨眨眼睛，有点不敢相信，于是又看了一眼短信。还是只有短短几个字，却让我痛彻心扉。我知道这是真的，但我第一反应是拒绝，我一遍又一遍重复着："不……不……"声音越来越大，直至哽咽难言。直到现在，每每提到这件事，我仍然难以开口。

加勒特是我姐姐琳达的儿子。加勒特 20 岁的时候，还是个管我叫"BJ"舅舅、看见我就给我一个大大拥抱的小伙子。他是家里最可爱的孩子，每个人都这么认为。他的那些兄弟姐妹都半开玩笑地叫他金童。他很喜欢向日葵，是大胃王比赛的常胜将军，在比赛吃巧克力曲奇饼干时更是能打败所有对手。无数个有关他的回忆涌入我的脑海，随之而来的便是无尽的疑惑。

服药过量？他不是已经完全康复了吗？他几个月来一直表现得很好、很清醒，我以为他已经完全好了。到底发生了什么？我和同伴坐在床边，眼中充满了错愕，就这样呆呆地过了几分钟。我们都非常难过。我知道姐姐正在经历她一生中最痛苦的时刻，但我却远在地球的另一端。我收拾好震惊和疑惑的心情，对同伴说："我们收拾行李回家。现在就走。"他立即起身开始收拾行李。我打电话到前台咨询最快多久能赶到阿姆斯特丹斯希普霍尔（Schiphol）机场。那时候才刚过午夜时分。我们把所有东西一股脑地扔进包里，几分钟后就搭上出租车前往机场，赶上了下一班飞往拉斯维加斯的飞机。

琳达是我的姐姐。我对她最早的记忆，是在我大约 3 岁时，她站在我家客厅的一块小黑板前面，我坐在一把小椅子上，听她给我上了极为重要的一堂课：胶带湿了，就没有黏性了。她在黑板上贴了一片干的胶带，又拿出另一片胶带，在水里浸过之后试图也贴到黑板上。当这片湿胶带从黑板上滑落时，琳达说道："B.J.，你看！"

我和姐姐的感情一直很好，这或许是因为她是家里年龄最大的孩子，也或许是因为我们有很多相似之处。我们都热爱学习和教学，而且总能找到帮助他人的方法。或许你已经从我刚才讲述的故事中有所感受，琳达是一个擅长照顾他人的人，她是 8 个孩子的母亲，但她承受了太多的悲剧。

我和同伴一收到加特勒去世的消息，就立刻动身返回拉斯维加斯，飞机落地后直奔琳达家。我们到达她家时，我姐姐一家人正在承受难以想象的痛苦。我在加勒特的葬礼上念了悼词，并担任了护柩人。葬礼结束后，亲朋好友聚到琳达家，他们带来了鸡肉砂锅，表达了最真切的哀悼之情。但是有那么一刻，我看见琳达离开厨房走向侧廊。迟疑片刻，我紧跟了过去。走出门外时我才发现，天已经黑透了。姐姐以一种胎儿的姿势靠墙坐着，双腿蜷曲，双臂紧紧抱着自己。她把头埋进双手里，止不住地抽泣着，浑身发抖。我瘫坐在她旁边，搂住她的肩膀，却不知道该说些什么。

我们俩就那样坐在那儿。后来，她才告诉我，她当时觉得快要透不过气来，她需要远离人群，远离葬礼，远离那种可怕的缺失感。但走到门廊时，她突然意识到自己无法摆脱这一切。所以，她终于崩溃了。

我不仅在儿时深受琳达的照顾，而且长大后，我也总是受到她的照顾。20世纪 90 年代初，我还在读研究生，那时我谈了一场可能不会被家人认可的恋爱，我告诉的第一个人就是姐姐。我的坦诚，对一名虔诚的有宗教信仰的女性至少在情感上来说，是很复杂且难以说出口的。但对琳达来说，我是她的弟弟，她需要照顾我。所以我也很清楚，那天是时候轮到我陪着她了。在坐下安慰她之前，我心想，无论如何，我都要帮助她。

从表面来看，在至亲陷入悲痛时帮助他们，只是一种纯粹而强烈的愿望。但这对我来说却是将影响我职业生涯和生活最终方向的一个振奋人心的时刻。对琳达来说也是如此，事实也证明了这一点。

在失去儿子之后的那几年，琳达的生活充满了坎坷：她的丈夫被诊断出患有阿尔茨海默病，而且病情恶化的速度很快，他们的家族企业也惨遭破产。一直以来，我都尽全力在帮助琳达，但终有一天，琳达发现自己迷失在了人生的岔路口。她努力攻读了硕士学位，从事的咨询业务范围遍及全美，还帮助父母学会了应用社交媒体。然而在经历了几年勉强维持生计，又因为四处奔波而和孩子分离的生活后，她已经精疲力竭了，她亟须找到人生的新方向。同样重要的是，我知道她也需要有足够的收入来养家糊口。

那时候，我一直在从事微习惯培训工作，每年的学员多达数千人。我那时没有想过要从中赚钱，只是觉得做这些事很有意思，并学到了很多有关人类行为的知识。每天和数百人互动需要花很多时间，而时间是我最稀缺的资源。但即使是在各地旅游或是做演讲时，我都会花时间指导遍布世界各地的人们。我喜欢听到人们用我的方法取得成功的故事。他们会和朋友们介绍微习惯策略，而他们的朋友们又会告诉自己的朋友。就这样，知道的微习惯策略的人越来越多。

虽然帮助他人让我每天都感觉很好，但我也开始担心这会占用我太多时间，以至于没有时间去做我真正的学术研究工作。但我就是无法拒绝每星期注册加入我免费计划的那数百人。

而现在，琳达需要得到帮助。她非常适合使用微习惯策略。她很了解行为设计（她曾帮助我在斯坦福大学举办工作坊），她是一名好老师，决心投身于健康和保健领域。我觉得，负责培养微习惯策略的教练工作很适合琳达，它能让琳达发挥所长，重燃热情。我也希望这可以成为她的收入来源，而且我本来就打算组建一个专业的团队，帮助我培训所有加入 5 天免费计划的那些人。这是一个既能帮助琳达，又能减轻我的工作负担的好方法吗？

是的！但出人意料地是，效果竟然那么好。通过前文的案例，你应该已经知道琳达用微习惯策略做出了巨大的改变。在和她一起指导他人应用微习惯策略的过程中，我亲眼见证她一步一步地改变了人生。这是一件了不起的事情。我看到她掌握了改变的技巧，并因此建立了自信，也看到了这一切彻底改变了她心态的过程。在大约 6 个月的时间里，我看到她帮助其他人改变了他们的生活，同时也彻底改变了她自己的生活。她在进步，在成长，而最重要的是，她的内心重燃希望。

在教授人们学习微习惯策略的过程中，我明白了一个道理，这些事情能让人快乐。简单极了。你在帮助人们改变他们的生活，而且每天都能看到一些积极影响，那种感觉很好，它会让你“发光”。在感受良好的状态下，才能做出成效最佳的改变，而琳达就是一个鼓舞人心、闪闪发光的鲜活例证。

2016 年的一天晚上，我做了一个梦，在梦里，我身处一架即将坠毁的飞机上。机舱是不是在剧烈颠簸？旁边的人是不是正抓着我的胳膊？人们在尖叫吗？或许吧，我记不清了，我只记得：我知道自己就要死了。但奇怪的是，我并没有感到恐惧或惊慌，那时我脑海中浮现的并不是我人生的那些高光时刻。相反，我内心充满了深深的遗憾——我收获的诸多见解就要消逝。痛苦的死亡即将来临之际，我只想到自己未能尽职尽责地向人们宣解行为改变之真相，没能成功帮助数百万人拥有更健康、更快乐的生活。当我醒来意识到这只是一场梦时，心里不禁想：太奇怪了！那就是我在面对死亡时做出的反应吗？于是，我顿悟了：我需要更广泛地推广我的见解，而且要立刻。我需要想办法把这一切带给全世界。多年来，我一直想写书，但总会因其他项目而推迟，至少看起来是这样。我在斯坦福大学管理行为设计实验室，每年开设新课、培训行业创新者，同时也在参与其他 6 个项目。

那个梦唤醒了我。以前，我的作品只在很小的领域中为人们所知，而外面的世界也没有我想象的那样触手可及。以前，人们在网上很难搜索到有关福格行为设计的内容。我每天都在教学、在亲身实践，但对象仅限于我在斯坦福大学的学生，以及行为设计训练营的学员，其他所有人就只有在我发表主题演讲或是发推文时，才能知晓些许片段。更糟糕的是，我的那些和人类行为改变有关的框架、图表和创新，都被我装进文件盒和笔记本中，藏在了我书房的壁橱里，成了谁也无法触及的信息。

当人们写邮件或打电话向我寻求帮助时，我感到很痛苦。他们的项目都很有价值，当他们问我“怎样才能更多地了解你的工作”时，我只能勉强回答“认真阅读我的 Twitter 文章，以及在网上搜搜我的视频看”。但实际上，我并没有答案，这让我感觉很难过。那时候，我还无法提供任何能将行为设计的模型和方法结合起来的事物，像是秘鲁大学的学生用来设计出更好回收服务的事物；像是帮助区县卫生工作者设计出有效免疫计划的事物；像是家庭可以用来改善生活的事物；像是一本书……

那个坠机梦让我意识到，微习惯对我姐姐的帮助，同样可以用于其他人的兄弟姐妹、父母和子女。我知道那些见解可以帮助到因生活所迫而备受挫折的人，以及所有陷入自耻与自责困境的人，所有知道自己想成为什么人、想过什么生活却不知道如何达成所愿的人，所有心存疑虑、觉得无法完成有意义的改变的人。

如果在早些年就放弃微习惯，如果我没有下定决心要帮助姐姐，或许我就会错过这个重大的认知：我在斯坦福大学的工作以及和行业领导者的合作固然很重要，但那并不能改变世界，而你可以。

我指的并不是那种携手并进的比喻，而是一个事实：你可以改变世界。你现在已经知道，用微习惯策略养成的习惯绝非微小，它们无比强大。

习惯可能是改变的最小单位，但也是最重要的单位。它们是螺旋式上升的无数同心圆中，最中间的那一个。请想象一下，一个人养成了一个习惯，然后是两个习惯、三个习惯……他的身份也会随之发生改变，而这也激发了家人的改变，进而又影响身边的同龄人，改变了他们的心态。最初的那个习惯就像野火一般蔓延，打破了无能为力的文化，为所有人赋能，并逐渐改变世界。从自己和家人开始，从小处着手，你开启了一个可以掀起改变浪潮的自然进程。

我也曾想过，如何通过扭转如今无处不在的失败螺旋，在改变世界的过程中发挥作用。如果准确的行为模型和有效的改变方法成为常识和惯例，那会怎样？改变将潜力无穷。小孩子也将学会“发光”，并将它融入自己的人生。世界各地的医护工作者可以学会如何帮助病患成功养成健康习惯，还可以用相同方式帮助自己更有效地管理压力。在企业里，若能换个视角，把业务挑战当作行为改变来看待，就可以提高例会的效率。创新者可以将行为设计用于创造产品，帮助人们成就最好的自己。政府也可以更轻松地将抽象问题转化为具体行为，然后再授权社区自行创建和施行解决方案。

这幅未来愿景或许还要很久才能实现，但好消息是我们现在就可以开始培育改变的文化。引发这种连锁反应的最快方法之一，就是向别人介绍行为设计的思维和方式。这是你今天晚餐时就能做到的事情，和你的朋友或家人讲讲你在这本书里学到的东西就行了。群体改变的根基就在于对改变形成一种共同的理解。当你能够准确地从一个共同视角去理解问题时，也就能更快更成功地解决这个它了。行为设计很擅长这一点。工作团队学会了福格行为模型，就掌握了思考行为、探讨改变的一种共享方式。学会这些方法，也就学会了在具体的现实层面上设计改变的共享方式。同样重要的是，它可以让他们变得更高效、更有影响力，并能减少冲突，从而避免浪费宝贵的时间。在你的帮助下，你圈子里的每个人都可以分享有关于人类行为如何运作的观点，并从设计改变的方式中获益。下面就是你可以立刻用于创建改变文化的方法。

通过分享

与身边人一起探讨改变。分享这本书中最重要的内容，比如福格原则：

- 帮助人们做他们已经想做的事。
- 帮助人们感受成功。

为了让这两条原则更个性化，你可以做如下调整：

- 帮助自己做想做的事。
- 帮助自己感受成功。

分享你觉得本书最有用的地方。或许你可以用花园来比喻习惯的运作方式：我们收集的习惯就像是不断变化的景观，我们可以精心栽培，也可以置之不理，但后果自负。我们可以选一个好地方先种下一颗微小的种子，以此启动一个习惯，然后再持续地精心培育。作为“习惯花园”的园丁，我们并不追求完美。我们会反复试验，会犯错，这都没有关系。或许，你也可以分享摆脱坏习惯就像解开死结的比喻。这样一幅简单的画面设定了有关如何改掉坏习惯的正确预期，并且能极有效地帮助人们放下自耻、自责。这些想法易于分享，而且能让人们以一种全新的、准确的和有效的方式来思考改变和习惯。

通过实干

实干意味着：

- 在“发光”中教导和指引他人。向人们解释有一个词可以用来描述强烈情感，那就是“发光”；描述“发光”是什么感觉、会产生什么作用（巩固新习惯）。你还可以解释如何进行庆祝。别人做了有益的事情时，你可以积极地为他们庆祝。你随时都可以创造“发光”时刻，尤其是为那些微小的成功。比如，女儿（从乱七八糟的几十个玩具中）拿起并摆放好了一个玩具——为她鼓掌或给她一个大大的拥抱。
- 分享这本书或书中的微练习。上网获取我的行为集群模板之后，和朋友家人一起使用。你会发现书中那些微练习无论是在公司、教会还是学校里，都是很有效的学习工具。
- 创造一种积极改变的家庭传统。不管这看似多么具有挑战性，请从现在开始行动吧。通过分享微习惯策略及“发光”概念，你们可以从今天开始，在改变的过程中相互支持。当你们一起学习和演练改变技巧时，你们将创造出一份持续的激励自主的传承。

2007 年，有一堂课可能是我最有名的一堂，它被《纽约时报》称为“脸书班”。当时 Facebook 刚发布了它的 App 托管平台，而我则是在斯坦福大学开设了一门新课程，旨在更加了解人们日常使用社交网络是如何影响他人的。学生们用我早期版本的原则和流程创造了很多 App，并把它们放到了现实世界（社交媒体）。他们取得的成功远超我的想象。这些学生只用了不到 6 个月时间，没有花一分钱，就吸引了超过 2 400 万人。我看到了行为设计在改变世界上的巨大潜能，以及随之而来的巨大责任。

我在本书中分享了一些关于如何思考和设计行为改变的重要见解。在我看来，这就和很多突破性发现的情况很相似，比如：你发现了一个普适原理，它存在着被用于行善或作恶的潜在可能；你可以应用基本化学原理去制造肥料和能够拯救生命的药物，但你也可以应用同样的原理去制作化学武器。

结束脸书班之后，我很快就将研究重点放到了如何利用技术介导的社会影响力来实现世界和平，这是一个美好的愿望，但它可能也是最雄心勃勃且最不切实际的愿望。不到三个月，我就在斯坦福大学创建了一门我称之为“和平科技”的课程，并邀请学生们参加。课程结束后，其影响仍在持续，甚至扩散到了遍布世界各地的研究实验室和研究中心，并逐渐演变成了今天总部位于海牙的“和平创新”事业。

在斯坦福大学之外，我有一个稍小一些但同样崇高的理想：指引创新者学会创造可以改善健康、财务安全和可持续实践的产品。专心做好事，这对我来说是很自然的事情。我在一种宗教传统中长大，它清晰地告诉我：付出的越多，收获的可能性也就越大。我一直对此深信不疑。

我承认我在工作中是幸运的。多年来，人们对我保持开放的态度，他们会挑战我，但也会激励我。因此，我才可以把我的研究、我的创新努力和我的生活集中在发现和阐明这些模型和方法上，包括微习惯策略。我觉得我已经得到了最后一块拼图。当我把它拼起来时，我认出了一个全新但又熟悉的事物。

然后我就做了那个坠机梦，它让我意识到自己大部分的工作成果都没有分享给他人。对此，我深感不安。我坚信，有做好事的潜能却不用来造福人类，这是不道德的。这就像找到了治愈癌症的方法却只留着自己用一样。

然而，我很感激，也很激动，这本书出版了，而且你正在阅读。我非常开心，因为我终于能睡得更安稳了。如果今天再做那个坠机梦，我不会再感到遗憾。我已经迫不及待地想要见证你使用这些模型和方法让自己拥有更快乐的生活，并帮助身边的人、让世界变得更美好。我相信这本书会给予你你所需的一切，来迎接任何挑战、实现任何尚未达成的愿望。现在，你已经有了一个改变系统，这意味着你不必再猜测，你可以设计出任何愿望或成果。

这并不是全部。你现在能够过滤掉关于习惯和人类行为的所有噪声与困惑，因为你已经知道行为如何运作，知道需要关注什么、接受什么，也知道要忽略什么、丢弃什么。如果你的朋友发来一封邮件，告诉你一个新的运动或饮食计划，你快速浏览一遍就能知道你需要知道的所有信息：它能帮助你完成你已经想做的事情吗？它能够帮助你感受成功吗？答案可能是肯定的，也可能是否定的，但否定的答案意味着，你不值得花时间实施它。

在这个世界上，我们的生活质量取决于我们每天所做的选择——如何度过时间、如何生活，以及更重要的是，如何对待自己和他人。看到人们变得越来越痛苦、越来越充满分歧、越来越不知所措，我感到很难过。我们是一个全球化的社区，却变得越来越与自己和他人脱节。解决这个折磨我们的问题的第一步，就是要努力获得更好的感受。

习惯就是达到这个目的的一个通路。它让我们学会改变的技巧，推动着我们向梦想前进，让世界闪闪“发光”。拥抱成功的感觉，并为日常生活增添更多美好，会让世界变得更加光明，这不仅仅是为了你自己，也是为了其他人。克服羞耻感和内疚感，同时也是在解放你自己和那些一生都在自我贬低的其他人。

本书讲到的最深刻的改变不是那些零散习惯的形成，而是体验的本质改变：从痛苦到较少的痛苦，从恐惧到希望，从不知所措到充满力量。这些改变之所以能够成功，是因为埃米、朱妮、萨里卡、苏库马尔、迈克，以及其他人决心要拥抱良好的感受，并以此作为撬动更大改变的杠杆。在此过程中，他们克服了毁灭性环境、三分钟热度和自我批评的挑战。他们重新掌控了自己的人生，并且发现了每个人都能做到的事情：改变一切的小改变。

福格行为设计工具箱

附录部分的内容能够帮助你更好地理解和应用我的理论。请尽情享受吧！

详解福格行为模型

图 9–1 直观地展示了行为设计的部分模型、方法和原则。我创建它是为了帮助你全面了解行为设计的广泛应用。下面让我们来介绍福格行为模型 2 分钟教学脚本。

第 1 步：介绍原理

我会教你使用福格行为模型，以此解释行为是如何运作的。当动机、能力和提示同时作用时，行为就会发生。

模型
如何清晰地思考行为

福格行为模型

B=MAP

动机－PAC 小人
动机波浪
动机向量

能力－PAC 小人
能力链

提示－PAC 小人

其他行为设计模型

行为集群
自动化度光谱
改变的技巧
行为改变系统方案
强力区

方法
如何设计行为

微习惯（仅适用于微习惯）

入门步骤
缩小规模
锚点（既有日程 → 新习惯）
毛伊配方格式：在我______之后，
我会______。
配方生成器
“珍珠习惯”
演练：锚点 →习惯 → 庆祝
庆祝“发光”

其他方法（也适用于微习惯）

解决行为问题：提示→能力→动机
行为集群工作表
挥舞魔法棒
焦点地图（行为匹配）
探索型问题 & 突破型问题
设计流程：“容易做”分析

原则

1. 帮助人们做他们已经想做的事
2. 帮助人们感受成功

图 9–1 行为设计的模型、方法和原则

第 2 步：绘制图形

你可以将福格行为模型以图形的方式直观地呈现，纵轴代表动机，从上到下逐渐减弱；横轴代表执行行为的能力，从左到右逐渐增强。也就是说，最左侧是“难以做到”，最右侧是“容易做到”（如图 9-2 所示）。

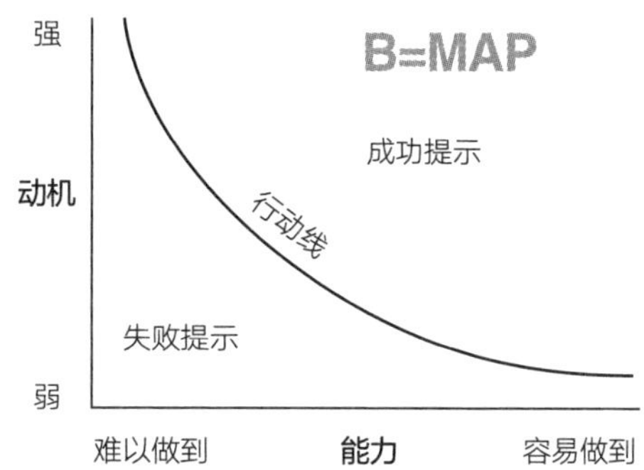

图 9-2 福格行为模型

第 3 步：举例说明

假设你想为红十字会募捐。如果人们捐款的动机水平很高，而且对他们来说也很容易做到，那他们就会处在模型的右上角。当有人得到了捐款的提示时，他们就会做出捐款的行为。反之，如果人们捐款的动机不强，而且对他们来说也很难做到，那么他们的行为就在模型的左下角。当人们得到提示时，他们不会做出捐款行为。

第 4 步：行动线

动机和能力之间是有关联的，图 9-2 中的行动线就呈现了这种关联。如果在行动线上方得到提示，那么行为就会发生。比如，为红十字会捐款。但如果在行动线下方得到提示，捐款行为就不会发生。如果人们位于行动线下方，我们就需要让他们越过行动线，这样提示才能触发行为。我们可以提升他们的动机，或者让行为更容易做到，也可以双管齐下。

第 5 步：简要总结

福格行为模型适用于所有类型的人类行为。总的来说，当动机、能力和提示同时产生作用时，行为就会发生。三者缺一不可，否则，行为就不会发生。

ABC 三步骤

1. 锚点时刻

提醒你去执行新的微行为的关键时点。例如，某个日常习惯（刷牙）或某件必然发生的事情（电话铃声响起）。

2. 新的微行为

锚点出现后立刻去执行的微行为。这是新习惯的简化版，比如用牙线清洁一颗牙齿或做两个俯卧撑。

3. 即时庆祝

完成新的微行为后要立刻庆祝。任何能带来积极情绪的事情都可以，比如说出“我很棒”之类的话。

Anchor 瞄点

Behavior 行为

Celebration 庆祝

你可以按照微习惯配方的格式，将自己要培养的习惯写在卡片上，然后收集到一起保存起来，这样有助于你根据需要随时检视和调整。

MY RECIPE

微习惯配方

在我……	我会……	为了让大脑牢记这个习惯，我要立即：
______________	______________	______________
______________	______________	______________
______________	______________	______________
锚点时刻	**微行为**	**庆祝**
生活中可以提醒你做出微行为（你的新习惯）的既有日程。	你想要养成的且已经缩小到超微小、超容易完成的新习惯。	可以在你内心创造积极感受（我称之为“发光”）的事情。

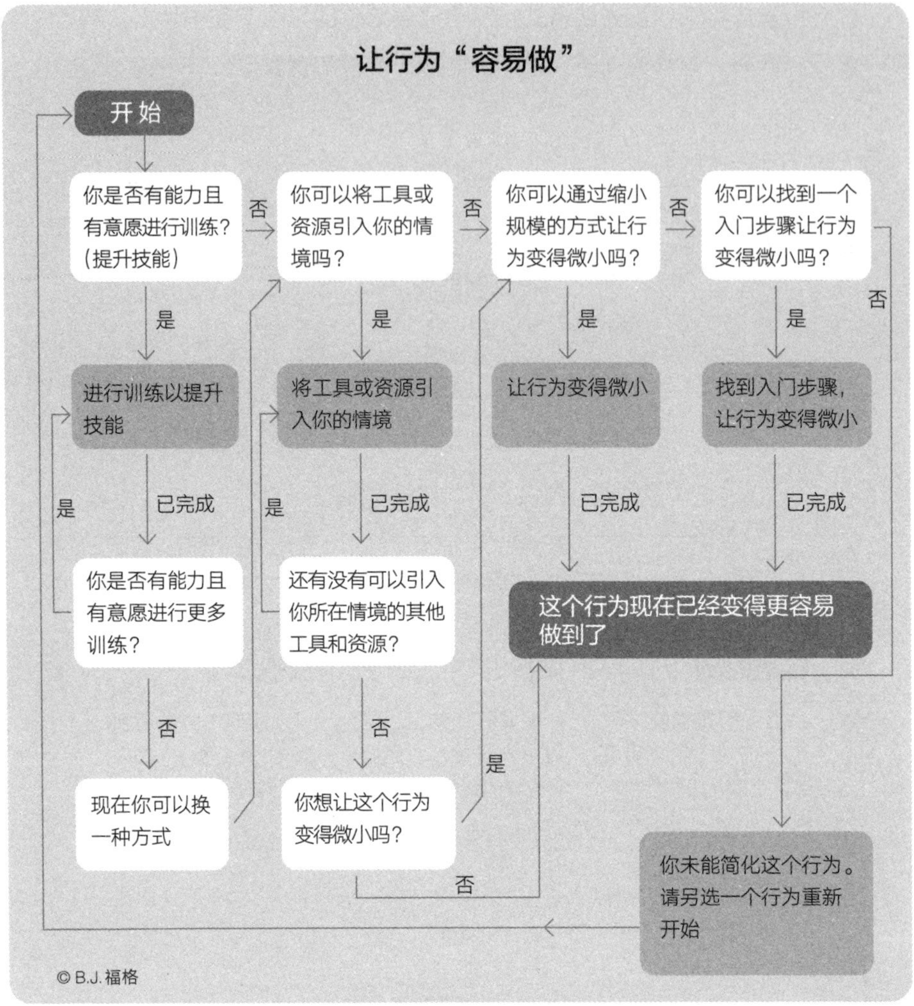
让行为“容易做”
开始
你是否有能力且有意愿进行训练？（提升技能）
否
你可以将工具或资源引入你的情境吗？
否
你可以通过缩小规模的方式让行为变得微小吗？
否
你可以找到一个入门步骤让行为变得微小吗？
否
是
是
是
是
进行训练以提升技能
将工具或资源引入你的情境
让行为变得微小
找到入门步骤，让行为变得微小
是
已完成
是
已完成
已完成
已完成
你是否有能力且有意愿进行更多训练？
还有没有可以引入你所在情境的其他工具和资源？
这个行为现在已经变得更容易做到了
否
否
是
现在你可以换一种方式
你想让这个行为变得微小吗？
否
你未能简化这个行为。请另选一个行为重新开始
© B.J.福格

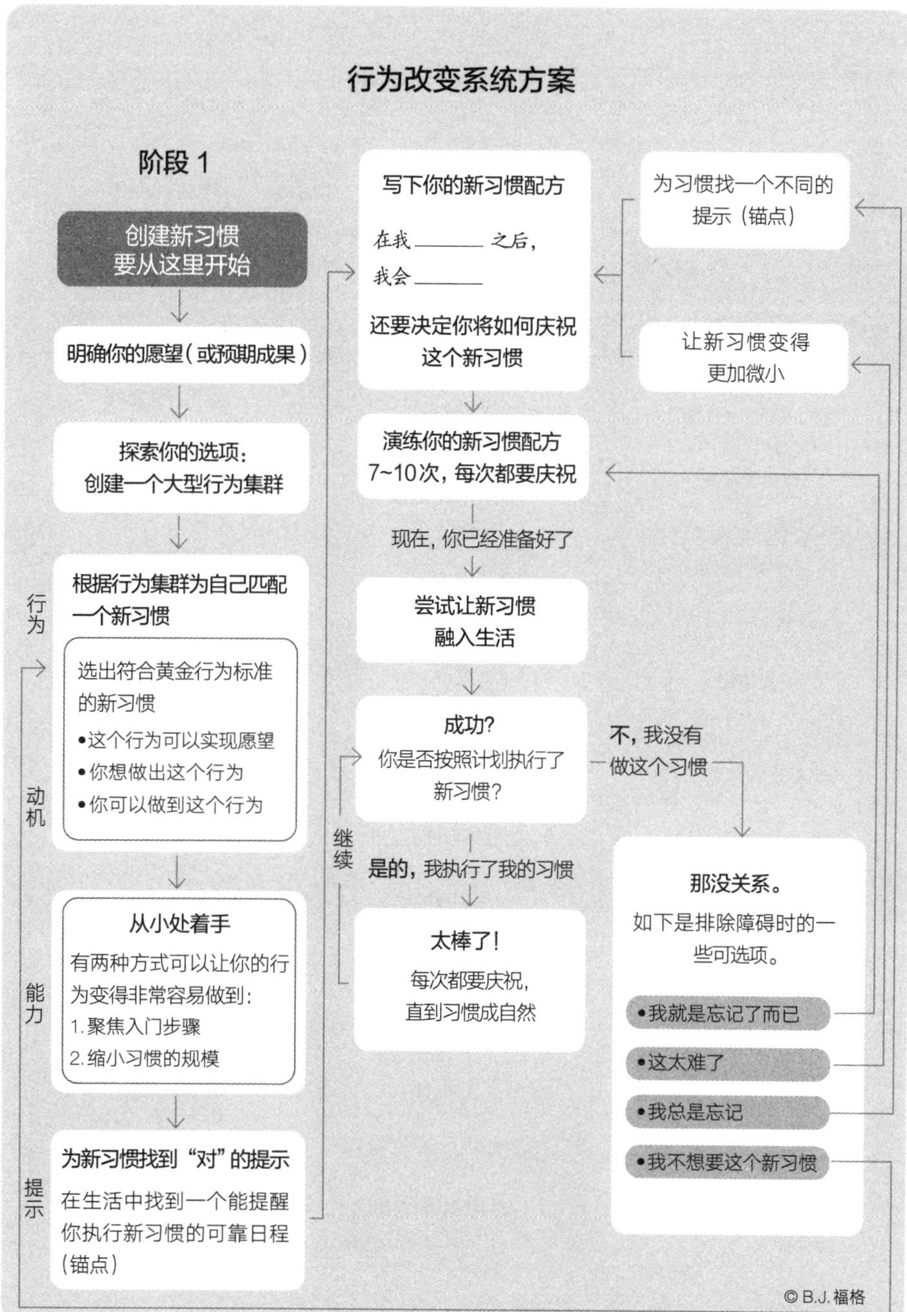
行为改变系统方案
阶段 1
创建新习惯
要从这里开始
明确你的愿望（或预期成果）
探索你的选项：
创建一个大型行为集群
根据行为集群为自己匹配一个新习惯
选出符合黄金行为标准的新习惯
•这个行为可以实现愿望
•你想做出这个行为
•你可以做到这个行为
行为
动机
从小处着手
有两种方式可以让你的行为变得非常容易做到：
1. 聚焦入门步骤
2. 缩小习惯的规模
能力
为新习惯找到“对”的提示
在生活中找到一个能提醒你执行新习惯的可靠日程（锚点）
提示
写下你的新习惯配方
在我＿＿＿之后，
我会＿＿＿
还要决定你将如何庆祝这个新习惯
演练你的新习惯配方
7~10次，每次都要庆祝
现在，你已经准备好了
尝试让新习惯
融入生活
成功？
你是否按照计划执行了新习惯？
继续
是的，我执行了我的习惯
太棒了！
每次都要庆祝，
直到习惯成自然
为习惯找一个不同的提示（锚点）
让新习惯变得
更加微小
不，我没有
做这个习惯
那没关系。
如下是排除障碍时的一些可选项。
•我就是忘记了而已
•这太难了
•我总是忘记
•我不想要这个新习惯
© B.J. 福格

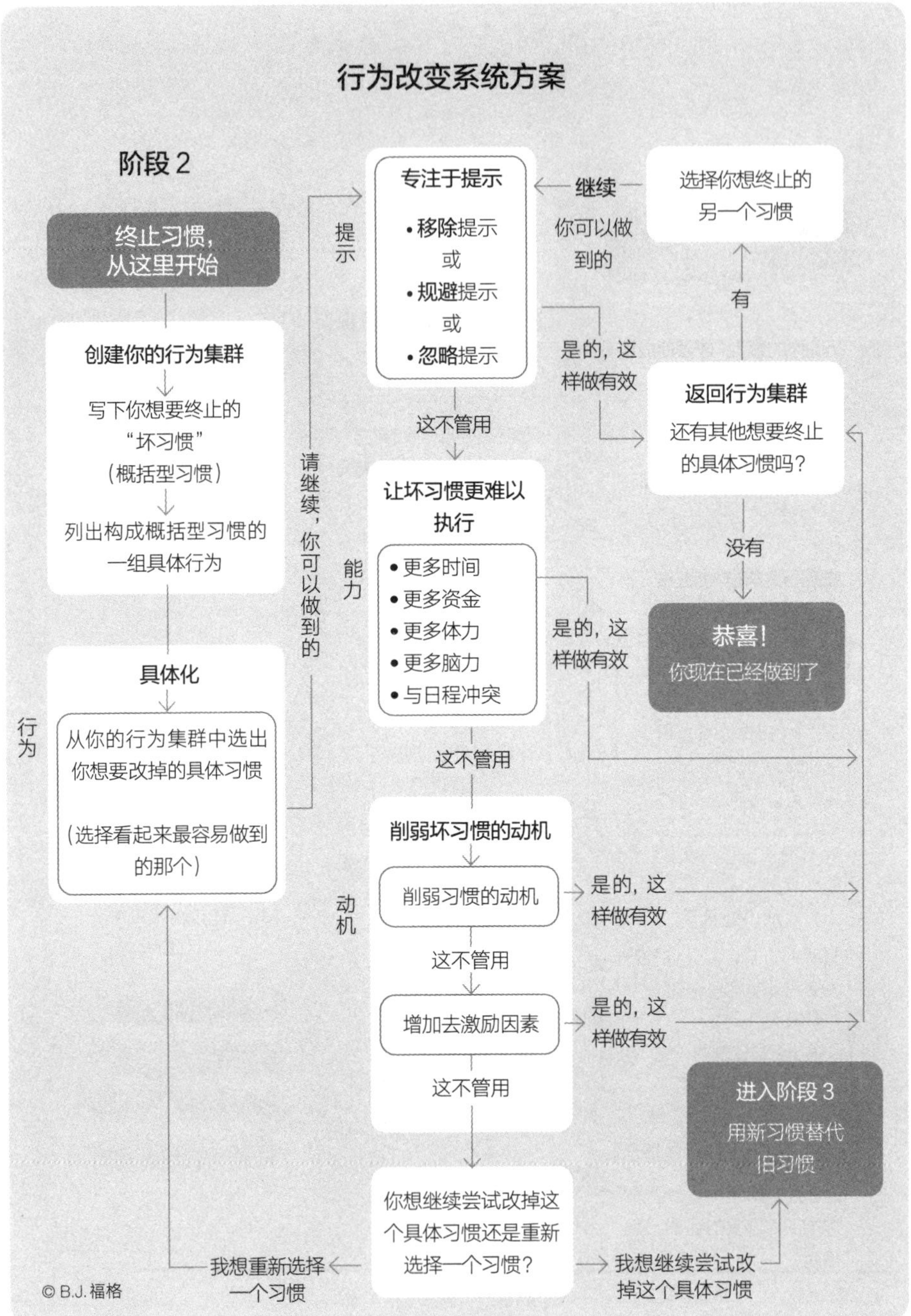
行为改变系统方案
阶段 2
终止习惯，从这里开始
创建你的行为集群
写下你想要终止的“坏习惯”（概括型习惯）
列出构成概括型习惯的一组具体行为
具体化
从你的行为集群中选出你想要改掉的具体习惯
（选择看起来最容易做到的那个）
行为
请继续，你可以做到的
提示
专注于提示
• 移除提示
或
• 规避提示
或
• 忽略提示
这不管用
能力
让坏习惯更难以执行
• 更多时间
• 更多资金
• 更多体力
• 更多脑力
• 与日程冲突
这不管用
动机
削弱坏习惯的动机
削弱习惯的动机
这不管用
增加去激励因素
这不管用
你想继续尝试改掉这个具体习惯还是重新选择一个习惯？
我想重新选择一个习惯
我想继续尝试改掉这个具体习惯
是的，这样做有效
是的，这样做有效
是的，这样做有效
是的，这样做有效
继续
你可以做到的
选择你想终止的另一个习惯
有
返回行为集群
还有其他想要终止的具体习惯吗？
没有
恭喜！
你现在已经做到了
进入阶段 3
用新习惯替代旧习惯
© B.J. 福格

行为改变系统方案

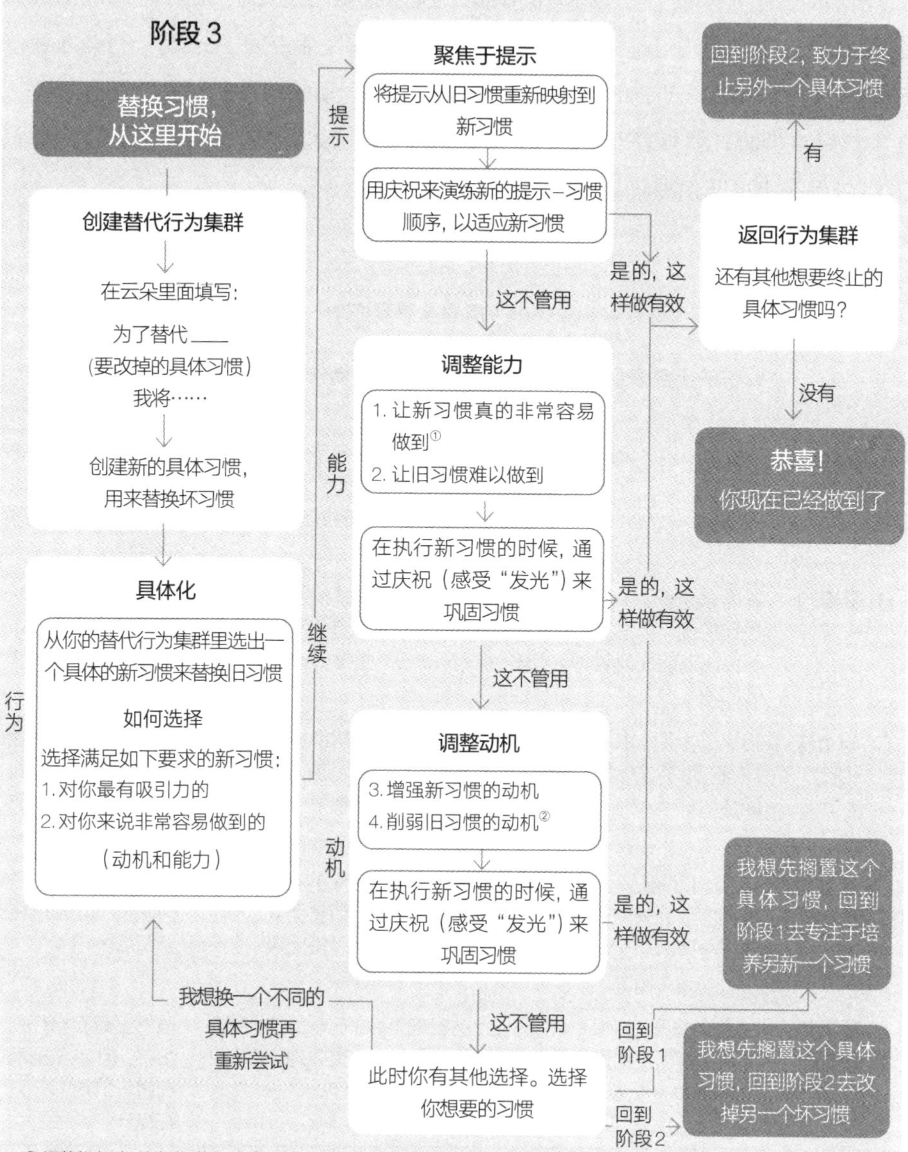

① 调整能力时，请考虑时间、资金、体力、脑力和日程等因素。

② 弱化动机时，可以选择减少促使旧习惯形成的因素、增加去激励因素，或双管齐下。

32 种肯定成功的方式

成功的感觉有助于创造持久的改变，所以我专门设计了 32 种不同的描述来感受成功。这些描述对不同的人来说效果可能不同。我的研究表明，有些人喜欢听到关于他们自身表现的反馈，有些人喜欢受到同事的羡慕和赞美，还有一些人（不过只是少数）就算表现不佳，也想要听到好消息。如表 9–1 所示，我用销售业绩的例子来说明这些描述的架构。

表 9–1 用语言感受成功

	1. 你的出色表现	2. 与别人相比你的表现	3. 合作时的表现	4. 尽管表现不佳，也仍有好消息
A. 仅此一次	你成功卖出了大量配件	今天你比同事们卖出了更多配件	多亏了你，你们销售团队才有了这么好的成绩	虽然没有卖出任何配件，但你在寻找潜在客户方面做得也很好
B. 最棒的一次	本周你创造了个人最佳成绩，卖出的配件比以前任何时候都多	你创造了新纪录，卖出的配件比任何人都多	你是帮助你们团队创造公司新纪录的关键人物	尽管你没有卖出任何配件，但你找到的潜在客户比以前任何时候都多
C. 与上次相比	相比于上周，本周你多卖了20%的配件	这个月你的销售额增长幅度比任何人都大	你帮助你们销售团队超越了上个月的业绩	虽然你没有卖出任何配件，但你找到了比上个月更多的潜在客户
D. 达到里程碑	你卖出了整套配件，达到了一个重要里程碑	你是唯一达到百万美元销售额的人	在你的帮助下，你们销售团队达到了百万美元级别的销售额	虽然没有卖出任何配件，但你已在公司满一年
E. 发展趋势向好	在上个季度，你每周都能卖出更多配件	你提升销售业绩的速度比任何人都快	你在帮助你们团队更有效地完成销售工作	虽然没有卖出任何配件，但你发掘潜在客户的能力一直在提升

续表

	1. 你的出色表现	2. 与别人相比你的表现	3. 合作时的表现	4. 尽管表现不佳，也仍有好消息
F. 持续努力	你在销售配件的工作中努力不懈	你一直以来都比同事更努力	你的不懈努力帮助团队里的每个人都取得了成功	虽然没有卖出任何配件，但你一直都在努力工作，严格遵守流程
G. 情况本可能会更糟糕	至少你卖出的配件足以平衡成本	其他销售这个配件的人都早已放弃，但你一直不放弃	尽管团队上周没有完成任何交易，但你帮助他们学到了很多	虽然没有卖出任何配件，但你在流感康复后很快就投入了工作
H. 勇于接受挑战	尽管这是新的销售区域，你的表现也不错	尽管上周没有得到总部的支持，你的销售业绩依然超过了所有同事的业绩	尽管团队规模变小，但你还是帮助团队取得了成功	虽然没有卖出任何配件，但你也没有因此而退缩

100 种庆祝方式

有很多种庆祝的方式可以让你体会到“发光”的感觉，并将一个新习惯植入你的大脑。下面的清单是我在为专业教练们做培训时总结的一些庆祝方式。这个清单中可能会有很多不适合你甚至看起来很疯狂的庆祝方式。

不过没有关系。你不需要 100 种庆祝方式，只要一种就够了。不过，如果你能从中找到不止一个庆祝方式，那就好上加好了。这个清单为你提供了 100 种选择，你可以挑选出合适自己的庆祝方式。

1. 挥舞拳头，肯定地说：“Yes！”
2. 轻轻敲击墙面或桌面，奏出轻快的节拍。
3. 想象妈妈给了你一个大大的拥抱。
4. 微微点头。

5. 假装投进三分球。
6. 想象烟花为你而绽放。
7. 展露一个大大的微笑。
8. 双手比赞。
9. 画一个笑脸，感受它传递的情绪。
10. 哼几句轻快的歌词。
11. 想想你最喜欢的老师对你说：“你做得很好！”
12. 举起双手，摆出胜利的姿势，同时说：“胜利！”
13. 想想你最好的朋友为你感到高兴。
14. 稍微按摩一下肩膀或脖子。
15. 心想：没错，我快要成功地做出改变了！
16. 想象自己打开了一份包装漂亮的感谢礼物。
17. 说：“我说到做到了！”
18. 跳几下甩手舞。
19. 撒出想象中五彩缤纷的小纸片。
20. 说：“我搞定了！”
21. 握紧拳头，说：“Yes!”
22. 对着镜子里的自己微笑。
23. 挥舞拳头，说：“太棒了！”
24. 听到人群欢呼。
25. 对自己说：“干得好！”
26. 双手合十，表示感谢。
27. 说：“搞定了！”然后打个响指。
28. 双手自然垂下，挺起胸膛。
29. 对自己说：“没错！我很擅长培养习惯。”
30. 骄傲和雀跃地在房间里昂首阔步。
31. 说或想：“干得好！”
32. 握拳，敲打心脏位置 3 次。

33. 想象一位老师为你颁奖。
34. 想象你的孩子在冲着你笑。
35. 以不同方式挥舞拳头。
36. 跳一段庆祝舞。
37. 在心里告诉自己："是的，我能行！"
38. 想象巧克力的味道。
39. 看亮黄色的事物。
40. 高兴地搓搓手。
41. 想象父亲对你说："哇！你太优秀了！"
42. 双手握拳，碰到一起后像炸开一样。
43. 给自己击掌。
44. 听听脑海里的号角声。
45. 模仿玛莎·斯图尔特[①]的语气说："这很不错。"
46. 打响指。
47. 想象自己收到了新工作的聘用通知。
48. 说："你做到了！"
49. 扬起下巴，对着远方微笑。
50. 想象掌声雷动。
51. 说："真好！"然后点点头。
52. 休息一下，深呼吸，感恩你的成功。
53. 举起双手，高呼："耶！耶！耶！"
54. 反复竖起大拇指。
55. 说："我超喜欢它！"
56. 高唱："Celebrate good times, come on!"[②]

---

① Martha Stewart，有美国"家政女王"之称的亿万富翁，而且是美国第一位白手起家致富的亿万富翁。——编者注

② 歌词大意："庆祝好时光，一起来!"——编者注

57. 赞美自己："我很擅长……"
58. 用口哨吹出轻快的旋律。
59. 吐一口气，然后说："Yes！"
60. 骄傲地拍拍肩膀。
61. 为自己鼓掌。
62. 想象你爱的人给了你一个大大的拥抱。
63. 拉长尾音，说："Yes——！"
64. 心想："做得好！"
65. 摆出一个充满能量的姿势。
66. 想象看到爱人时自己的表情。
67. 上下挥舞双手。
68. 摆出大力水手的姿势。
69. 深吸一口气，想象自己吸收了能量。
70. 做几秒"骚灵手指"①。
71. 说："达阵！"然后像裁判一样举起双手。
72. 嗅一嗅鲜花的芳香（但前提是你附近有鲜花）。
73. 想象自己正在最喜欢的海滩上。
74. 优雅地鞠躬。
75. 和你的孩子击掌。
76. 想象老虎机中头奖时发出的声音。
77. 看着镜子里的自己说："我真为你骄傲！"
78. 拍拍胸脯。
79. 边走边唱："S-U-C-C-E-S-S!"这就是我拼写"成功"的方式。
80. 唱："Hey now, you're a rock star."②

---

① "spirit fingers"，一种手指运动。将双手打开,掌心向前,手指灵巧摆动。——编者注

② 歌词大意："嘿！现在，你就是摇滚明星！"这句歌词出自动画电影《怪物史莱克》的主题曲 *All Star*。——编者注

81. 想想你和宠物狗一起玩耍时的美好感觉。
82. 摆出尤塞恩 · 博尔特 (Usain Bolt) 赢得短跑冠军后做出的姿势。
83. 与自己击掌。
84. 想象内心的微笑。
85. 摆一个功夫小子的招牌姿势。
86. 露出灿烂的笑容，并欢呼：“耶！耶！”
87. 拍拍自己的背。
88. 打几下响指。
89. 张开双臂，想象自己正在拥抱改变。
90. 小声说：“感恩。”
91. 像电影明星一样，抛出一个飞吻。
92. 让身体旋转一圈。
93. 说：“好极了！”
94. 想象你有一条尾巴，欢快地摇来摇去。
95. 做出一个和平的手势，说（或想）：“胜利了！”
96. 抱拳鞠躬。
97. 和镜子里的自己击掌。
98. 想象自己身上有一圈闪闪发光的光环。
99. 大声笑。
100. 模仿动画《摩登原始人》里的经典台词：“Yabba dabba doo!”[①]

① 这可能是类似原始人的语言，在这部动画里，主人公高兴的时候总是会大叫“Yabba dabba doo”。——编者注

300 个微习惯配方

职场女性的微习惯配方

1. 在我听到起床的闹钟响起之后，我会立即关掉它（而且不赖床）。
2. 在我早晨起床，双脚落到地上之后，我会说："这将是美好的一天！"
3. 在我走进厨房之后，我会喝一大杯水。
4. 在我启动咖啡机之后，我就会把午餐盒拿出来。
5. 在我煮熟鸡蛋之后，我会拿出维生素来吃。
6. 在我打开花洒之后，我会做 3 个深蹲（也许更多）。
7. 在我整理好床铺之后，我会把衣服放进洗衣机里，并设置定时。
8. 在我送孩子到学校之后，我会拿出关于工作的待办事项清单。
9. 在我系好安全带后，我会开始播放有声读物。
10. 在我到达公司停车场后，我会把车停到离出口最远的车位。
11. 在我坐到工位之后，我会把手机调到飞行模式。
12. 在我整理好垃圾邮件文件夹之后，我会四处走走，迅速地和我的团队成员打个招呼。
13. 在我开完早会回到工位之后，我会把当天最重要的事情列一个清单。
14. 在我吃完午饭后，我会绕着办公楼至少走一圈。
15. 在我结束一天的工作，关闭电脑之后，我会快速整理好办公桌。
16. 在我驱车离开公司停车场之后，我会立刻驶向健身房。
17. 在我下班到家之后，我会立刻拥抱一下我的孩子。
18. 在我启动洗碗机之后，我会清理台面上的至少一件东西。
19. 在我和孩子说过晚安之后，我会想起一个我关心的人，并且可能会打电话给他。
20. 在我爬到床上之后，我会打开《圣经》读至少一段。

改善睡眠的微习惯配方

1. 在我听到起床的闹钟响起之后，我会立即关掉它（而且不赖床）。
2. （早晨）在我穿上鞋子之后，我会出去沐浴自然光。
3. 在我吃完午饭之后，我会到室外晒太阳。
4. 在我决定要小睡片刻之后，我会设置闹钟，不会超过 30 分钟。
5. 在我看到时间显示下午 3 点之后，我会只喝水，不喝咖啡。
6. 在我下班回到家后，我会把手机拿到厨房而非卧室里充电。
7. 在我把晚餐放到炉灶上之后，我会服用镁补充剂。
8. （晚上）在我启动洗碗机之后，我会调暗室内灯。
9. （晚上）在我打开第一盏灯之后，我会戴上防蓝光眼镜。
10. （晚上）在我打开电视之后，我会服用褪黑素。
11. 在我看完晚间的电视节目之后，我会开始进行睡前运动。
12. 在我看到时间显示超过晚上 8 点之后，我会停止使用电子产品，不再盯着屏幕。
13. 在我锁好卧室的门之后，我会把恒温器的温度调到 70 度。
14. （晚上）在我用牙线洁牙之后，我会打开白噪音机。
15. 在我打开白噪音机之后，我会拉上窗帘，让房间里保持黑暗。
16. 在我拉上窗帘之后，我会在卧室里喷一点薰衣草味的香水。
17. 在我爬到床上之后，如果还没有困意，我会打开一本内容轻松的书，在不那么亮的卧室里阅读。
18. （半夜）在我有了想起床的念头之后，我会再躺大约 15 秒。
19. 在我发现自己不住看闹钟之后，我会把闹钟背过去，这样我就看不到它了。
20. （晚上）在我开始担心一个问题时，我会说：“明天再说也不迟。”

充满活力的老人的微习惯配方

1. 在我沏了一杯茶之后，我会先拿出药来吃。

2. 在我拿到晨报之后，我会进行 3 次深呼吸。
3. 在我读完晨报之后，我会拿出自己最喜欢的音乐专辑，跟音乐跳一段舞。
4. 在我吃完早餐之后，我会吃药。
5. 在清洗好早餐用的餐具之后，我会穿上步行鞋。
6. 在我出门去散步之后，我会打电话给兄弟姐妹的其中之一。
7. 在我走到步行道上之后，我会打开相机，拍一张照片。
8. 在我回到我家所在的街道之后，我会去查看家里的信箱。
9. 在我打开花园的大门之后，我会停住脚步，说："每一天都是一份礼物。"
10. 在我戴上园艺手套之后，我会拔掉 3 棵杂草。
11. 在我看到一株美丽绽放的花朵之后，我会剪几朵放到花瓶里。
12. 在我脱掉步行鞋之后，我会把水杯倒满水。
13. 在我坐到沙发上之后，我会打开照片编辑 App。
14. 在我打开一张照片之后，我会进行编辑。
15. 在我打开花洒之后，我会心想："我有一个好身体。"
16. 在我关掉花洒之后，我会扶着扶手走出浴室外。
17. 在我把毛巾挂起来之后，我会在干燥的皮肤上涂抹护肤乳。
18. 在我穿上内衣之后，我会做一个伸展运动——触摸我的脚趾。
19. 在我的朋友到我家之后，我会真诚地赞美他。
20. 在我们播放的音乐响起之后，我会低声说："旁若无人地尽情跳舞吧！"

照顾者的微习惯配方

1. 在我晚上起夜之后，去看妈妈时，即使她听不到，我也会说一句支持她的话。
2. 在我听到起床闹钟响起之后，我会从床上下来，说："无论如何，这将是美好的一天！"
3. 在我喂完宠物之后，我会至少读一段《新约》。
4. 在我把早饭端给妈妈之后，我会让她告诉我她最喜欢的一样东西。
5. 在我看到丈夫为我做好早餐之后，我会在入座之前给他一个大大的拥抱。

6. 在我看到丈夫开车去上班之后，我会坐下来深呼吸 3 次。
7. 在我看完妈妈今天的预约之后，我会提醒她这在之前就已经定好了。
8. 在我把沐浴用品拿进浴室之后，我会在为妈妈洗澡之前，握着她的手微笑。
9. 在我发送电子邮件向医生咨询问题之后，我会把问题记到我的护理日志里。
10. 在我帮妈妈做完物理治疗之后，我会称赞她做得很好。
11. 在我让妈妈吃完药之后，我会把这件事记在我的护理日志上。
12. 在我看到妈妈已经开始午睡之后，我会打开一本书，试着沉浸其中。
13. 在我开始为妈妈换绷带之后，我会讲讲我们一家人过去一起做过的趣事。
14. 在我登录 Facebook 之后，我会发布一个我作为照顾者的挑战。
15. 在我听到妈妈抱怨我对她的照料和我的烹饪技术之后，我会说："妈妈，你有权说出你的意见。"仅此而已。
16. 在我大哭一场之后，我会洗洗脸，照照镜子，然后说："你可以的。"
17. 在我对医疗体系感到沮丧之后，我会想起一个可以听我倾诉的朋友。
18. 在我的邻居（医院里的邻床）过来让我休息一下之后，我会拥抱她，并告诉她我什么时候回来。
19. 在我的孩子提出"奶奶还好吗"这个问题之后，我会实话实说。
20. 在我把妈妈哄睡着之后，我会整理厨房或书房里的某样东西，并说这样已经很好了。

新晋管理者的微习惯配方

1. 在我吃完早餐之后，我会打开日历 App，查看当天的日程。
2. 在我穿好衣服之后，准备去上班时，我会说一句积极向上的话。
3. 在我走进办公室之后，我会微笑着和每一个碰面的同事打招呼。
4. 在我和同事进行一对一会议时，关上办公室的门之后，我会询问他"最近怎么样"，而且问题要具体。
5. 在我注意到一名同事的沮丧情绪之后，我会称赞她的优点。
6. 在我结束一对一会议之后，我会强调同事的一个积极贡献。

7. 在我向领导了解了一个新项目之后，我会在 Slack 中为它创建一个新群组。
8. 在我的员工例会开始之后，我会与他们问一些有趣的问题，并倾听每个人的简短回应。比如：你最近去过哪座城市？你最喜欢的调味料是什么？你最近最喜欢听的是哪个音乐专辑？
9. 在我注意到会议停顿的原因是主题不明确之后，我会说："澄清一下，我们要为某事而进行设计，对吗？"
10. 在我们讨论完所有议题之后，我会向同事询问是否还有其他议题要讨论。
11. 在我们的会议结束之后，我会让我的团队成员将他们的行动项目通过电子邮件发送到小组。
12. 在我盖上午餐盒之后，我会穿上步行鞋。
13. 在我吃完午饭、进入办公室之后，我会走到团队中的某个人面前，问他："今天有需要我帮助的地方吗？"
14. 在我去参加完一场会议之后，我会给会议组织者一个积极的评价。
15. 在我的下属向我提出问题之后，我会说："你认为最好的解决方案是什么？"
16. 在我处理好新员工的招聘文件之后，我会把他们的生日添加到日历中。
17. 在我收到表示夸赞的电子邮件或文件之后，我会把它们转存到我的绩效评估文件夹中。
18. 在我下班关掉电脑之后，我会把办公桌上的一份文件归类整理好。
19. 在我收拾好办公包之后，我会锁上我的文件柜。
20. 在我关上办公室的门之后，我会一边走向地铁，一边回想当天我所取得的一项成就。

大学生的微习惯配方

1. 在我听到闹铃之后，我会立刻把一只脚放到地板上，试着醒来。
2. 在我洗完澡之后，我会说："今天将是很棒的一天！"
3. 在我开启咖啡壶之后，我会整理一下宿舍。
4. 在我把书放进书包之后，我会从冰箱里拿出一份健康零食。

5. 在我跨上自行车之后，我会戴上头盔（即使它会弄乱我的头发）。
6. 在我走进图书馆之后，我会找一个安静的角落，在人少的位置坐下来。
7. 在我做完作业之后，我会把手机调成飞行模式。
8. 在我结束早自习、离开教室之后，我会给妈妈或奶奶打电话（每星期一、星期三和星期五）。
9. 在我坐下来开始吃午饭之后，我会浏览护理专业的新闻、了解一些时事。
10. 在我的学习小组解散之后，我会真诚地感谢我的队友们。
11. 在我坐下来并把笔记本电脑放到课桌上，准备听课之后，我会关掉无线网络。
12. 在我走进校园书店之后，我会远离糖果区（那里有太多诱惑）。
13. 在我为攀岩做好准备之后，我会感恩生活中的挑战。
14. 在我拿起食堂的餐盘之后，我会多盛一些蔬菜和蛋白质。
15. 在我把餐盘放到传送带上之后，我会到安静的休息室，打开一本个人理财类的书。
16. 在我听到去酒吧的邀请之后，我会微笑着说："谢谢，但今晚不行。"
17. 在我收到任何一位教授发来的邮件之后，我都会立即回复，哪怕只是回复简单的"收到，谢谢"。
18. 在我取得好成绩之后，我会把成绩单拍照发送给我的妈妈和奶奶。
19. 在我做完礼拜回到家之后，我会坐下来，查一查暑假兼职。
20. 在我（没来由地）感到沮丧之后，我会重看我的个人规划。

（父亲们）居家办公的微习惯配方

1. 在我早上起床、双脚落地之后，我会说："这将是很棒的一天！"
2. 在我走进厨房之后，我会喝新鲜的柠檬水。
3. 在我倒上第一杯咖啡之后，我会穿上我的跑鞋。
4. 在我洗完澡之后，我会擦一点润肤乳。
5. 在我看到孩子们坐下来吃早餐之后，我会问他们："你今天想遇到什么好事呢？"
6. 在我看到妻子正打扫厨房之后，我会给她一个拥抱，并表示感谢。

7. 在我吃完维生素之后，我会去喂狗。
8. 在我的妻子和孩子出门之后，我会坐下来冥想，至少 3 次。
9. 在我启动电脑之后，我会查看我的团队工作进度。
10. 在我看到一个同事完成一个项目之后，我会发送一条附带表情符号的短信给他。
11. 在我确定好当天要做的最重要事项之后，我会启动番茄定时器。
12. 在我听到电话铃之后，我会接起电话，一边说话一边走出房间。
13. 在我挂断电话之后，我会快速地做几个俯卧撑或蹲起。
14. 在我吃完午饭之后，我会绕着街区走一圈（或者打电话给我的父母）。
15. 在我们的团队会议结束之后，我会给每个人发一个待办事项提醒。
16. 在我看到孩子们到家之后，我会让他们分享当天的一个惊喜。
17. 在我看到太阳落山之后，我会戴上防蓝光眼镜。
18. 在我看到第一个晚间电视广告之后，我会拿出我的健身工具。
19. 在我们关掉电视机之后，我会拔掉电视机的插头。
20. 在我打开花洒之后，我会想起一件当天很顺利就完成了的事。

减轻压力的微习惯配方

1. 在我早上醒来之后，我会打开窗户，进行几次深呼吸。
2. 在我打开花洒之后，我会默默祈祷、感恩。
3. 在我把杯子里倒上咖啡或茶之后，我会坐到冥想垫上。
4. 在我把孩子们送上校车之后，我会向他们的朋友表示感谢。
5. 在我坐下来喝咖啡之后，我会打开日记本。
6. 在我开始运动之后，我会说："一步一步慢慢来。"
7. 在我知道自己今天要出门之后，我会在手机上设置定时提醒。
8. 在我吃完午饭之后，我会到外面走走。
9. 在我到达约会地点之后，我会把手机放到一边，把心思放到约会上。
10. 在收拾好办公包之后，我会花 5 分钟整理我的工作空间。
11. 在我坐上地铁之后，我会打开冥想 App。

12. 在我收到家长教师协会（PTA）发来的求助邮件之后，我会回复："很抱歉这次没办法帮助你，不过以后有事可以再联系我。"
13. 在我因为家人而生气之后，我会一个人走到门口的信箱那里。
14. 在我出门遛狗之后，我会辨别我看到的鸟或植物。
15. 在我吃完晚餐、收拾好餐具之后，我会泡一杯花草茶。
16. 在我把孩子们哄到床上去之后，我会点一支蜡烛，关掉头顶的灯。
17. 在我放好洗澡水之后，我会在里面滴几滴精油。
18. 在我穿上睡衣之后，我会准备第二天上班要穿的衣服。
19. 在我爬到床上之后，我会闭上眼睛，念叨"唵"。
20. 在我枕在枕头上之后，我会想一件我从今天开始感激的事情。

团队工作的微习惯配方

1. 在我们到公司之后，我们会把车停到离停车场入口最远的位置。
2. 在我们打开电脑之后，我们会查看语音信箱。
3. 在我们写好包含机密信息的电子邮件之后，我们会再次确认收件人是否正确。
4. 在我们汇总季度工作的进度之后，我们会与做出贡献的团队成员做出击掌的手势或真的击掌。
5. 在我们听到客户的负面反馈之后，我们会这样说："谢谢您提出的宝贵反馈，我们内部会针对这些反馈进行沟通。"
6. 在我们收到客户的积极反馈之后，我们会把反馈内容打印出来，并把它挂到休息室里的荣誉牌上。
7. 在我们安排好小组会议之后，我们会发送一封电子邮件，询问议程。
8. 当我们从卫生间回到工位之后，我们会整理一件物品。
9. 在我们到达会议地点之后，我们会将手机设置为静音模式。
10. 在我们休会之后，我们会把会议室里的椅子推到桌子下面。
11. 在我们擦干净白板之后，我们会检查桌子上是否有垃圾或散乱的纸张。
12. 当我们的团队成员提出问题之后，我们会说："你认为最好的解决方案是什么？"

13. 在我们发现会议快要到结束时间之后，我们会问："今天的会议有什么令人惊讶的地方吗？"并听取每个成员的回答。
14. 在我们拿到最后一件办公用品之后，我们会向行政主管发送电子邮件，告知他这些物品的详细信息。
15. 在我们选定每月聚餐的日期之后，我们就会分发所需食物分配表。
16. 在我们在休息室吃完饭之后，我们会把桌子擦干净。
17. 在我们聘用新员工之后，我们会带他们在办公室里转转，并把他们分别介绍给其他同事。
18. 在我们关闭电脑之后，我们会把一叠文件归档。
19. 在我们关掉电脑之后，我们会锁上文件柜。
20. 在我们下班之后，我们会确保所有的灯、电扇和暖气都关闭了。

提高效率的微习惯配方

1. 在我打开当天的日程后，我会拿出当天要用的文件。
2. 在我到办公桌前坐下之后，我会把手机调成静音模式。
3. 在我关上办公室的门之后，我会整理周围的一件东西。
4. 在我读完电子邮件之后，我会关闭电子邮件程序。
5. 在我打开一个新的 Word 文档之后，我会将电脑上运行的其他程序设置为隐藏模式。
6. 在我发现自己沉迷于社交媒体之后，我会立刻退出。
7. 在我坐下来开始开会之后，我会在笔记的最上面写上会议的主题、日期和与会者。
8. 在我发现通话时间比预想的要长之后，我会这样说："很高兴和你通话，但差不多该进入主题了，请问重要的事情是？"
9. 在我读了一封重要的电子邮件之后，我会把它分类归档。
10. 在我看到无法立刻处理的电子邮件之后，我会标记为"未读"。
11. 在我看到需尽快回复的电子邮件之后，我会这样回复："收到。我将详细审查，并尽快与您联系。”

12. 在我关闭电脑之后，我会列出第二天的日程。
13. 在我收拾好公文包之后，我会回看我的白板和日历。
14. 在我离开办公室之后，我会想当天的一件成功的事。
15. 在我下班踏进家门之后，我会把钥匙挂到玄关的挂钩上。
16. 在我走进厨房之后，我会把手机插到充电器上。
17. 在我换好家居服之后，我会把白天穿的一件衣服挂起来或整理一下。
18. 在我看完账单之后，我会把它放进付款信封里。
19. 在我拿出我的账单之后，我会拿出装着支票簿、钢笔、信封和邮票的盒子。
20. 在我开始洗澡之后，我会想：“为什么我这么高效？”

有益大脑健康的微习惯配方

1. 在我起床（双脚落地）之后，我会做一个简短的祈祷。
2. 在我打开花洒之后，我会做一个全身伸展运动。
3. 在我按下咖啡机的启动按钮之后，我会自己打几下乒乓球。
4. 在我喝完晨间咖啡之后，我会把瑜伽垫拿出来。
5. 在我打开报纸之后，我会完成填字游戏的其中一项。
6. 在我做好早餐之后，我会放几片鳄梨。
7. 在我到公交车或地铁上坐下之后，我会看一张写有夏威夷语的卡片。
8. 在我出门散步之后，我会按下播客播放器的“播放”键。
9. 在我听完播客之后，我会思考我从中得到的一个收获。
10. 在我注意到消极想法突然出现之后，我会问自己它们是不是真实的。
11. 在我打开日历开始安排周计划之后，我会选择一个有咖喱的食谱。
12. 在我列好购物清单之后，我会添加一种新的水果或蔬菜。
13. 在我进入杂货店之后，我会先走到农产品区域。
14. 在我准备好下午要吃的点心之后，我会泡一杯绿茶。
15. 在我下班到家之后，我会打开语言学习 App。

16. 在我在下午觉得饿了之后，我会吃一些蓝莓。
17. 在我打开烤箱之后，我会播放古典音乐专辑。
18. 在我吃完维生素之后，我会弹尤克里里。
19. 在我吃完晚饭之后，我会坐到沙发上，打开我的感恩日记。
20. 在我设置好第二天的起床闹钟之后，我会读《圣经》里的一段文字。

加强亲密关系的微习惯配方

1. 在我整理好床铺之后，我会给伴侣一个拥抱。
2. 在我用牙线洁完牙之后，我会在镜子上用记号笔写一个充满爱的留言。
3. 在我喝完午休时间的咖啡之后，我会给伴侣发短信表示感谢。
4. 在我听了一个很棒的播客之后，我会把它的链接发给我最好的朋友。
5. 在我与邻居碰面之后，我会挥手问："最近怎么样，一切都好吗？"
6. 在我和朋友坐下来开始喝咖啡之后，我会问她一个关于她生活的具体问题。
7. 在我到杂货店里看到卡片区时，我会选择一张思念卡片送给我爱的人。
8. 在我从网上看到一个好朋友过生日的提醒之后，我会给他发一条祝福短信。
9. 在我平了每月的账之后，我会在一个特定的方面赞美我的伙伴，因为他们对我们的成功做出了贡献。
10. 在我下班或出差回到家之后，我会拥抱我的伴侣和孩子。
11. 在我听到我的伴侣抱怨疼痛时，我会主动为他提供按摩服务。
12. 在我听到伴侣紧张了一天之后，我会说："我会陪着你。"
13. 在我完成晚餐的祈祷环节之后，我会在默默地表达对家人的感谢。
14. 在我离开教堂之后，我会在回家的路上给父母打电话。
15. 在我专程去看望家人之后，我会在用电子邮件与他们分享几张照片，并表达我的谢意。
16. 在我和一个亲密的朋友结束活动之后，我会给他发一条感谢短信。
17. 在我自己做了好吃的东西之后，我会与邻居或朋友分享。

18. 在我收到孩子们的礼物之后，我会给他们发短信："我好喜欢！你太贴心了。谢谢你！"
19. 在我和我的伴侣做好一日游的计划之后，我会问问他有没有特别想看或想做的事情。
20. 在我准备好要去拜访别人之后，我将为他准备一份特别的惊喜。

保持专注的微习惯配方

1. 当我踏入办公室的门之后，我会把手机调成静音模式，并把它放到包里。
2. 在我放下公文包之后，我会选择一项我想立即完成的重要任务。
3. 在我挑选出重要的任务之后，我会清除桌上所有让我分心的东西。
4. 在我清理完办公桌子之后，我会定时 45 分钟。
5. 在我设置好时间之后，我会戴上耳机，向别人发出"不要打扰我"的信号。
6. 在我戴上耳机之后，我会关闭电脑上所有不必要的窗口。
7. 在我的定时结束之后，我会列出我的下一个任务，然后休息一下。
8. 在我开始休息之后，我会到室外，坐下来进行 3 次或更长时间的冥想。
9. 在我回到办公室之后，会倒一杯咖啡。
10. 在我查看紧急邮件之后，会打开电子邮件自动回复功能，表示我不方便回复。
11. 在我决定去吃午饭之后，我会写下我的项目的下一步（我回来后马上要做什么）。
12. 在我到自助餐厅坐下来开始吃午饭之后，我会查看是否有紧急的私人留言。
13. 在我把午餐用具放好之后，我会走到外面去充电。
14. 在我吃完午饭、查看了紧急邮件之后，我会打开电子邮件自动回复功能，表示我不方便回复。
15. 在我选出下一个项目之后，我会快速列出实施步骤。
16. 在我收到出差通知之后，我会说："现在不行，对不起。"
17. 在我吃完下午茶之后，我会定时 10 分钟来小憩。

18. 在我进入会议室之后，我会关上门，挂上“请勿打扰”的牌子。
19. 在我们的项目会议开始之后，我会开始记笔记（这样我才能保持关注）。
20. 在我下班走出办公室之后，我会说：“为什么我如此擅长专注？”

终止坏习惯的微习惯配方

1. 在我刮完胡子之后，我会在一个指甲上涂上苦味的指甲油。
2. 在我把要用的东西放进车里之后，我会把手机放进后备厢。
3. 在准备睡觉之后，我会在另外一个房间给手机充电，这样我就不用在床上刷 Facebook 了。
4. 在我把电脑放好之后，我会把桌上的文件规整到一个盒子里。
5. 在我出门之后，我会开车走一条远离快餐店的路线去上班。
6. 在我吃完晚饭之后，我会立即刷牙，以避免在晚上吃零食。
7. 在我开始做晚饭之后，我会给自己倒一杯不含酒精的饮料。
8. 在我得到一份零食之后，我会把它放到零食箱里收起来。
9. 我喝完一杯酒之后，我会将洗洁精倒进杯子里。
10. 在我到达聚会地点之后，我会把香烟留在车里。
11. 在我走到工位之后，我会把手机调成静音模式。
12. 在我坐到车里之后，我会把手机设置成静音模式。
13. 在我吃完晚饭之后，我会把餐桌上剩下的少许面包扫到餐盘里扔掉，以免吃剩饭。
14. 在我吃完开胃菜之后，我会在薯条上撒一些胡椒。
15. 在我到达聚会现场之后，我会告诉主人：“我今晚不喝酒。”
16. 在我结束老虎机的游戏之后，我会把剩下的钱留给朋友，并说：“别再让我赌了，好吗？”
17. 在我到达餐厅之后，我会把手机关机。
18. 在我到达餐厅坐下之后，我会说：“我不需要面包或薯条。”

19. 在我上完厕所之后，我会把马桶圈放下来。
20. 在我（晚上）关闭电视机之后，我会关掉路由器。

出差的微习惯配方

1. 在我在家里打印好登机牌之后，我会在 iPad 上更新有声读物和电影。
2. 在我收拾好行李之后，我会在早上离开家之前列出一个待办事项清单。
3. 在我通过安检之后，我会买一份沙拉带上飞机。
4. 在我到了登机门之后，我会舒展一下腿和肩膀。
5. 在我到座位上坐下之后，我会戴上耳机，打开 TED 演讲视频。
6. 在我拿到服务员给的一份不健康的零食之后，我会说："不了，谢谢。"
7. 在我到达目的地之后，我会给妻子发"我着陆了"的表情。
8. 在我走进订好的酒店房间之后，我会打开我的商务资料和我的行李。
9. 在我看到酒店房间里的零食之后，我会把它们藏在壁橱或抽屉里。
10. 在我到达酒店房间、打开行李之后，我会去找找健身设施，确定它的位置。
11. 在我挂上"请勿打扰"的门牌之后，我会打开手机上的白噪音软件。
12. 在我上床之后，我会打电话给我的妻子。
13. 在我听到起床闹铃之后，我会起床拉开窗帘。
14. 在我用牙线洁牙之后，我会对自己微笑，说："这将是美好的一天！"
15. 在我坐下来开始喝咖啡之后，我会拿出笔记本来为会议做准备。
16. 在我听到其他与会者的名字之后，我会把他们的名字写下来并记住。
17. 在我（返程时）通过机场安检之后，我会去商店给孩子们买一件小礼物。
18. 在我到登机口坐下之后，我会给妻子发短信告诉她航班情况。
19. 在我登上返程的飞机之后，我会列出出差期间要感谢的人的名单。
20. 在我到家一进门之后，我会立刻打开行李箱，以便把行李拿出来。

未来，属于终身学习者

我这辈子遇到的聪明人（来自各行各业的聪明人）没有不每天阅读的——没有，一个都没有。巴菲特读书之多，我读书之多，可能会让你感到吃惊。孩子们都笑话我。他们觉得我是一本长了两条腿的书。

——查理·芒格

互联网改变了信息连接的方式；指数型技术在迅速颠覆着现有的商业世界；人工智能已经开始抢占人类的工作岗位……

未来，到底需要什么样的人才？

改变命运唯一的策略是你要变成终身学习者。未来世界将不再需要单一的技能型人才，而是需要具备完善的知识结构、极强逻辑思考力和高感知力的复合型人才。优秀的人往往通过阅读建立足够强大的抽象思维能力，获得异于众人的思考和整合能力。未来，将属于终身学习者！而阅读必定和终身学习形影不离。

很多人读书，追求的是干货，寻求的是立刻行之有效的解决方案。其实这是一种留在舒适区的阅读方法。在这个充满不确定性的年代，答案不会简单地出现在书里，因为生活根本就没有标准确切的答案，你也不能期望过去的经验能解决未来的问题。

而真正的阅读，应该在书中与智者同行思考，借他们的视角看到世界的多元性，提出比答案更重要的好问题，在不确定的时代中领先起跑。

湛庐阅读App：与最聪明的人共同进化

有人常常把成本支出的焦点放在书价上，把读完一本书当作阅读的终结。其实不然。

时间是读者付出的最大阅读成本

怎么读是读者面临的最大阅读障碍

“读书破万卷”不仅仅在“万”，更重要的是在“破”！

现在，我们构建了全新的“湛庐阅读”App。它将成为你“破万卷”的新居所。在这里：

- 不用考虑读什么，你可以便捷找到纸书、电子书、有声书和各种声音产品；
- 你可以学会怎么读，你将发现集泛读、通读、精读于一体的阅读解决方案；
- 你会与作者、译者、专家、推荐人和阅读教练相遇，他们是优质思想的发源地；
- 你会与优秀的读者和终身学习者为伍，他们对阅读和学习有着持久的热情和源源不绝的内驱力。

从单一到复合，从知道到精通，从理解到创造，湛庐希望建立一个“与最聪明的人共同进化”的社区，成为人类先进思想交汇的聚集地，与你共同迎接未来。

与此同时，我们希望能够重新定义你的学习场景，让你随时随地收获有内容、有价值的思想，通过阅读实现终身学习。这是我们的使命和价值。

本书阅读资料包

给你便捷、高效、全面的阅读体验

本书参考资料

湛庐独家策划

- 参考文献
  为了环保、节约纸张，部分图书的参考文献以电子版方式提供
- 主题书单
  编辑精心推荐的延伸阅读书单，助你开启主题式阅读
- 图片资料
  提供部分图片的高清彩色原版大图，方便保存和分享

相关阅读服务

终身学习者必备

- 电子书
  便捷、高效，方便检索，易于携带，随时更新
- 有声书
  保护视力，随时随地，有温度、有情感地听本书
- 精读班
  2~4周，最懂这本书的人带你读完、读懂、读透这本好书
- 课　程
  课程权威专家给你开书单，带你快速浏览一个领域的知识概貌
- 讲　书
  30分钟，大咖给你讲本书，让你挑书不费劲

湛庐编辑为你独家呈现
助你更好获得书里和书外的思想和智慧，请扫码查收！

（阅读资料包的内容因书而异，最终以湛庐阅读App页面为准）

TINY HABITS

福格行为模型

导读手册

导读人：韩焱

湛庐CHEERS

目录 CONTENTS

TINY HABITS

The Small Changes That Change Everything

TINY HABITS

01 ｜什么是福格行为模型

在这本小册子中，我要介绍的是斯坦福大学行为设计实验室创始人、行为设计学创始人福格博士的著作《福格行为模型》。

“行为改变不是件简单的事”这句话可能会让你非常有感触。无论你是想改掉吸烟喝酒的坏习惯，还是想养成健身跑步的好习惯，都不容易做到。

但是，生活中也有不少行为，在不知不觉中就发生了改变。比如，很多人以前习惯看报纸，现在习惯看手机；以前习惯与人面对面沟通，现在习惯用微信语音聊天；等等。那么，问题来了。一种行为，改变起来是困难还是容易，到底是由什么决定的呢？答案就是，你有没有用到行为设计。

《福格行为模型》这本书的作者福格博士，正是行为设计领域的权威。那些让你上瘾的手机应用程序、让你欲罢不能的各种新奇产品，背后都是一套科学的行为设计方法，简单来说就是福格行为模型。

你一定很好奇，到底什么是福格行为模型呢？这就要从斯坦福大学的一堂课讲起了。

2007 年 9 月，福格博士在斯坦福大学开设了一门行为设计课程。在课堂上，福格博士要求每 3 名学生一组，合作完成一项作业，作业内容就是“创建一个让世界上瘾的应用程序”。10 个星期以后，这个班的 75 名学生成绩卓著，创造出了一系列风靡世界的互联网产品，包括“照片墙”（Instagram）的前身、“俱乐部会馆”（Clubhouse）等 31 个应用程序。课程结束时，这些产品一共吸引了 1 600 万名用户，赚得了 100 万美元的广告收入。在当时，Facebook 上第三方开发者的应用程序大概有 5 000 款，其中只有 4 款的用户数超过 100 万。而福格博士带领的这个斯坦福大学行为设计课堂，创造出了傲视群雄的成绩。福格博士也因此一战成名。

在这门课上，学生们学到的正是著名的福格行为模型，这其中包含一个重要的行为设计公式。

$$B = MAP$$

B 是“行为”（Behavior），M 是“动机”（Motivation），A 是“能力”（Ability），P 是“提示”（Prompt）。换句话来说，福格认为，要想让行为发生改变，只需要同时具备三个要素：动机、能力和提示。

你会发现，在这个公式里，并没有人们常常提到的意志力。能不能实现行为改变，只需要你检查动机、能力和提示是不是出了问题，而且你不需要再自责是不是缺乏意志力。

这样你才能不较劲、不焦虑、不依赖意志力，让行为改变在不知不觉中发生，改掉坏习惯、养成好习惯。

福格博士常说:“无法改变绝不是你的错，那只是因为你不懂行为设计。”十几年来，事实证明，福格行为模型在行为改变、习惯塑造等领域非常有效。福格博士的课堂和实验室也成了硅谷最重要的人才聚集地，从中走出了很多来自谷歌、优步和 Facebook 等超级大厂的高管。福格博士也因此获得了很多称号，像是“超级大厂高管发射器”和“硅谷亿万富翁制造机”等。

到这里，你应该对福格行为模型和它的威力有了大概了解。那么，福格行为模型是怎样带来行为改变的呢？这就是我接下来要介绍的内容。

02 | 福格行为模型是怎样带来行为改变的

在上一章，我解释了什么是福格行为模型。

本章我想介绍的是，福格行为模型是怎样带来行为改变的。

我们先来介绍一下福格行为模型的那个“简单而又强大的公式”，也就是 B=MAP。它可以说是福格行为模型的精髓。福格博士正是在这个公式的基础上，发展出了一套指导人们进行行为改变的方法论，组成了一个完整的行为设计体系。可以说，这个公式就是理解福格行为模型的一把钥匙。

具体来说，福格博士认为：**改变行为，只需要从三个要素——动机、能力和提示入手。**这个观点用公式表示出来，就是 B=MAP。其中 B 是行为，M 是动机，A 是能力，P 是提示。他还认为，如果某件事情，你始终做不到，那一定是这三个要素没有同时发生作用。

比如，你在工作日的时候，每天都能在早上 6 点起床去跑步，但是一到星期天就做不到了。这是因为，星期天的时候，你的运动动机并不强，你更想多睡一会儿。所以，星期天不能坚持跑步，缺少的是动机要素。

又比如，有本书你特别喜欢，足足有 500 多页，你觉得一星期总能看完。但是，一星期过去后，你发现自己只看了 10 页。这是因为，一星期看完 500 页超出了你的阅读能力。阅读计划没能顺利完成，缺少的是能力要素。

再比如，你习惯每天早上起床后喝一杯温水，但出差在外时就很难坚持。这是因为在家的时候，你每天晚上都会把装着热水的保温杯放在床头，第二天早上一睁眼就能看到，拿起来就能喝。出差在外时不能坚持每天起床后就喝温水，缺少的是提示要素。

如果你能让动机、能力和提示这三个要素同时齐备，你就会发现，行为改变轻而易举。

福格博士在书中讲了一个他自己的例子：他是怎么在健身房挥汗如雨的时候，给红十字会捐款的。

首先，他说自己本身就已经有了很强烈的捐款动机。当时海地发生了大地震，自此之后新闻里每天都在报道这件事。那么，他之前为什么没有捐款呢？这是因为，捐款的动机虽然有了，但是还缺少其他两个要素，也就是能力和提示。

有一天，他正在健身房跑步时手机突然响了，他一看，是红十字会发来的一条募捐短信。只需要点击短信里的链接，一键就能完成捐款，这不会打扰他运动。他不需要离开健身房走到自己的汽车那儿，去拿出钱包里的信用卡，打开手机，再一步步完成捐款。这一条及时发出的短信，就是提示；一键回复短信就能完成捐款，这种简单的便利性让大多数人都具备了做出捐款这件事的能力；再加上之前就有的捐款意愿，也就是动机，三个要素同时具备，捐款行为自然就发生了。

福格博士的学生也都是运用这三大要素的高手。比如，他在谷歌地图工作的学生，设计出了在搜索栏里自动替用户补全字符的功能；还有福格博士最著名的学生，“照片墙”Instagram 的联合创始人迈克 · 克里格，他就创造了一键发布照片的功能。

那么，我们怎样才能像他们那样，充分利用福格行为模型的三大要素，逐个击破，进行行为设计，带来行为改变呢？在后面的内容中，我将逐一解释它们。而在下一章，我会先解释怎样解决动机问题——为什么很多事情你超级想做，却还是做不到？

TINY HABITS

03 | 为什么很多事情你超级想做，却还是做不到

在上一章，我介绍了福格行为模型是怎样带来行为改变的。

本章我想介绍的是如何解决福格行为模型三要素中的第一个要素，也就是动机的问题。福格博士非常强调动机的重要性，也就是说，要做成一件事，你必须首先“想做”，比如你想读书，才会去读；你想减肥，才会去运动；你想戒烟，才会把家里的烟都扔掉。

但实际上，你应该知道，坚持读书、减肥或戒烟都不是那么容易就能做到的事。福格博士认为，之所以很多事情，你有动机却还是做不到，就是因为动机本身并不可靠。

为什么这么说呢？原因有两点。

第一，动机是非常复杂的。很多人想做一件事情的时候，往往没有深究自己的真正动机到底是什么。比如，你想减肥的真正动机是什么？是因为健康出了问题，你想让血压血脂降到正常水平？还是你想重新穿上以前的漂亮衣服？抑或是你下个月要参加同学会，想让自己看起来更有精神？这三者中的任何一个都有可能是你的真正动机。当然，也可能是这三个动机叠加在一起，共同构成了你减肥的动机。

除此之外，动机的复杂性还体现在另外一点，那就是不同的动机之间可能会相互冲突。比如，你想戒掉甜食，但是有时看到诱人的巧克力蛋糕又实在忍不住想吃。这就是两个相互冲突的动机在打架，一个是“想减肥”，一个是“想享受美食”。它们就像是跷跷板的两端，让你在“做”与“不做”之间犹豫不决，甚至让你开始怀疑自己缺乏意志力、否定自己的能力。其实，这跟你的意志力和能力都没有关系，只是因为动机本身就是复杂的。

第二，动机是波动的。同一件事，刚开始做的时候，动机通常都非常强烈，比如你刚办好健身卡的第一个星期几乎天天去，但是高涨的动机很难维持，动机到达顶峰之后，很快就会急转直下。所以，你使用健身年卡最频繁的时候可能就是办卡的前 3 个月。

研究发现，动机的波动确实是非常常见的。比如，一天当中，时间越晚，你做复杂事情的动机就越低；一星期中，越靠近星期天，你进行自我提升的动机就越低；一年当中，越靠近冬天，你减肥的动机就越低。

可以说，动机之所以无法一直居高不下，主要原因是人的大脑会随时受到来自身体、情绪和环境中各种因素的干扰，而大脑非常擅长把这些干扰合理化。比如，你本来想下班后跑步，但是一回到家，凉爽的空调、柔和的灯光、桌子上的啤酒，以及冰箱里的西瓜和电视遥控器，都在告诉你：放松一下吧，舒舒服服地休息一下吧，这才是当下最合理的事情，出去跑步反而不合理。

于是，瞬间你就会觉得待在家里享受闲暇时光是可以接受的。如果你想说服大脑重新调出跑步的动机，你就需要消耗额外的精力和体力，因为大脑觉得这样做不划算。

上面这些内容足以说明福格行为模型的一个核心理念：动机是不可靠的。单纯依靠动机，行为多半是无法改变的，这是人的本性使然。**动机一定要和另外两个要素，也就是能力和提示同时出现，行为改变才可能发生。**

到这里，我已经介绍了行为设计三要素中的第一个要素——动机。在下一章，我将介绍第二个要素，也就是能力。

04 | 怎样让一个习惯变得"容易做"

上一章介绍了如何解决福格行为模型三要素中的第一个要素，也就是动机的问题。换句话来说，就是解决"为什么很多事情你超级想做，却还是做不到"的问题。

本章我想介绍的是如何解决福格行为模型三要素中的第二个要素，也就是能力的问题。换句话来说，就是怎样让一个习惯变得"容易做"。

对很多人来说，哪怕只是每天坚持练 5 分钟健身操，想要持续下去都很不容易。那么，类似这样的事情究竟"难"在哪里呢？

福格博士提供了一条"能力链"，可以帮你找到其中的难点。这条能力链包含 5 个影响能力的因素，分别是时间、资金、体力、脑力和日程。以每天坚持练 5 分钟健身操这件事为例，我们用能力链来分析一下，人们在做这件事时，到底哪一个因素可能会是薄弱点。

时间应该不是薄弱点，对大多数人来说，每天抽出5分钟并不会太难。资金应该也不是薄弱点，跳5分钟健身操在家里就可以进行，不用花一分钱。脑力也不太可能成为薄弱点，因为这套健身操的动作都很简单，难度不算大。那么，日程会是薄弱点吗？看起来也不是。对大多数人来说，这个5分钟的健身操可以在任何日程里见缝插针地进行，不需要做太大的日程调整。那么，就只剩下体力了，它大概率就是那个薄弱点。虽然健身操只有5分钟，但是很多人每次做完都会心跳加速、气喘吁吁，并且会觉得这5分钟分外长，感觉也很痛苦，完全体会不到愉悦感。

如此一来，问题就找到了，体力不足正是不能坚持“每天跳5分钟健身操”的原因。那么接下来，你就可以对症下药了。**但是，怎样才能降低体力上的“难度”呢？福格博士推荐了两个好用的方法，一个是“缩小规模”，一个是设计简单的“入门步骤”。**

第一个方法是缩小规模，这很好理解。你可以把5分钟的健身操替换成2分钟的、1分钟的，甚至每天只做一个俯卧撑都可以。不过，这么简单真的有用吗？答案是：有用。因为你这样做是为了养成健身的习惯，而不是为了做够几分钟的健身操。遵循“微小”的原则，才可以持续，而正是这种持续性能帮助你建立自信，并逐渐提高你的能力，让你不断进阶，在不知不觉中养成每天跳5分钟健身操的习惯。

第二个方法是给自己设计简单的入门步骤。所谓“入门步骤”，可以理解为一种“微启动”。还用跳5分钟健身操来举例，你可以从每天晚上“铺好健身垫”开始，这就是你的入门步骤。铺好健身垫之后不想运动也没关系，千万不要贸然提高入门步骤的门槛。只要每天都能“铺好健身垫”，几天之后你就会发现，自己竟然自然而然地开始在健身垫上做一些练习动作了。入门步骤这个方法的最大好处，就是能让新习惯的养成变得自然而然。

无论是用缩小规模的方法，还是设计简单的入门步骤，它们的共同点都是“微小”，这体现了福格博士所说的微习惯的力量，它能让你把“启动成本”降到最低。

福格博士曾经分析过 Instagram 的成功之处。作为 Instagram 创始人的导师，福格说道：“Instagram 创始人克里格并不是第一个发现人们喜欢分享照片的人，当时他的很多竞争对手也在做类似的事情。但是，克里格做了一件很重要的事情，那就是把用户分享照片的行为变得非常简单、容易做。用户只需要点击三次就能轻松完成拍摄、美化、上传照片的过程。正是因为简单，所以才容易上瘾。换句话来说，Instagram 的成功，正是因为它能做到用极简化的行为设计，帮助用户降低自己的能力门槛。

同样的道理，在日常生活中，当你发现自己总不能坚持运动、戒不掉碳酸饮料、养不成早起早睡这些习惯的时候，不用再感到焦虑和沮丧，你只需要问问自己：这件事对你来说究竟难在哪里？最好的方法，就是持续地用能力链中的 5 个因素来进行分析。无论是时间、资金、体力、脑力，还是日程，你都可以让它们变得更微小。这可以有效地帮助你降低坚持做一件事的难度。反过来说，也就相当于提升了你做一件事的能力。

不过，你也许会发现，在降低了难度、提高了能力之后，有的时候你还是不能坚持去做一件事。这个时候，福格行为模型的第三个要素，也就是提示就该出场了。一个优质的提示能够激活你的动机，帮助你启动自己的能力。那么，什么样的提示，才能让你“动”起来？这就是我接下来要介绍的内容。

05 | 什么样的提示，才能让你“动”起来

上一章我解释了如何解决福格行为模型三要素中的第二个要素，也就是能力的问题。换句话来说，就是怎样让一个习惯变得“容易做”。

本章我想介绍的是如何解决福格行为模型三要素中的第三个要素，也就是提示的问题。换句话来说，就是什么样的提示，才能让你“动”起来。

你有没有发现过，很多人的手机解锁后，满屏的 App 都带着红色数字？也就是说，他们并没有点开 App 里的那些消息。这些数字被设计出来的本意是成为有效的提示，提醒用户还有多少消息没有被查看。但事实上，这反而让很多用户懒得去清除这些数字，甚至逐渐变得对这些提示视而不见。除了这些手机 App 提示，我们的生活中还充满了很多类似的“形同虚设”的提示。

那么，真正有效的提示应该是什么样的呢？福格博士认为，有效的提示应该是行动提示，这不是指周围环境中的某个物品，比如闹钟或者是App，而是指已经成为习惯的动作，比如“一躺在床上就做10个仰卧起坐”，“一躺在床上”就可以作为开启新习惯的一个行动提示。

再比如，你每次洗完澡擦干身体后，就会走回卧室打开内衣抽屉，这几个动作流畅得像程序编码一样，做起来毫不费力。“擦干身体”是“走进卧室”的提示；“走进卧室”是“打开内衣抽屉”的提示。如果在这之后，你再编入一个行动提示，如“穿好内衣后就吃一颗维生素”，那么洗完澡后走进卧室，穿好内衣后吃一颗维生素，不就成了一个新习惯吗？

如果你坚持使用这个方法，一定能在已有的旧习惯的基础上，不断生发出新的好习惯。

比如，每次刷完牙后“把牙刷放下”，这就可以作为一个行动提示。只要这个动作一出现，马上做出下一个动作——“用牙线清洁牙齿”。于是,“每次刷完牙后用牙线洁牙”这个新习惯，很容易就能养成了。

同样的道理，如果你有喝咖啡的习惯，喝下最后一口咖啡后，“放下杯子”这个动作就可以作为一个行动提示，只要你一做出这个动作，就马上做出下一个动作——“做两个俯卧撑”。于是,“每次喝完咖啡就做几个俯卧撑”这个新习惯，也很容易就能养成了。

别看这些行动提示都很微小，后面捆绑的新动作也很微小，但是长此以往形成的改变却是巨大的。就拿“喝完咖啡就做两个俯卧撑”这个习惯来说，你可以每次增加做俯卧撑的个数，从两三个到五六个，甚至七八个。福格博士就是用类似的方法来让自己坚持做俯卧撑的，到现在，他已经坚持了7

年，而且一天下来，他可以做 50 个俯卧撑。请想想看，如果你用闹铃来提醒自己每天做 50 个俯卧撑，是不是很难做到呢?

用行动提示来培养新习惯，好处就是它能让新习惯自然而然地融入你的生活。

那么，如何为你想建立的新习惯找到合适的行动提示呢？我可以向推荐一个好用的三步法。

第一步，你可以列一个日常习惯清单。把你全天的习惯规律都列出来，越详细越好，它们都可以成为你建立新习惯的行动提示。比如，早上的行动提示可能有“起床之后”、“刷完牙之后”和“发动汽车之后”等；上午的可能有“喝完咖啡之后”、“回复完所有邮件之后”和“上完洗手间之后”等；晚上的可能有“回家放好钥匙之后”、“洗完碗之后”和“洗完澡之后”等。

第二步，为这些既有的日常行为匹配你想养成的新习惯。这里要注意的是，你设置的行动提示一定要和新习惯发生的地点、频率、主题保持一致。比如，你想养成擦干净厨房台面的习惯，那你在寻找行动提示时的关键就是要考虑地点的一致性。“洗完碗之后”就比“洗完澡之后”更加合适，因为“洗碗”和“擦拭厨房台面”这两个动作都发生在厨房里。如果你想养成每天写日记的习惯，那你在寻找行动提示时就要考虑主题的一致性。这样一来，“走出孩子的卧室”之后，就比“洗完碗之后”更加合适，因为“写日记”和“走出孩子的卧室”的主题都是“你的一段私人时间要开始了”。

第三步，你要反复练习、不断优化。行动提示能否和新习惯自然地衔接起来，是需要你反复试验的。一旦你觉得它们之间的衔接不够自然、效果不太好，那你就要及时进行调整。衔接流畅了之后，你还要不断重复，铭刻记忆，直到最终能够形成条件反射，才算是新的编码成功了。

接下来，你就可以享受新习惯带给你的顺畅感、自如感和满足感了。你会在“系好安全带之后，连接蓝牙，开始收听‘韩焱精选’”，或者是“打开花洒之后，在等待凉水变热的过程中，做三个深蹲”，抑或是“把孩子送到兴趣班的教室之后，坐下来打开一本书”，等等。你会发现，自己逐渐重新找回了掌控生活的自信。

这些感受会反过来进一步促使你养成更多的好习惯。这其实正是福格行为模型最厉害的地方，它影响的不只是人的行为，更是人的情绪。

好习惯的养成，会给人带来非常多的积极情绪，所以，换句话来讲，行为设计的本质其实是情绪设计。

那么，积极情绪是怎么产生的，它们如何才能让你在养成习惯时变得更轻松、更自然呢？这就是我接下来要跟你分享的内容：为什么创造习惯的是积极情绪，而不是刻意重复？

TINY HABITS

06 | 为什么创造习惯的是积极情绪，而不是刻意重复

上一章介绍了如何解决福格行为模型三要素中的第三个要素，也就是提示的问题。换句话来说，就是什么样的提示，才能让你“动”起来。

在最后一章，我想介绍的是为什么创造习惯的是积极情绪，而不是刻意重复。大多数人可能会认为，是“重复”创造了习惯。但是福格博士认为，是“积极情绪”创造了习惯。比如，如果你第一次使用打车软件时就感受到了它带来的便捷，那你就会接着用第二次、第三次，直到有一天你已经“不习惯”在街头招手叫车了。又比如，你第一次使用 Instagram 分享照片给朋友，就体会到了专业级摄影技术带来的审美愉悦、朋友点赞带来的自信心。那么，你自然就会不断使用它，慢慢地，你每天都会花大量时间浏览它。

正是这些你体会到的积极情绪，瞬间激活了你大脑的奖赏回路，大脑释放出大量的多巴胺，让你情不自禁地寻找机会一遍遍重复这些行为，很快就

养成了习惯。

所以说，行为设计的本质其实是情绪设计。当福格行为模型的三个要素——动机、能力和提示齐备之后，还必须将积极情绪置入新行为，才能将新行为铭刻成新习惯。

那么，如何才能把积极情绪置入新行为当中去呢？很多人会认为设立奖励机制是个好办法。比如，“孩子做完当天的所有作业后，就奖励他晚上看动画片”，或者“暑假里孩子坚持每天练琴，开学后就奖励他一套乐高玩具”，等等。但是，要想让新行为变成新习惯，就要进行即时奖励，而不能让这些奖励行为跟新行为的发生相距太远。

所以福格博士认为，最好的方法是马上庆祝、即时奖励。当任何一个你想要的小改变发生时，你就要立刻去庆祝。无论是简单地说一声“耶”，还是打个响指，抑或是为自己唱首歌，都可以。这些庆祝行为就像你在玩游戏时，每跳过一个障碍或打败一个怪兽，屏幕上就会弹出的“Bingo”或者响起一声欢快的音效一样，能立刻给你带来肯定和快乐，让你根本停不下来。

每个人让自己产生积极情绪的庆祝方式都不一样，你一定要找到让自己最舒服、最自然的庆祝方式，这样才最有效。那么，具体该怎么做呢？我可以推荐给你一个好用的三步法。

第一步，将你感觉最自然的庆祝方式列一个清单。你可以设想几个场景，把在这些场景下你最想要的庆祝方式写下来。比如，你可以设想，自己应聘心仪已久的公司，收到录取通知的时候，你的第一反应会是什么？是会大叫，还是会去拥抱身边的人？又比如，你还可以回想一些场景——当你在电视上看到苏炳添打破了短跑亚洲记录时，你的第一反应是什么？是激动地从沙发上跳起来，还是和身边的人击个掌？所有这些你预想或者是回想出来的庆祝方式，你都可以把它们汇总到清单上。这样一来，你就能大致知道自己最喜欢的庆祝方式都有哪些了。

第二步，当你想养成一些新习惯时，你可以将具体的场景和清单中的庆祝方式匹配起来。比如，你想养成早上一到公司就处理工作邮件的新习惯，那么当你做到这件事的时候，就可以奖励自己吃一些零食。又比如，你想养成吃完饭就及时清理厨房台面的习惯，那么当你做到这件事的时候，就可以和家人喝两杯美味的红酒，碰一碰杯。和亲朋好友一起庆祝每一个微小的成功，效果会更好。

第三步，你要不断演练，直到这些庆祝方式每次都能自然而然地发生。每一个新行为和它专属的庆祝方式这样的组合都需要反复演练。差不多7～10次之后，你就会发现，这个新组合被完美地捆绑在了一起，而且开始产生一些奇妙的“化学反应”。

到这里，我们可以回顾一下，福格行为模型涉及的每一个要素和方法都是充分尊重人性、顺应人性的，所以它们才能让人们真的运用起来并坚持下去。比如，动机很复杂而且不可靠，所以你不能依赖动机，也不要责怪自己意志力不够；能力很重要，但是你可以降低任务的难度，不要逞强；提示是必要的，但它不能给你压力，最好的做法是从现有习惯中找到有效的行动提示；还有立刻庆祝、即时奖励，会让你不断体会到积极情绪，让新的习惯自然而然地养成。

最后，我还想送给你三句话，希望它们能持续地帮助你改变人生：

- 第一，你要做自己已经想做的事情；

- 第二，你要想办法让自己不断地感受成功；
- 第三，你要坚信简单才能改变行为。

到这里，我已经介绍完《福格行为模型》这本书的大致内容。欢迎你把书中的内容分享给更多朋友，让他们也了解到：**行为的改变和习惯的养成，其实没有那么难，每一个人都可以更轻松地掌控自己的人生。**